国家林业和草原局研究生教育"十三五"规划教材

生态环境工程学

刘云根　主编

中国林业出版社

内容提要

本书以生态学基本原理为基础，遵循生态与环境持续和谐发展的理念，整合不同领域环境工程技术以综合解决各种生态环境问题。全书突出了生态恢复与工程技术相辅相成的特色，贯穿理论性、实践性和可操作性并举的主线。共分9章，分别为绪论、生态环境工程基础理论、水域生态环境工程、土壤生态环境工程、大气生态环境工程、生态脆弱区生态环境工程、工业生态环境工程、城市生态环境工程、农业与农村生态环境工程。

本书可供高等院校环境生态工程、环境工程、环境科学、生态学及相关专业教学使用，也可供相关工程领域的研究人员、技术人员和管理人员参阅。

图书在版编目(CIP)数据

生态环境工程学/刘云根主编. —北京：中国林业出版社，2020.11
国家林业和草原局研究生教育"十三五"规划教材
ISBN 978-7-5219-0851-0

Ⅰ.①生… Ⅱ.①刘… Ⅲ.①生态环境-环境工程学-研究生-教材 Ⅳ.①X171.1

中国版本图书馆 CIP 数据核字(2020)第 202080 号

国家林业和草原局研究生教育"十三五"规划教材

责任编辑：范立鹏　　　　责任校对：苏　梅
电　　话：(010)83143626　　传　　真：(010)83143516

出版发行	中国林业出版社(100009　北京市西城区德内大街刘海胡同7号)
	E-mail:jiaocaipublic@163.com
	http://www.forestry.gov.cn/lycb.html
经　销	新华书店
印　刷	北京中科印刷有限公司
版　次	2021年8月第1版
印　次	2021年8月第1次印刷
开　本	850mm×1168mm　1/16
印　张	15.75
字　数	364千字
定　价	56.00元

未经许可，不得以任何方式复制或抄袭本书之部分或全部内容。

版权所有　　侵权必究

《生态环境工程学》
编写人员

主　　编　刘云根

副 主 编　杨思林　马　荣

参编人员　（按姓氏笔画排序）
　　　　　　王　妍　马　荣　刘　雪　刘云根　刘宗滨
　　　　　　杨　波　杨思林　杨桂英　张叶飞　武淑文
　　　　　　葛白瑞雪

前 言

生态环境工程学(Eco-Environment Engineering)是在生态工程和环境工程的基础上，通过不断与其他学科交叉而形成的一个崭新的学科方向，是主要运用生态学原理、工程学手段来防治污染、保护环境的一门技术科学。其理念是以生态系统的自我设计能力为基础，尊重环境中生物的生存权利，通过工程的方法来维护、恢复生态环境，进而实现永续经营发展与利用之目的。传统的环境工程与生态工程都是在运用环境学或生态学基本原理的基础上，通过实施调控工程措施来达到环境保护或生态修复的目的。二者在目的、原理运用等方面有许多相同点，在具体的项目，特别是环境生态工程领域运作中已经构成密切融合的复合体系，但在研究范围、技术方法、工作理念、支撑学科等方面还存在着一定的差异。目前，由人类活动引起的复杂而新异的环境问题，已不可能由单纯的环境工程或生态工程措施加以解决。因此，环境工程和生态工程在具体的项目运作中已经相互融合。本书正是在此背景下应运而生，旨在通过不断地创新和探索，推动和促进环境工程与生态工程复合体系日臻完善与融合发展。

本书作为国家林业和草原局研究生教育"十三五"规划列选教材，将生态工程学的基本原理和方法与环境治理有机结合，理论与实践并重，教材中介绍的生态环境工程原理和方法与传统的"环境工程学""生态工程学"等课程既有区别又有内在联系。本书的编写，将生态学、生态工程、环境工程和环境管理等不同分支学科的新技术、新概念进行融合和发展，率先在我国高校生态学专业研究生教学中确立"生态环境工程"课程的理论体系和技术支撑体系，使学生可以掌握生态环境工程的基本原理、类型和设计，了解国内外环境工程、生态工程的新动态，并通过生态环境工程初步设计和方案研究，提高生态学专业研究生教育的教学质量。

编者从事生态环境工程教学和科研实践近十五年，在生态学原理、生态工程、环境工程、环境规划等本科课程的基础上，参考国内外生态工程、环境工程、环境生态工程学及其他相关学科论著，吸取其中精华编写了本书。本书以生态学原理为基础，遵循生态与环境持续和谐发展的理念，整合不同领域环境工程技术以综合解决各类生态环境问题，力求全面系统地介绍生态环境工程学的基础理论与技术方法，尽可能反映学科的新发展、新动态。全书突出了生态恢复与工程技术相辅相成的特色，贯穿理论性、实践性和可操作性并举的主线。全书共分9章，分别为绪论、生态环境工程基础理论、水域生态环境工程、土壤生态环境工程、大气生态环境工程、生态脆弱区生态环境工程、工业生态环境工程、城市生态环境工程和农业与农村生态环境工程。每章后附有思考题和推荐阅读，以便于读者深入了解。

本书由刘云根担任主编，杨思林、马荣担任副主编，具体章节编写分工如下：第1章、第3章由刘云根编写；第2章由杨波编写；第4章由刘雪编写；第5章由武淑文编写；第6章由王妍、刘宗滨编写；第7章由张叶飞编写；第8章由杨桂英编写；第9章由马荣、葛白瑞雪编写。全书由刘云根负责统稿，王妍协助完成第4~6章的统稿及初稿检查，研究生张紫霞、肖羽芯为本书绘制了表格和插图，中国林业出版社的范立鹏编辑为本书的出版付出了努力，在此一并表示感谢。

限于编者水平，本书中如有错误、疏漏和不当之处，敬请读者批评指正。

编 者
2020年12月于昆明

目 录

前 言

第1章 绪论 (1)
1.1 生态环境的概念 (1)
1.2 生态环境问题与保护 (3)
1.2.1 全球主要生态环境问题 (3)
1.2.2 我国主要生态环境问题 (5)
1.2.3 我国生态环境保护现状 (7)
1.2.4 我国生态环境规划与理念 (8)
1.3 生态环境工程学概述 (9)
1.3.1 生态环境工程学的概念与含义 (9)
1.3.2 生态环境工程学的发展历程 (10)
1.3.3 生态环境工程学的应用前景 (12)
思考题 (13)
推荐阅读 (13)

第2章 生态环境工程基础理论 (14)
2.1 山水林田湖草生命共同体理论 (14)
2.1.1 山水林田湖草生命共同体理论的基本内涵 (14)
2.1.2 山水林田湖草生命共同体理论的基本特征 (14)
2.2 两山理论 (15)
2.2.1 两山理论的提出 (15)
2.2.2 两山理论的科学内涵 (17)
2.3 恢复生态学理论 (18)
2.3.1 生态恢复及恢复生态学的基本内涵 (18)
2.3.2 恢复生态学的研究对象和主要内容 (19)
2.3.3 生态恢复的目标、原则和程序 (20)
2.4 环境工程学理论 (22)
2.4.1 太阳能充分利用原理 (22)
2.4.2 水资源循环利用原理 (22)
2.4.3 绿色工艺原理 (23)
2.4.4 生物有效配置原理 (23)
2.5 经济学原理 (24)

  2.5.1 自然资源合理利用原理 …………………………………………………… (24)
  2.5.2 生态经济平衡原理 ………………………………………………………… (25)
  2.5.3 生态经济效益原理 ………………………………………………………… (25)
  2.5.4 生态经济价值原理 ………………………………………………………… (26)
思考题 ………………………………………………………………………………………… (26)
推荐阅读 ……………………………………………………………………………………… (26)

第3章 水域生态环境工程 …………………………………………………………… (27)
 3.1 水域及水环境存在的问题与风险 ……………………………………………………… (27)
  3.1.1 水生态 ……………………………………………………………………… (27)
  3.1.2 水环境 ……………………………………………………………………… (27)
  3.1.3 水生态与水环境的关系 …………………………………………………… (28)
  3.1.4 我国水环境存在的问题 …………………………………………………… (28)
  3.1.5 水环境问题的成因与对策 ………………………………………………… (31)
 3.2 低污染水生态净化工程 ………………………………………………………………… (33)
  3.2.1 低污染水的概念 …………………………………………………………… (33)
  3.2.2 低污染水体的治理难点 …………………………………………………… (33)
  3.2.3 低污染水处理的生态环境工程技术 ……………………………………… (34)
 3.3 湖(库)污染净化与生态环境工程 ……………………………………………………… (42)
  3.3.1 湖(库)污染现状 …………………………………………………………… (42)
  3.3.2 湖(库)治理原则 …………………………………………………………… (42)
  3.3.3 湖(库)治理的生态环境工程技术 ………………………………………… (43)
 3.4 河道生态环境工程 ……………………………………………………………………… (45)
  3.4.1 我国河流污染现状 ………………………………………………………… (45)
  3.4.2 河道生态环境治理理念 …………………………………………………… (46)
  3.4.3 河道治理生态环境工程技术 ……………………………………………… (47)
思考题 ………………………………………………………………………………………… (54)
推荐阅读 ……………………………………………………………………………………… (54)

第4章 土壤生态环境工程 …………………………………………………………… (55)
 4.1 土壤环境存在的问题与风险 …………………………………………………………… (55)
  4.1.1 土壤环境的基本特征 ……………………………………………………… (56)
  4.1.2 土壤污染发生的概念及特点 ……………………………………………… (56)
  4.1.3 土壤污染的影响和危害 …………………………………………………… (61)
  4.1.4 土壤污染生态修复 ………………………………………………………… (62)
 4.2 矿区土壤污染的生态修复与治理 ……………………………………………………… (66)
  4.2.1 矿区土壤污染的来源 ……………………………………………………… (67)
  4.2.2 矿区土壤污染的危害 ……………………………………………………… (67)
  4.2.3 矿区污染土壤的生态修复 ………………………………………………… (68)
 4.3 农田土壤生态修复与治理 ……………………………………………………………… (70)
  4.3.1 农田土壤污染的来源 ……………………………………………………… (70)

        4.3.2 农田土壤污染的危害 …………………………………………………… (71)
        4.3.3 农田污染土壤的生态修复 ……………………………………………… (72)
    4.4 湿地土壤生态修复与治理 ……………………………………………………… (73)
        4.4.1 湿地土壤污染的来源 …………………………………………………… (74)
        4.4.2 湿地土壤污染的危害 …………………………………………………… (74)
        4.4.3 湿地污染土壤的生态修复 ……………………………………………… (74)
    4.5 林地土壤生态修复与治理 ……………………………………………………… (77)
        4.5.1 林地土壤污染来源 ……………………………………………………… (78)
        4.5.2 林地土壤污染危害 ……………………………………………………… (78)
        4.5.3 林地土壤生态修复 ……………………………………………………… (79)
    思考题 …………………………………………………………………………………… (80)
    推荐阅读 ………………………………………………………………………………… (80)

第5章 大气生态环境工程 ……………………………………………………………… (81)
    5.1 大气环境存在的问题与风险 …………………………………………………… (81)
        5.1.1 大气的组成 ……………………………………………………………… (81)
        5.1.2 大气污染 ………………………………………………………………… (82)
        5.1.3 大气污染物及其来源 …………………………………………………… (83)
        5.1.4 大气污染对植物的危害 ………………………………………………… (84)
        5.1.5 全球性大气污染问题与风险 …………………………………………… (87)
    5.2 大气污染的植物修复(植物对大气污染的净化) ……………………………… (91)
        5.2.1 植物对大气污染的抗性 ………………………………………………… (91)
        5.2.2 城市大气污染的植物修复过程与机理 ………………………………… (92)
        5.2.3 植物的滞尘效应 ………………………………………………………… (93)
        5.2.4 植物对SO_2的净化 …………………………………………………… (94)
        5.2.5 植物对氟的吸收 ………………………………………………………… (95)
        5.2.6 植物对NO_2的净化 …………………………………………………… (95)
    5.3 城市大气生态环境工程 ………………………………………………………… (96)
        5.3.1 城市大气污染问题及成因 ……………………………………………… (96)
        5.3.2 城市扬尘 ………………………………………………………………… (97)
        5.3.3 城市绿化的生态效应 …………………………………………………… (98)
        5.3.4 城市大气污染防治的生态绿化工程 …………………………………… (100)
    5.4 工业废气治理工程 ……………………………………………………………… (103)
        5.4.1 工业废气的来源与种类 ………………………………………………… (103)
        5.4.2 工业废气成因及存在的问题 …………………………………………… (103)
        5.4.3 工业废气治理技术现状 ………………………………………………… (104)
        5.4.4 工业废气的生物处理工艺 ……………………………………………… (106)
        5.4.5 工业园区的生态绿化工程 ……………………………………………… (107)
    思考题 …………………………………………………………………………………… (109)
    推荐阅读 ………………………………………………………………………………… (109)

第6章 生态脆弱区生态环境工程 (110)

6.1 脆弱生态系统退化问题与风险 (110)
- 6.1.1 生态脆弱区的含义与特征 (110)
- 6.1.2 我国生态脆弱区的分布 (111)
- 6.1.3 生态脆弱区的限制要素与环境风险 (112)
- 6.1.4 生态脆弱区生态系统保护理念 (114)

6.2 荒漠生态系统保护与修复 (115)
- 6.2.1 荒漠的概念与类型 (116)
- 6.2.2 荒漠化的危害与成因 (116)
- 6.2.3 我国荒漠化现状 (120)
- 6.2.4 荒漠化治理的生态环境技术 (121)

6.3 石漠生态系统保护与修复 (132)
- 6.3.1 石漠化概念与环境效应 (132)
- 6.3.2 石漠化的分布与分区 (135)
- 6.3.3 石漠化治理布局与关键技术 (137)

6.4 高寒生态系统保护与修复 (139)
- 6.4.1 高寒生态系统的分布与特征 (140)
- 6.4.2 高寒生态系统存在的问题与成因 (141)
- 6.4.3 高寒生态系统保护与恢复技术 (144)

6.5 矿区生态系统修复 (145)
- 6.5.1 矿区生态环境现状与修复理论 (146)
- 6.5.2 矿区生态系统修复历史与修复关键阶段 (149)
- 6.5.3 矿区生态系统整治关键技术与模式 (151)

思考题 (155)

推荐阅读 (155)

第7章 工业生态环境工程 (156)

7.1 工业化进程存在的环境问题与风险 (156)
- 7.1.1 工业化产生的环境问题 (156)
- 7.1.2 工业化进程中环境问题的成因 (162)
- 7.1.3 工业化进程中环境问题研究的发展 (165)
- 7.1.4 环境问题对我国工业发展的启示 (168)

7.2 工厂生态环境工程 (170)
- 7.2.1 工业环境污染分析方法 (170)
- 7.2.2 生态工厂建设——以污水处理为例 (172)
- 7.2.3 工厂生态工程发展动力 (175)
- 7.2.4 工厂生态工程发展趋势 (176)

7.3 工业园区生态化建设 (178)
- 7.3.1 生态工业园规划基本理论 (178)
- 7.3.2 生态工业园建设原则 (179)

7.3.3 生态工业园规划内容 …………………………………………………… (179)
　　7.3.4 生态工业园的构建 ……………………………………………………… (180)
　　7.3.5 生态工业园系统分析 …………………………………………………… (181)
　　7.3.6 新型工业化发展道路 …………………………………………………… (185)
思考题 …………………………………………………………………………………… (188)
推荐阅读 ………………………………………………………………………………… (188)

第8章 城市生态环境工程 ……………………………………………………………… (189)
8.1 城市生态环境问题与风险 ………………………………………………………… (189)
　　8.1.1 城市生态环境问题形成 ………………………………………………… (189)
　　8.1.2 城市生态环境问题表现 ………………………………………………… (189)
　　8.1.3 城市生态环境对人群健康的影响及风险 ……………………………… (191)
8.2 城市生态环境治理 ………………………………………………………………… (193)
　　8.2.1 生态资源层面的治理 …………………………………………………… (193)
　　8.2.2 社会资源层面的治理 …………………………………………………… (194)
8.3 典型城市生态环境工程建设范式 ………………………………………………… (195)
　　8.3.1 城市生态环境工程建设原则 …………………………………………… (195)
　　8.3.2 典型城市生态环境工程——园林绿化工程建设范式 ………………… (196)
　　8.3.3 典型城市生态环境工程——生态城市建设范式 ……………………… (198)
　　8.3.4 典型城市生态环境工程——海绵城市建设范式 ……………………… (200)
8.4 城市生态环境工程建设案例 ……………………………………………………… (201)
　　8.4.1 泰国曼谷城市森林公园生态环境工程 ………………………………… (201)
　　8.4.2 云南省昆明市某小区海绵城市生态环境建设案例 …………………… (201)
　　8.4.3 城市生态环境工程成功个案简介 ……………………………………… (203)
思考题 …………………………………………………………………………………… (204)
推荐阅读 ………………………………………………………………………………… (204)

第9章 农业与农村生态环境工程 ……………………………………………………… (205)
9.1 农业与农村生态环境存在问题和风险 …………………………………………… (205)
　　9.1.1 农业与农村生态环境面临的问题 ……………………………………… (206)
　　9.1.2 农村环境污染现状 ……………………………………………………… (208)
9.2 农业与农村面源污染生态治理 …………………………………………………… (210)
　　9.2.1 农业面源污染的来源和控制技术 ……………………………………… (210)
　　9.2.2 农村面源污染的来源和控制技术 ……………………………………… (215)
9.3 生态农业 …………………………………………………………………………… (219)
　　9.3.1 我国生态农业现状 ……………………………………………………… (219)
　　9.3.2 生态农业的发展趋势 …………………………………………………… (219)
　　9.3.3 农业生态园 ……………………………………………………………… (220)
　　9.3.4 农业科技园 ……………………………………………………………… (224)
　　9.3.5 乡村振兴战略 …………………………………………………………… (227)
9.4 美丽乡村复合生态系统 …………………………………………………………… (229)

9.4.1　我国乡村建设发展历程 …………………………………………（229）
　　9.4.2　美丽乡村内涵解析 ……………………………………………（230）
　　9.4.3　乡村复合生态系统理论基础 …………………………………（234）
　　9.4.4　乡村复合生态系统的结构和功能 ……………………………（236）
　　9.4.5　乡村复合生态系统的特征 ……………………………………（237）
思考题 ………………………………………………………………………（239）
推荐阅读 ……………………………………………………………………（239）
参考文献 …………………………………………………………………（240）

第1章 绪 论

[**本章提要**] 生态环境是以人类为主体,依靠物质、能量和信息的有机联系来维持生态系统正常运转的天然生态系统,是自然生态环境和社会生态环境的统一体。建设生态文明是人类文明发展的必然结果,也是人类文明进一步发展的必然要求。生态环境的可持续发展与社会经济的发展息息相关,良好的生态环境系统既是人类赖以生存的环境,也是人类发展的源泉。自然生态环境是在人类的影响下,不再是原始、纯粹的自然环境;社会生态环境主要是指人类干预自然环境的性质和水平。本章主要介绍生态环境的概念与存在问题,重点阐述生态环境工程学的发展与背景。

1.1 生态环境的概念

生态是指生物(原核生物、原生生物、动物、真菌和植物五大类)之间和生物与周围环境之间的相互联系、相互作用。环境泛指地理环境,是围绕人类的自然现象的总体,可分为自然环境、经济环境和社会文化环境。生态与环境虽然是两个相对独立的概念,但两者又紧密联系、相互交织,因而出现了"生态环境"这个新概念。生态环境是指生物及其生存繁衍的各种自然因素、条件的总和,是一个大系统,是由生态系统和环境系统中的各个"元素"共同组成的。

生态环境与自然环境在含义上十分相近,有时人们将其混用,但严格说来,生态环境并不等同于自然环境。自然环境的外延比较广,各种自然因素的总体都可以说是自然环境,但只有存在一定生态关系的系统整体才能称为生态环境。仅由非生物因素组成的整体,虽然可以称为自然环境,但并不能称为生态环境。

生态环境是生态和环境两个名词的组合。生态一词源于古希腊词汇,原指一切生物的状态,以及不同生物个体之间、生物与环境之间的关系。德国生物学家 E. 海克尔于 1869 年提出生态学的概念,认为它是研究生物体与其周围环境(包括非生物环境和生物环境)相互关系的科学。目前,生态学已经发展为"研究生物与其环境之间的相互关系的科学",是有自己的研究对象、任务和方法的,比较完整和独立的学科。生态学研究方法经过描述—实验—物质定量三个过程。系统论、控制论、信息论概念和方法的引入,促进了生态学理论的发展。近年来,提及的生态术语所涉及的范畴越来越广,特别是在国内,常用"生态"表征一种理想状态,因而出现了生态城市、生态乡村、生态食品、生态旅游等提法。

环境总是相对于某一中心事物而言的。人类社会以自身为中心,因此环境可以理解为人类生活的外在载体或围绕着人类的外部世界。用科学术语表述就是:环境指人类赖以生存和发展的物质条件综合体。人类环境一般可以分为自然环境和社会环境。自然环境又称为地理环境,即人类周围的自然界,包括大气、水、土壤、生物和岩石等。地理学把构成自然环境总体的因素划分为大气圈、水圈、生物圈、土壤圈和岩石圈5个自然圈。社会环境指人类在自然环境的基础上,为不断提高物质和精神文明水平,在生存和发展的基础上逐步形成的人工环境,如城市、乡村、工矿区等。《中华人民共和国环境保护法》从法学角度对环境下了定义:"环境是指影响人类生存和发展的各种天然的和经过人工改造的自然因素的总体,包括大气、水、海洋、土地、矿藏、森林、草原、野生生物、自然遗迹、人文遗迹、风景名胜区、自然保护区、城市和乡村等。"可以看出,生态与环境既有区别又有联系。生态偏重生物与其周边环境的相互关系,更多地体现系统性、整体性、关联性,而环境更强调以人类生存发展为中心的外部因素,更多地体现为人类社会生产和生活提供的广泛空间、充裕资源和必要条件。

"生态环境"最早组合成为一个词在我国的提出需要追溯到1982年,第五届全国人民代表大会第五次会议在讨论中华人民共和国第四部宪法(草案)和当年的《政府工作报告(讨论稿)》时均使用了当时比较流行的"保护生态平衡"的提法。时任全国人大常委会委员、中国科学院地理研究所所长黄秉维院士在讨论过程中指出:平衡是动态的,自然界总是不断打破旧的平衡,建立新的平衡,所以用保护生态平衡不妥,应以保护生态环境替代保护生态平衡。会议接受了这一提法,最后形成了《中华人民共和国宪法》(以下简称《宪法》)第二十六条:"国家保护和改善生活环境和生态环境,防治污染和其他公害。"政府工作报告也采用了相似的表述。由于在宪法和政府工作报告中使用了这一提法,"生态环境"一词一直沿用至今。由于当时的宪法和政府工作报告都没有对此名词做出解释,所以对其含义也一直争议至今。

"生态环境"是使用较多的科技名词之一,但是对这一名词的含义却存在许多不同的理解和认识。从国内的情况看,大致有四方面的理解:一是认为生态不能修饰环境,通常说的生态环境应该理解为生态与环境;二是认为当某事物、某问题与生态、环境都有关,或分不太清是生态还是环境问题时,就用生态环境,即理解为生态或环境;三是把生态作为褒义词修饰环境,把生态环境理解为不包括污染和其他环境问题的、较符合人类理念的环境;四是生态环境就是环境,污染和其他的环境问题都应该包括在内,不应该分开。应该说,上述四种理解都有其依据和合理性,但是"生态环境"作为一个科技名词,不能长期存在太大的歧义。从科学研究与创新、信息和知识的交流与传播、科学教育与普及三方面看,都需要尽快将其规范化。

根据对《宪法》第二十六条中关于生态环境含义的解读,以及这些年来使用生态表征人类追求的理想状态,生态经常被作为褒义形容词的实际情况,中国科学院地理科学与资源研究所研究员陈百明认为生态环境应定义为:不包括污染和其他重大问题的、较符合人类理念的环境,或者说是适宜人类生存和发展的物质条件的综合体。

1.2 生态环境问题与保护

生态系统是由生物群落及其相关的无机环境共同组成的功能系统。在特定的生态系统演变过程中，当其发展到一定的稳定阶段时，各种对立因素通过食物链的相互制约作用，使其物质循环和能量交换达到一个相对稳定的平衡状态，从而保持了生态环境的稳定和平衡。如果环境负载超过了生态系统所能承受的阈值，就可能导致生态系统的退化或衰竭。人是生态系统中最积极、最活跃的因素，在人类社会的各个发展阶段，人类活动都会对生态系统产生影响。特别是近半个世纪以来，由于人口的迅猛增长和科学技术的飞速发展，人类既有空前强大的建设和创造能力，也有巨大的破坏和毁灭力量。一方面，人类活动推动了向自然索取资源的速度和规模，加剧了自然生态失衡，带来了一系列灾害；另一方面，人类本身也因自然规律的反馈作用，而遭到"报复"。因此，环境问题已成为举世关注的热点，有民意测验表明，环境污染的威胁相当于"第三次世界大战"，无论是在发达国家，还是在发展中国家，生态环境问题都已成为制约经济和社会发展的重大问题。

1.2.1 全球主要生态环境问题

生态环境一旦受到自然和人为因素的干扰，超过了生态系统自我调节能力而不能恢复到原来比较稳定的状态时，生态系统的结构和功能就会遭到破坏，物质和能量输出输入不能平衡，造成系统成分缺损（如生物多样性减少等）、结构变化（如动物种群的突增或突减、食物链的改变等）、能量流动受阻、物质循环中断，称为生态环境问题，严重的就是生态灾难。

(1) 温室效应

温室效应是指 CO_2、N_2O、CH_4 和氟利昂等温室气体大量排向大气层，使全球气温升高的现象。目前，全球每年向大气中排放的 CO_2 大约为 $230 \times 10^8 t$，比 20 世纪初增加了 20%，至今仍以每年 0.5% 的速度递增。这必将导致全球气温变暖、生态系统破坏以及海平面上升。据有关数据统计预测，到 2030 年全球海平面上升约 20cm，到 21 世纪末将上升 65cm，严重威胁到低洼的岛屿和沿海地带。

(2) 臭氧层破坏

臭氧层是高空大气中臭氧浓度较高的气层，它能阻挡过多的太阳光紫外线照射到地球表面，有效地保护地面一切生物的正常生长。臭氧层的破坏主要是由现代生活大量使用的化学物质氟利昂进入平流层，在紫外线作用下分解产生的氯原子通过连锁反应而造成的。最近研究表明，南极上空 15~20km 的低平流层中臭氧含量已减少了 40%~50%，在某些高度，臭氧的损失率可能高达 95%。北极的平流层中也发生了臭氧损耗。臭氧层的破坏将会增加紫外线 β 波的辐射强度。据资料统计分析，臭氧浓度每降低 1%，会导致人类皮肤癌发生率上升 4%，白内障发生率上升 0.6%。截至 21 世纪初，地球中部上空的臭氧层已减少了 5%~10%，使皮肤癌患者总数增加了 26%。

(3) 土地退化和沙漠化

土地退化和沙漠化是指由过度的放牧、耕作、乱垦滥伐等人为因素和一系列自然因素的共同作用，使土地质量下降并逐步沙漠化的过程。全球土地面积的15%已因人类活动而产生不同程度的退化。土地退化中，水侵蚀占55.7%，风侵蚀占28%，化学现象（盐化、液化、污染）占12.1%，物理现象（水涝、沉陷）占4.2%。土壤侵蚀年平均速度为$0.5 \sim 2.0 t/hm^2$。全球每年损失灌溉地$150 \times 10^4 km^2$。70%的农用干旱地和半干旱地已沙漠化，最为严重的是北美洲、非洲、南美洲和亚洲。在过去的20年里，因土地退化和沙漠化，全球饥饿的难民由4.6亿人增加到5.5亿人。

(4) 废物质污染及转移

废物质污染及转移是指工业生产和居民生活向自然界或他国排放的废气、废液、固体废物等，严重污染空气、河流、湖泊、海洋和陆地环境以及危害人类健康的问题。目前，市场中约有7万~8万种化学产品。其中，对人体健康和生态系统有危害的约为3.5万种，具有致癌、致畸和致灾变危害的为500余种。据研究证实，一节一号电池能污染60L水，能使$10m^2$的土地失去使用价值，其污染可持续20年之久。塑料袋在自然状态下能存在450年之久。当代"空中死神"——酸雨，其对森林、土壤、湖泊及各种建筑物的影响和侵蚀已得到公认。有害废物的转移常常会演变成国际交往中的政治事件。发达国家向海洋和发展中国家非法倾倒危险废物，致使发展中国家遭到巨大危害，直接导致接受地的环境污染和对居民的健康影响。另据资料统计，我国城市垃圾历年堆存量已逾$60 \times 10^8 t$，侵占土地面积达$5 \times 10^8 m^2$，城市人均垃圾年产量达440kg。

(5) 森林面积减少

森林被誉为"地球之肺""大自然的总调度室"，对环境具有重要的调节功能。因发达国家广泛进口木材和发展中国家过度开荒、采伐、放牧，使得森林面积大幅度减少。据绿色和平组织估计，100年来，全世界的原始森林有80%遭到破坏。另据联合国粮农组织最新报告显示，如果用陆地总面积来算，地球的森林覆盖率仅为26.6%。森林减少导致土壤流失、水灾频繁、全球变暖、物种消失等问题。一味向地球索取，已将人类在地球上的生态推到了十分危险的境地。

(6) 生物多样性减少

生物多样性减少是指包括动植物和微生物在内的所有生物物种，由于生态环境的丧失，对资源的过度开发，环境污染和引进外来物种等原因，而不断消失的现象。据估计，地球上的物种约有3000万种。自1600年以来，已有724个物种灭绝。目前，已有3956个物种濒临灭绝，3647个物种为濒危物种，7240个物种为稀有物种。多数专家认为，地球上1/4的生物可能在未来20~30年内面临灭绝的危险。1990—2020年，全世界5%~15%的物种可能灭绝，也就是每天消失40~140个物种。生物多样性的存在对生物圈的生命维持系统具有不可替代的作用。

(7) 水资源枯竭

水是生命的源泉，似乎无所不在。然而饮用水短缺却威胁着人类的生存。目前，世界的年耗水量已达$7 \times 10^{12} m^3$，加之工业废水的排放，化学肥料的滥用，垃圾的任意倾倒，生活污水的剧增，使河流变成阴沟，湖泊变成污水地；滥垦滥伐造成大量水分蒸发和流失，饮用水在急剧减少。水荒，向人类敲响了警钟。据全球环境监测系统水质监测项目研究表明，全球大约有10%的监测河流受到污染，生化需氧量（BOD）值超过6.5mg/L，水中氮和磷污染，污染河流含磷量均值为未受污染河流平均值的2.5倍。另据联合国统计，目前，全世界已有100多个国家和地区生活用水告急，其中43个国家为严重缺水，危及20亿人口的生存，其主要分布在非洲和中东地区。许多科学家预言：水在21世纪将成为人类最缺乏的资源。正如人们所希望的，不要让人类的眼泪成为地球上最后一滴水。

1.2.2 我国主要生态环境问题

改革开放以来，国家先后实施"三北"防护林体系建设、大江中上游防护林建设、沿海防护林建设等一系列重大林业生态工程，开展黄河、长江等七大流域水土流失综合治理，加大荒漠化治理力度，推广旱作节水农业技术，加强草原和生态农业建设，使中国的生态环境建设取得了举世瞩目的成就并对国民经济和社会可持续发展产生了积极、深远的影响。但是，应当清醒认识到，我国的生态环境仍很脆弱，生态环境恶化的趋势还未得到遏制，生态环境问题仍很严重，主要表现在以下几个方面：

(1) 自然环境先天不足

我国土地总量虽然较大，位居世界第三，但人均占有土地面积只有 $0.8hm^2$，仅为世界平均水平的1/3。山地、高原、丘陵面积占国土面积的69.27%，所构成的复杂地形和地质条件，在重力梯度、水力梯度的外营力作用下易造成水土流失；再加上地质新构造运动较活跃，山崩、滑坡、泥石流危害严重。同时，还有分布广泛、类型多样、演变快速的生态环境脆弱带，如沙漠、戈壁、冰川、永久冻土及石山、裸地等面积就占国土面积的28%。此外，还有沼泽、滩涂、荒漠、荒山等利用难度大的土地。特殊的地理位置使我国季风气候显著，雨热同季，夏季炎热多雨，冬季寒冷干燥。我国降水量地区差异和年内、年际变化大，导致全国范围内旱涝灾害频繁，严重影响工农业生产。我国暴雨强度大、分布广，易造成洪涝、水土流失乃至泥石流、山崩、塌方、滑坡。在我国独特的地质地貌基底上，一旦植被破坏，水热优势则立即会转化为强大的破坏力。

(2) 水土流失仍然严重

据国务院公布的遥感调查结果，1989年底我国轻度以上的土壤侵蚀面积为 $367×10^4km^2$，占国土总面积的38.2%，其中水蚀面积 $179×10^4km^2$，风蚀面积 $188×10^4km^2$，全国平均每年因人为活动新增水土流失面积达 $1×10^4km^2$，每年流失土壤总量达 $50×10^8t$，占世界年流失量的19.2%，其中有 $33×10^8t$ 是耕地土壤。随着地表沃土的流失，带走了大量的有机质和碳、磷、钾等养分，土层越来越薄，直接导致土壤肥力下降，耕地面积减少。1949年以来，因水土流失而毁掉的耕地已逾4000万亩*。2019年度水利部完成全国水土流失动态监测工作，结果表明我国水土流失状况持续好转，生态环境整体向好态势进一步稳固，数据显示，2019年水土流失面积为 $271.08×10^4km^2$，较2018年减少 $2.61×10^4km^2$，减幅0.95%。与2011年第一次全国水利普查数据相比，水土流失面积减少了 $23.83×10^4km^2$，总体减幅8.08%，平均每年以近 $3×10^4km^2$ 的速度减少。近年来，虽然水土流失治理取得了很大的成绩，局部地区生态环境发生了明显的好转，但总体上我国水土流失仍然严重的形势并没有发生根本性的改变。

(3) 荒漠化面积呈扩大趋势

我国是世界上荒漠面积较大、危害严重的国家之一，全国荒漠化土地总面积为

---

* 注：1亩=1/15hm^2。

$262.2×10^4 km^2$，占国土总面积的 27.2%，其中风蚀荒漠化 $160.7×10^4 km^2$，水蚀荒漠化 $20.5×10^4 km^2$，冰融荒漠化 $36.3×10^4 km^2$，土壤盐渍化 $23.3×10^4 km^2$，超过全国现有耕地面积的总和，有近4亿人口受到荒漠化的威胁，全国每年因荒漠化造成的直接经济损失高达540亿元。荒漠化土地主要分布在华北、西北地区，涉及18个省（自治区、直辖市）470个县（旗、市），形成万里风沙线。我国荒漠化不但影响范围大，类型多，而且程度严重。据综合评价，我国轻度荒漠化为 $95.1×10^4 km^2$，中度 $64.1×10^4 km^2$，重度 $103.0×10^4 km^2$，分别占荒漠化总面积的36.3%、24.4%和39.3%。该程度类型构成比例与全球相应的41.3%、56.5%和2.2%的构成比例相比，重度荒漠化治理虽然取得一定成就，但荒漠化的发生、发展并未得到有效控制，总体面积仍在扩大，且呈愈演愈烈的趋势，荒漠化扩展速度由20世纪50年代的每年 $1560 km^2$，增至70年代的 $2100 km^2$ 和80年代的 $2460 km^2$，相当于每年损失一个中等县的土地面积。

（4）水资源紧缺，污染严重

我国是一个水资源短缺、水旱灾害频发的国家，降水资源总量约 $6×10^8 t$，平均年径流总量为 $27115×10^8 m^3$，扣除重复计算量，我国的多年平均水资源总量为 $28124×10^8 m^3$。按水资源总量考虑，我国居世界第6位，但我国人口众多，人均水资源不到世界人均水资源的1/4，人均水资源占有量在世界各国1997年排名中仅列第121位，被联合国列为13个贫水国家之一。国际上认为：人均水资源量 $2000 m^3$，处于严重缺水边缘；人均水资源量 $1000 m^3$，为人类生存起码条件。如果按照这个标准，我国有15个省（自治区、直辖市）的人均水资源量低于严重缺水线，有7个省（自治区、直辖市）的人均水资源量低于生存起码条件。到21世纪中叶，我国人均水资源量将降为 $1700 m^3$，水资源紧缺的形势将更加严重。而且我国水资源量地区分布严重不协调，东南地区水量占全国总水量的82.2%，西北地区水量仅占17.7%。据有关专家预测，我国缺水高峰将在2020年至2030年出现，将缺水 $2000×10^8 m^3$，预计我国最大国民经济需水量约为 $7600×10^8 m^3$。此外，我国城市缺水也相当严重，1995年建设部的调查分析结果表明，1993年统计的500多座大中城市中有333座缺水，其中49个是由于水源缺乏，19个是由于污染导致可利用水资源紧缺。

（5）森林覆盖率低，增长缓慢

我国生态环境恶劣、自然灾害频繁的主要原因是森林覆盖率低，且分布不均。根据第九次全国森林资源连续清查显示，2018年我国森林面积为 $216×10^4 km^2$，比第八次全国森林资源清查的森林覆盖率21.63%提高了1.33个百分点。虽然我国森林资源面积量大，居世界前列，但人均占有量小，资源分布极不均衡，全国绝大部分森林资源集中分布于东北、西南等边远山区及东南丘陵，而广大的西北地区森林资源贫乏，森林覆盖率超过30%的有福建（62.9%）、江西（60.5%）、浙江（60.5%）、广东（57.9%）、海南（51.9%）、贵州、云南、黑龙江、湖南、吉林等9省，超过20%的有辽宁、广西、陕西、湖北等5省（自治区），超过10%的有安徽、四川、内蒙古等省（自治区），其余各省（自治区、直辖市）多在10%以下，而新疆、青海不足1%；"十二五"期间，我国国土绿化快速推进，造林绿化取得明显成效。全国共完成造林4.5亿亩、森林抚育6亿亩，分别比"十一五"增加18%、29%。森林覆盖率提高到21.66%，森林蓄积量增加到 $151.37×10^8 m^3$，成为全球森林资源增长最多的国家，虽然我国森林资源增长迅速，但是仍然存在森林质量较差的问题。一方面由于本土病虫害的影响；另一方面随着我国近些年来原木进口量的增加，由于进出境检疫性有害生物名录中检疫性有害生物确认的法律滞后性，加上木材市场的混乱，使得进口原木携带的一些病虫害入侵到我国的森林环境中，从而在一定程度上增加了我国森林病虫害的发生风险；党的十八大以来，以习近平同志为核心的党中央将生态文明建设纳入中国特色社会主义事业"五位一体"总体布局，"美丽中国"成为中华民族追求的新目标，5 年来，全国共完成造林 $2983×10^4 hm^2$，但是我国森林开采乱砍滥伐及偷伐现象仍然尤为严重，部分偏远的山区，因经济水平较平原地区存在很大差异，加上对森林资源的监管工作落实不到位，很多人不顾森林保护法的约束，偷伐森林资源进行倒卖获利，且对森林资源开采毫无节制，乱砍滥伐问题极为突出。

(6) *生物多样性减少*

我国是世界上生物多样性最丰富的国家之一，其丰富程度居世界第 9 位。我国的野生动物和植物分别占世界总数的 9.8% 和 9.9%，我国陆地森林生态系统有 16 大类和 185 类，区系丰富，生态类型多，为野生动植物栖息和繁衍创造了优越的条件，我国陆地的野生动植物有 80% 以上物种在森林中生存。然而由于天然森林生态系统被破坏，致使野生动物栖息繁衍地日益缩小，加上人为乱捕滥猎，导致物种数量减少和濒临灭绝。据估计，我国野生高等植物濒危比例达 15%~20%，其中，裸子植物、兰科植物等高达 40% 以上，2015 年完成的《中国生物多样性红色名录·脊椎动物卷》，共评估了中国 4357 种脊椎动物，其中 1868 种无危，596 种近危，受威胁的物种共 934 种。

1.2.3 我国生态环境保护现状

(1) *生态环境保护的指导思想*

以邓小平理论和"三个代表"重要思想为指导，深入贯彻落实科学发展观，以习近平新时代中国特色社会主义思想为指导，全面贯彻党的十九大和十九届二中、三中、四中、五中全会精神，深入贯彻习近平生态文明思想，坚定不移贯彻新发展理念，以推动高质量发展为主题，努力提高生态文明水平，切实解决影响科学发展和损害群众健康的突出问题，加强体制创新和能力建设。

(2) *生态环境保护的基本原则*

坚持生态环境保护与生态环境建设并举。在加大生态环境建设力度的同时，必须坚持保护优先、预防为主、防治结合，彻底扭转一些地区边建设边破坏的被动局面。坚持污染防治与生态环境保护并重。应充分考虑区域和流域环境污染与生态环境破坏的相互影响和相互作用，坚持污染防治与生态环境保护统一规划、同步实施。把城乡污染防治与生态环境保护有机结合起来，努力实现城乡环境保护一体化。坚持统筹兼顾，综合决策，合理开发。正确处理资源开发与环境保护的关系，坚持在保护中开发，在开发中保护。经济发展必须遵循自然规律，兼顾自然承载能力，绝不允许以牺牲生态环境为代价，换取眼前的和局部的经济利益。坚持谁开发谁保护，谁破坏谁恢复，谁使用谁付费制度，明确生态环境保护的权、责、利，充分运用法律、经济、行政和技术手段保护生态环境。

对资源的不合理的开发利用是造成生态环境恶化的主要原因。长期以来对生态环境保护和建设的投入不足，也是造成生态环境恶化的重要原因。环境保护意识不强，重开发轻保护，重建设轻维护，对资源采取掠夺式、粗放型开发利用方式，超过了生态环境的承载能力。历史长期缺乏保护生态环境的意识。过分强调工程措施，而忽视了生物措施。部分生态建设项目忽视了西部地区的自然环境特点。生态环境建设管理方面"保护优先、预防为主、防治结合"的方针没有认真执行。我国地域辽阔，自然条件复杂，地貌类型多样。部门和单位监管薄弱，执法不严，管理不力，致使许多生态环境破坏的现象屡禁不止，加剧了生态环境的退化。

(3) 生态环境保护的目标

通过生态环境保护，遏制生态环境破坏，减轻自然灾害的危害；促进自然资源的合理、科学利用，实现自然生态系统良性循环；维护国家生态环境安全，确保国民经济和社会的可持续发展。

"十三五"期间，我国决胜全面建成小康社会取得决定性成就，生态文明建设发生历史性、转折性、全局性变化。"十三五"规划纲要确定的9项约束性指标和污染防治攻坚战阶段性目标任务超额完成。2015—2020年，全国地表水优良水质断面比例由64.5%上升到83.4%，劣Ⅴ类断面比例由8.8%降至0.6%；细颗粒物（PM2.5）平均浓度降至33$\mu g/m^3$；全国337个地级及以上城市年均优良天数比例升至87.0%。截至2019年，单位GDP二氧化碳排放降低48.1%，已提前完成了2015年提出的下降40%~45%的目标。

我国生态环境保护的远期目标是到2030年，全面遏制生态环境恶化的趋势。使重要生态功能区、物种丰富区和重点资源开发区的生态环境得到有效保护，各大水系的一级支流源头区和国家重点保护湿地的生态环境得到改善；部分重要生态系统得到重建与恢复；全国50%的县（市、区）实现秀美山川、自然生态系统良性循环，30%以上的城市达到生态城市和园林城市标准。到2050年，力争全国生态环境得到全面改善，实现城乡环境清洁和自然生态系统良性循环，全国大部分地区实现秀美山川的宏伟目标。

1.2.4 我国生态环境规划与理念

国家计划委员会组织有关部门编制《全国生态环境建设规划》（以下简称《规划》），经国务院常务会议审通过，于1998年11月公布实施。《规划》要求：从现在起到2010年，坚决控制住人为因素产生的新的水土流失，努力遏制荒漠化的发展；生态环境特别恶劣的黄河长江上中游水土流失重点区以及严重荒漠化地区的治理初见成效。2011年到2030年，在遏制生态环境恶化趋势的基础上，大约用20年的时间，力争全国生态环境得到明显改善；争取全国60%以上适宜治理的水土流失地区得到不同程度的治理，黄河长江上中游等重点水土流失治理大见成效；治理荒漠化土地面积4000×$10^4 hm^2$；新增森林面积4600×$10^4 hm^2$，全国森林覆盖率达到24%以上，各类自然保护区面积占国土面积达到12%，新增人工草地、改良草地8000×$10^4 hm^2$；重点治理区的生态环境开始走上良性循环的轨道。2031年到2050年，再奋斗20年，全国建立起基本适应可持续发展的良性生态系统，全国生态环境得到大幅度改善，大部分地区基本实现山川秀美。趋势和理念如下：

(1) 保护生态环境，防止土地荒漠化

实施绿色工程，保护生态环境，防止土地荒漠化是当前一项紧迫的任务。保护长江黄河源头，严禁在江河源头采金、挖草（甘草、虫草、发菜）；加强长江黄河上中游森林植被建设、"三北"防护林体系建设；严格实施生态脆弱区的禁采、禁伐、禁渔、禁猎，退耕还林还草、退耕还湖还海，封山育林、风沙区造林植草等政策。

(2) 建立适合现阶段生态环境建设的自然保护区管理体制

自然保护区是近代人类为保护生态环境、野生动植物、生物多样性、自然遗迹的一大创举，是人类文明进步的象征。自然保护区制度尽可能地保护了典型的生态环境，保护了动植物种质遗传资源。根据《中国生态环境状况公报（2018年）》显示，全国共有各种类型、不同级别的自然保护区2750个，总面积为$147.17 \times 10^4 km^2$。其中，自然保护区陆域面积为$142.70 \times 10^4 km^2$，占陆域国土面积的14.86%。2750个自然保护区中，国家级自然保护区有463个，总面积约$97.45 \times 10^4 km^2$。其中14个自然保护区加入人与生物圈网络，6个被列入国际重要湿地名录。因此，进一步加强适合中国国情的自然保护区管理体制，必将为中国生物多样性的保护做出贡献。

(3) 正确对待自然生态资源，实行绿色经济

生态环境的破坏是人类在发展经济的过程中追求超额回报付出的惨重代价。生态环境的恢复需要付出比所得回报数倍乃至数十倍的代价，同时还得忍受数十年甚至上百年的生态灾难。为此，人类必须改变传统的无偿占有、掠夺式的经济发展模式，实行绿色经济模式。承认并正视生态环境资源的资本属性，在经济成本核算中要提取"折旧"费，要提生态资源税，还要分得相应红利——即利润中的合理份额，以保证生态环境的保护、修复以及改善有充分的经济基础。

(4) 提倡绿色消费，节约物质资源

绿色消费是人类在确保可持续发展的前提下提高生活水平的消费方式。应尽快以绿色消费观念取代一味追求享乐、毫无节约地消耗自然资源的消费观。当前，应提倡适度消费，减少一次性消费，加强对资源的重复利用，把地球上的其他生命看作维系人类社会发展的基础和伙伴。绿色消费就是不影响子孙后代的生存和发展，为他们留下青山绿水和丰富的可供永续利用的生态环境资源的消费模式。

1.3 生态环境工程学概述

1.3.1 生态环境工程学的概念与含义

生态工程的概念是在20世纪60年代全球生态危机爆发和人们寻求解决对策并对资源环境进行保护的背景下产生的。这一概念由美国生态学家H. T. Odum首先提出，80年代后在欧美逐渐发展起来。在我国，生态工程的概念是由已故的生态学家、生态工程建设先驱马世骏先生在1979年首先倡导的。环境工程的概念早在1960年就被提出，并在之后得到了丰富的发展和建设，主要侧重于运用有关科学原理解决污染问题。生态工程与环境工程，在未来的发展中结成密切的伙伴关系是必然的趋势。

生态环境工程学（Eco-environment Engineering）是在生态工程和环境工程的基础上，

通过不断与其他学科交叉而形成的一个崭新的学科方向,是主要指运用生态学原理、工程学手段来防治污染、保护环境的一门技术科学。其理念是以生态系统的自我设计能力为基础,尊重环境中生物的生存权利,通过工程的方法来维护、恢复生态环境,进而实现永续经营发展与利用之目的。

1.3.2 生态环境工程学的发展历程

环境工程与生态工程都是在运用环境学或生态学基本原理的基础上,通过人工调控实施工程反应措施来达到环境保护或生态修复的目的。二者在目的、原理运用等方面有许多相同点,在具体的项目(特别是环境生态工程领域)运作中已经构成密切融合的复合体系,但在研究范围、技术方法、工作理念、支撑学科等方面还存在着一定的差异。比较而言,传统的生态工程比较宏观、偏软,工程实施上技术标准和设计规范的制订与应用、先进工程技术成果的应用力度等方面的发展相对滞后,原因在于生态工程学过去多以生物学和农林学等学科为基本支撑;而环境工程学起源于工程学,传统环境工程项目应用范围相对狭窄、偏硬,但工程实施过程及效益评估比较量化、细化、规范化,对先进技术成果的应用比较及时和紧密。环境工程与生态工程的异同点见表1-1。

表 1-1 环境工程与生态工程比较

	环境工程	生态工程
目 的	合理利用自然资源和能源,控制和减轻污染;寻求防止环境污染的机理和有效途径,保护和改善环境;综合治理、利用"三废",兼顾环境效益、社会效益和经济效益	对人工生态系统、人类社会生态环境和资源进行保护、改造、治理、调控、建设,解决生态环境保护与社会经济发展协同问题,同步取得生态效益、经济效益和社会效益
基本原理	运用环境科学、工程学、生物学、社会学及其他相关学科的理论与方法	以复合生态系统理论和产业生态学方法为基础,以整体性、协调性、自生和再生循环等为基本核心原理
技术应用	能够减少或治理环境污染的土木工程、卫生工程、化学工程、机械工程、材料工程等学科的技术或工艺	能够减轻环境污染或减少使用原材料、自然资源和能源的技术、工艺或产品
应用原料	环境中非生命物质及生命物质、太阳能及化石能源,较少利用污染环境中的污染物	污染环境中的污染物,生态系统中的各种成分,如太阳能(间或有化石能源)
与自然的关系	改善环境,优化环境	物质循环与能量循环;理论上系统中可达零污染物积累
功 效	见效较快,处理周期较短	受生态系统自我调节能力限制,见效较慢,因而恢复周期较长
实施空间	较具体,多为某个行业或污染地区	较宏观,地域性行政区划的某个地区或领域
发展方向	改造、优化环境技术;发展精深技术,攻克环境治理中的壁垒;发展环境系统工程;创立环境材料工程	在研究上向规范化和区域化方向发展,在应用上提高技术水平,重点方向为生态恢复工程技术、城市生态系统、工业生态系统
产业应用	大气污染治理工程项目、水污染治理工程项目、固体废弃物污染治理工程项目、噪声污染治理工程项目、环保工程设备(泵、风机、曝气装置、管道、监测仪器、控制系统、专用设备及零部件等)、环保材料	林业生态工程项目、农业生态工程项目、牧业生态工程项目、渔业生态工程项目、水域生态恢复工程项目、土壤生态恢复工程项目、湿地生态恢复工程项目、景观生态建设工程项目

传统环境工程以污染治理(多为末端治理)为其主要任务,到目前为止已经在废水、废气、固废物、噪声等污染控制中获得成功应用,并以构筑物、设备、管渠系统作为其主要硬件装备。环境工程的发展主要体现在深度和广度两个方面:尖端科技的应用和多学科技术的融合为环境工程深化革新技术、完善技术工艺,使污染控制工程向精确化、广泛化的更深层次发展成为可能,新兴的IT技术、GIS技术和实时监控技术的应用为污染控制工程向精确化、广泛化的更深层次发展提供了技术支持;而生态工程等理念在环境工程中的运用已取得了瞩目的成果。

目前,人类的活动引起的复杂而新异的环境问题已不可能由单纯的环境工程或生态工程解决,过去因二者的研究主体(人类和生物)不同而过分强调它们之间的差异,在应用中已失去实际意义。因此,环境工程和生态工程在具体的项目运作中已经相互融合。在学科各自深化发展的同时,环境工程与生态工程必须强强联合,充分发挥各自的优势,通过不断创新和探索,达到复合体系的日臻完善与相互融合发展。

现代生态学发端于20世纪60年代,之后逐步形成了独特的理论体系和方法论。一系列国际研究计划极大地促进了现代生态学的发展。其中较为著名的计划有20世纪60年代的"国际生物学计划"、70年代的"人与生物圈计划"、80年代的"国际地圈-生物圈计划"等。现代生态学的特点包括:首先是向宏观研究发展,采用系统方法及多变量和非线性模型;其次是随着学科的深入发展,一些分支学科如进化生态学、行为生态学、化学生态学和分子生态学相继出现,扩大了生态学的领域。从应用方面看,为应对20世纪中叶开始出现的人口、资源与环境危机,现代生态学促进了生态学与其他学科的交叉与融合。不少科学家认为,生态学是解决人类面临的危机的科学基础之一。20世纪70年代,生态学与人类环境问题相结合逐渐形成了环境生态学,其后保护生物学、经济生态学、城市生态学等学科应运而生。而生态学与各类工程学的结合,主要在工程设计理念中吸收生态学的原理和知识,改变传统的工程理念和技术方法,又形成了不少新的工程理论。

生态工程是指把生态学中物种共生、物质循环再生原理与系统工程的优化方法,应用于工业生产过程,设计出物质和能量多层利用的工程体系。1962年,H. T. Odum提出将生态系统自组织行为(self-organizing activities)运用到工程之中。他首次提出"生态工程"(ecological engineering)一词,旨在促进生态学与工程学相结合。受生态学的启发,人们对于环境治理有了新的认识,环境治理除了要满足人类社会的需求以外,还要满足维护生态系统稳定性及生物多样性的需求,同时把环境的自然状态或原始状态作为环境整治及人类干预的尺度,相应发展了生态环境工程技术和理论。

1989年,Mitsch等对于"生态工程学"(ecological engineering)给出定义,Mitsch有时也使用"生态技术"(ecotechnology)一词。1993年,美国科学院主办的生态工程研讨会上根据Mitsch的建议,将"生态工程学"定义为:"将人类社会与其自然环境相结合,以达到双方受益的可持续生态系统的设计方法。"生态工程学涉及的范围很广,包括河流、湖泊、湿地、矿山、森林、土地及海岸等的生态建设问题。我国著名生态学家马世骏研究员于1984年给生态工程下的定义是"生态工程是利用生态系统中的物种共生与物质循环再生原理,结合系统工程和最优方法,设计的分层多级利用物质的生产工艺系统",这一定义得到了世界性的认可。生态工程还是为了保护人类社会和自然环境双方的利益而做出的一种设计。它涉及运用数学方法和以基础学科为基础的方法而进行的自然环境的设计。生态工程也指应用生态系统中物质循环原理，结合系统工程的最优化方法设计的分层多级利用物质的生产工艺系统。运用生态学和系统工程原理设计的工艺系统。将生物群落内不同物种共生、物质与能量多级利用、环境自净和物质循环再生等原理与系统工程的优化方法相结合，达到资源多层次和循环利用的目的。例如，利用多层结构的森林生态系统增大吸收光能的面积、利用植物吸附和富集某些微量重金属，以及利用余热繁殖水生生物等。

环境工程学是环境科学的重要分支，是在人类同环境污染作斗争、保护和改善生存环境的过程中形成的。它通过研究工程技术和相关学科的技术和方法，达到保护和合理利用自然资源、防治环境污染的目的。环境工程是关于环境保护的科学技术，是为了避免在经济发展的过程中对环境造成破坏而采取的改善措施。它兴起于20世纪六七十年代，之后随着环境污染的日益严重，一直处于蓬勃发展的阶段。环境工程所涵盖的范围比较广泛，涉及的方向也较为全面，主要包括水体污染治理工程、大气污染治理工程、生物污染治理工程和土壤污染治理工程等方向，为污染治理和环境改善作出了巨大的贡献。

目前，全球环境问题仍然面临着严峻的考验，环境形势依旧不容乐观，对人们的日常生活产生越来越大的影响。环境工程作为21世纪重点发展的科学技术，拥有广阔的发展空间和远大的发展前景。随着全球科学技术和经济社会的迅猛发展，全球环境形势对环境工程的发展提出了迫切的要求，环境工程的发展趋势也逐渐呈现科学化、合理化、现代化、全球化的特点。未来的环境工程将仍然按照可持续发展的模式不断进步，协调处理经济建设、城市建设与环境建设三者之间的关系，继续为攻克环境治理难题而努力。此外，从科技革新推动社会进步的发展经验来看，人们越来越深刻地意识到，在日益重视核心科技的背景之下，环境工程的发展趋势也将依靠技术进步的模式，继续为解决环境污染问题而不懈努力。

有关环境的生态工程理论是多种多样的，但是可以归纳出以下共同的观点：①在学科的科学基础方面，强调工程学与生态学相结合，在环境整治方面，工程设计理论要吸收生态学的原理和知识；②新型的工程设施既要满足人类社会对环境的种种需求，也要满足生态系统健康性的需求，实现双赢是理想的目标；③以保护生态系统生物多样性为重点，在工程中尊重流域的自然状况，尊重各类生物的生存权利，为动植物的生长、繁殖、栖息提供条件；④认识和遵循生态系统自身的规律，充分发挥自然界自我修复和自我净化功能，强调生态系统的自我设计（self-design）功能；⑤依据人文学理论，强调自然美学价值，在生态环境工程中，要设法保存自然美，以满足人类在长期自然历史进化过程中形成的对自然情感的心理依赖。

1.3.3 生态环境工程学的应用前景

生态环境工程学是一门交叉学科，也是一门实用的工程学。它是立足于环境工程学，吸收、融合生态学的原理和知识，旨在改善环境工程的规划与设计方法。生态环境工程学利用生态系统中的物种共生与物质循环再生原理，结合系统工程和最优方法，设计的分层多级利用物质的生产工艺系统，把生态学中物种共生和物质循环再生原理与系统工程的优化方法，应用于工业生产过程，设计物质和能量多层利用。

生态环境工程学作为工程学的一个新的分支，是研究环境工程在满足人类社会需求的同时，兼顾生态系统健康性需求的原理与技术方法的工程学。发展生态环境工程学的目的，在于促进人类与自然和谐相处，保证自然资源可持续利用。生态环境工程学是人们摒弃了"征服自然"的观念后，更为理智的工程科学。它反映了人类与自然和谐共存的理念，是环境工程理论和其他相关工程理论融合发展的一个新方向。

生态环境工程是一个十分广泛的概念，涉及的领域也十分宽阔，包括水域、土壤、大气、脆弱生态区、工业、城市、农村与农业等诸多方面。通过发达国家近一二十年的工程实践，其理论和技术方法得以不断发展，但是毕竟是新兴的工程理论，生态环境工程学尚处于探索和发展阶段。

思 考 题

1. 生态环境的概念是什么？目前全球主要的生态环境问题有哪些？
2. 生态环境工程学的主要研究内容有哪些？其发展的背景是什么？
3. 生态工程与环境工程在生态环境治理中的相同点和不同点有哪些？

推荐阅读

1. 环境生态工程. 杨京平. 中国环境科学出版社, 2011.
2. 环境生态工程. 朱瑞卫. 化学工业出版社, 2017.
3. 生态工程：原理及应用. 第2版. 白晓慧. 高等教育出版社, 2017.
4. 生态环境修复与节能技术丛书：生态工程模式与构建技术. 范志平, 等. 化学工业出版社, 2017.

第2章
生态环境工程基础理论

[本章提要]生态环境工程学是在生态学原理的指导下,坚持环境友好、资源节约、人口健康的可持续发展,对生态系统进行设计和建设的生产工艺体系和技术,将环境问题解决于生态系统内,达到生态效益、社会效益、经济效益和景观效益的高度统一。由于生态环境工程涉及生态学、生物学、工程学、环境科学、经济学和社会学等领域,因此,在进行生态环境工程设计和建设时,必须遵循一系列基础理论。

2.1 山水林田湖草生命共同体理论

习近平总书记在《关于<中共中央关于全面深化改革若干重大问题的决定>的说明》中指出:"山水林田湖是一个生命共同体,人的命脉在田,田的命脉在水,水的命脉在山,山的命脉在土,土的命脉在树。用途管制和生态修复必须遵循自然规律,如果种树的只管种树、治水的只管治水、护田的单纯护田,很容易顾此失彼,最终造成生态的系统性破坏。由一个部门负责领土范围内所有国土空间用途管制职责,对山水林田湖进行统一保护、统一修复是十分必要的。"

2.1.1 山水林田湖草生命共同体理论的基本内涵

山水林田湖草生命共同体理论从本质上深刻地揭示了人与自然生命过程之根本,是不同自然生态系统间能量流动、物质循环和信息传递的有机整体,是人类紧紧依存、生物多样性丰富、区域尺度更大的生命有机体。田者出产谷物,人类赖以维系生命;水者滋润田地,使之永续利用;山者凝聚水分,涵养土壤;田水山构成生态系统中的环境,而树草依赖阳光雨露,成为生态系统中最基础的生产者。山水林田湖草作为自然生态系统的构成要素,与人类有着极为密切的共生关系,共同组成了一个有机、有序的"生命共同体"。

2.1.2 山水林田湖草生命共同体理论的基本特征

山水林田湖草生命共同体理论具有整体性、系统性和综合性3个基本特征(图2-1)。

(1)整体性

对于影响国家生态安全格局的核心区域、濒危野生动植物栖息地的关键区域,要

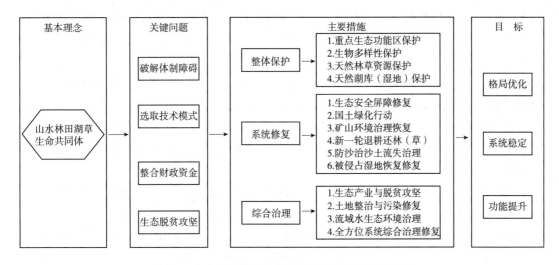

图 2-1　山水林田湖草生态保护修复工程实施示意图

将山水林田湖草作为一个整体，破除行政边界、部门职能等体制机制影响，开展整体性保护。

(2) 系统性

对于生态系统受损严重、开展治理修复最迫切的重要区域，要将山水林田湖草作为一个陆域生态系统，在生态系统管理理论和方法的指导下，采用自然修复与人工治理相结合、生物措施与工程措施相结合的方法，开展系统性修复。

(3) 综合性

对于环境问题突出、群众反映强烈的关键区域，要将山水林田湖草作为经济发展的一项资源环境硬约束，开展区域资源环境承载能力综合评估，合理调整产业结构和布局，强化环境管理措施，开展综合性治理(王波等，2018)。

2.2　两山理论

党的十九大报告指出："建设生态文明是中华民族永续发展的千年大计，必须树立和践行绿水青山就是金山银山的理念。""两山理论"作为生态文明建设的指导思想，揭示了绿水青山与金山银山之间三个发展阶段的问题，剖析了环境与经济在演进过程中的相互关系，阐明了人类社会发展的基本规律。

2.2.1　两山理论的提出

2003年8月8日，习近平同志在《浙江日报》"之江新语"专栏发表了《环境保护要靠自觉自为》一文，明确指出："像所有的认知过程一样，人们对环境保护和生态建设的认识，也有一个由表及里、由浅入深、由自然自发到自觉自为的过程。'只要金山银山，不管绿水青山'，只要经济，只重发展，不考虑环境，不考虑长远，'吃了祖宗饭，断了子孙路'而不自知，这是认识的第一阶段；虽然意识到环境的重要性，但只考虑自己的小环境、小家园而不顾他人，以邻为壑，有的甚至将自己的经济利益建立在对他人环境的损害上，这是认识的第二阶段；真正认识到生态问题无边界，认识到人类只有一个地球，地球是我们的共同家园，保护环境是全人类的共同责任，生态建设成为自觉行动，这是认识的第三阶段。"这是习近平同志将生态环境保护和经济发展的关系比喻为绿水青山和金山银山的关系的最早表述。

2005年8月15日，习近平同志到浙江省安吉县天荒坪镇余村考察。在座谈会上，村干部介绍了关停污染环境的矿山，然后靠发展生态旅游借景发财，形成了"景美、户富、人和"的发展现状。习近平同志听了高兴地说："我们过去讲，既要绿水青山，又要金山银山。其实，绿水青山就是金山银山。"这是习近平同志首次提出"绿水青山就是金山银山"的科学论断。

2005年8月24日，习近平同志又在《浙江日报》"之江新语"专栏发表了《绿水青山也是金山银山》一文，鲜明地提出："我们追求人与自然的和谐，经济与社会的和谐，通俗地讲，就是既要绿水青山，又要金山银山。……如果能够把这些生态环境优势转化为生态农业、生态工业、生态旅游等生态经济的优势，那么绿水青山也就变成了金山银山。绿水青山可带来金山银山，但金山银山却买不到绿水青山。……在鱼和熊掌不可兼得的情况下，我们必须懂得机会成本，善于选择……在选择之中，找准方向，创造条件，让绿水青山源源不断地带来金山银山。"

2006年3月23日，习近平同志再次在《浙江日报》"之江新语"专栏发表《从"两座山"看生态环境》一文，深刻指出："这'两座山'之间是有矛盾的，但又可以辩证统一。"可以说，在实践中对这"两座山"之间关系的认识经过了三个阶段：第一个阶段是用绿水青山去换金山银山，不考虑或者很少考虑环境的承载能力，一味索取资源。第二个阶段是既要金山银山，但是也要保住绿水青山，这时候经济发展和资源匮乏、环境恶化之间的矛盾开始凸显出来，人们意识到环境是我们生存发展的根本，要留得青山在，才能有柴烧。第三个阶段是认识到绿水青山可以源源不断地带来金山银山，绿水青山本身就是金山银山，我们种的常青树就是摇钱树，生态优势变成经济优势，形成了一种浑然一体、和谐统一的关系。这一阶段是一种更高的境界，体现了科学发展观的要求，体现了发展循环经济、建设资源节约型和环境友好型社会的理念。以上这三个阶段，是经济增长方式转变的过程，是发展观念不断进步的过程，也是人与自然关系不断调整、趋向和谐的过程。"

2013年9月7日，习近平总书记在哈萨克斯坦纳扎尔巴耶夫大学演讲结束后回答学生提问时就明确指出："建设生态文明是关系人民福祉、关系民族未来的大计。我们既要绿水青山，也要金山银山。宁要绿水青山，不要金山银山，而且绿水青山就是金山银山。"这是习近平总书记关于"两山理论"的最简明、最完整的一次表述。

2014年3月7日，习近平总书记在参加全国两会贵州代表团审议时就特别强调："保护生态环境就是保护生产力，绿水青山和金山银山绝不是对立的，关键在人，关键在思路。小康全面不全面，生态环境质量是关键。要创新发展思路，发挥后发优势。因地制宜选择好发展产业，让绿水青山充分发挥经济社会效益，切实做到经济效益、社会效益、生态效益同步提升，实现百姓富、生态美有机统一。"

2015年3月24日，习近平总书记主持召开中央政治局会议，通过了《关于加快推进生态文明建设的意见》，正式把"坚持绿水青山就是金山银山"的理念写进中央文件，成为指导我国加快推进生态文明建设的重要指导思想。

2.2.2 两山理论的科学内涵

(1) 既要绿水青山，也要金山银山

"两山理论"的第一个命题是"既要绿水青山，也要金山银山"。这是"两山理论"的出发点和落脚点，体现了绿水青山和金山银山两者的统一性和兼容性，指明了生态文明建设和美丽中国建设两大基本目标，即既要保护好生态环境、维护好生态平衡，又要发展好经济、让人民过上富裕的生活。简言之，就是既要生态美，又要百姓富。

事实上，长期以来，在经济发展与生态环境保护的关系问题上，包括企业界、学术界和政府部门在内，社会各界一直存在着三种不同的观点：一是纯经济主义的观点，认为经济发展高于一切，生态环境保护是可有可无的事情，即使经济发展破坏了生态环境也没有关系，可以先破坏后治理；二是极端生态主义的观点，认为生态环境保护高于一切，经济发展与否无关紧要，甚至认为自然界的一切自然物都不能改变，人类只能像其他动物那样，被动地适应自然、屈从自然，最好是完全"回归自然"；三是人与自然和谐的观点，认为发展经济与保护生态环境是可以辩证统一的，主张在发展经济的同时保护好生态环境，在保护生态环境的同时发展好经济。

习近平总书记提出的"既要绿水青山，又要金山银山"的科学论断，实际上是站在人类经济社会可持续发展的全局和战略的高度，对长期以来存在于社会各界中的三种不同观点的争论做出了唯一正确的结论。光讲绿水青山而不顾金山银山，老百姓长期处于贫穷状态，这是比环境污染更为严重的"贫困污染"，难免陷入"越穷越垦、越垦越穷"的困境，最终也保不住绿水青山；光讲金山银山而不顾绿水青山，甚至牺牲绿水青山换取金山银山，无异于饮鸩止渴、竭泽而渔；只有既讲绿水青山，又讲金山银山，切实做到两者兼顾，才能真正实现生态环境保护和经济发展"双赢"的良性循环。

(2) 宁要绿水青山，不要金山银山

"两山理论"的第二个命题即"宁要绿水青山，不要金山银山"，这是"两山理论"的抉择逻辑，也就是在"鱼和熊掌不可兼得"时必须做出"宁舍金山银山，也要保住绿水青山"的科学抉择，体现了两者的对立性和矛盾性，明确了在特定条件下绿水青山在两山矛盾中处于矛盾的主要方面、发挥着主导作用。这个命题的实质在于：当经济发展与生态环境保护不可兼得时，一定要把生态环境保护放在优先位置，决不以牺牲环境为代价去换取一时的经济增长，决不走"先污染后治理"的老路，决不以牺牲后代人的幸福为代价换取当代人的所谓"富足"。

习近平总书记之所以特别强调这"三个决不"，是因为经济发展的目的，说到底是为了让人民过上幸福的生活，如果为了一时的经济发展付出了高昂的生态环境代价，把人类最基本的生存根基都给破坏了，最后还要用获得的财富来修复和获取最基本的生存环境，就会陷入"越是破坏生态环境换取一时的经济增长，越是要花费更大的投入医治生态环境创伤"的逻辑怪圈和恶性循环。而且，如果为了一时的经济增长，把空气、水、土壤、食物等人们赖以生存的基本条件都污染了，使得人们的健康乃至生命都没有了保障，这样的经济增长又有什么意义呢？

(3) 绿水青山就是金山银山

"绿水青山就是金山银山"是"两山理论"的精髓，体现了矛盾双方在一定条件下可以相互转化的客观规律，指明了将生态优势转化为经济优势的努力方向。这个命题的实质在于破除将生态环境保护同经济发展割裂开来、对立起来的形而上学观点，引导人们尤其是各级领导干部牢固树立自然资本和自然价值理念，树立"良好的生态环境是最公平的公共产品，是最普惠的民生福祉"的理念，树立"保护生态环境就是保护生产力、改善生态环境就是发展生产力"的理念。从实际出发，找准保护生态环境和发展经济的结合点与切入点，因地制宜地选择好适于当地发展的生态产业（生态工业、生态农业、生态林业、生态旅游业、生态渔业等），让绿水青山在提供好生态产品、发挥好生态效益的同时，提供好物质产品、发挥好经济效益，也就是将生态优势转化为经济优势，将绿水青山转化为金山银山，实现百姓富、生态美的有机统一（黎祖交，2016）。

2.3 恢复生态学理论

生态恢复是当今生态学研究热点之一，为众多国家生态学界所重视。恢复生态学的出现有着浓重的应用生态学背景，因为它的研究对象是那些在自然灾变和人类活动压力下受到破坏的自然生态系统的恢复和重建问题。生态系统的恢复过程是由人工设计和完成的，同时其恢复过程也是相当综合和在生态系统层次上进行的。因此，恢复生态学既是理论科学，又是应用科学。众所周知，随着社会的发展，人类对地球生物圈的影响范围在不断扩大，影响程度也在不断加剧。人类对可再生资源的过度利用，使许多类型的生态系统出现严重退化，继而引发了一系列的生态环境问题。环境污染、森林破坏、水土流失和土地荒漠化等世界性问题对人类的生存和经济的可持续发展构成了严重的威胁。防止自然生态系统的进一步退化，恢复和重建已经受到损害的生态系统，日益受到国际社会的极大关注。20世纪80年代以后，现代生态学突破了传统生态学的界限，在研究尺度上由单一生态系统向区域生态系统转变，在研究对象上由自然生态系统为主向自然-社会-经济复合生态系统转变，涌现了一批新的研究方向和热点。恢复生态学应运而生并逐渐成为退化生态系统恢复与重建的指导性学科。开展生态恢复工作不仅为解决目前日益严重的生态系统退化受损问题所需要，而且也是应用生态学研究的一项关键技术（姜凤岐等，2002）。

2.3.1 生态恢复及恢复生态学的基本内涵

(1) 退化生态系统

生态系统的动态发展在于其结构的演替变化，如物种组成、各种速率过程、复杂程度和组分随时间推移而发生变化。稳定的生态系统是生物群落与自然环境取得平衡的自我维持系统，各种组分的发展变化是按照一定规律并在某一平衡位置做出一定范围的波动，从而达到一种动态平衡状态。但是，生态系统的结构和功能也可以在一定的时空背景下，在自然干扰和人为干扰或二者共同作用下发生位移，导致生态要素和生态系统整体发生不利于生物和人类生存的量变和质变。生态系统的结构和功能发生与其原有的平衡状态或进化方向相反的位移，打破了原有生态系统的平衡状态，使系统的结构和功能产生变化和障碍，形成破坏性波动或恶性循环，表现为生态系统的基本结构和固有功能的破坏或丧失、生物多样性水平下降、稳定性和抗逆性能力减弱、系统生产力下降，也就是系统提供生态服务的能力下降或丧失，这样的生态系统被称为退化或受损生态系统。章家恩(1999)认为，在研究生态系统退化时应把人类自身纳入生态系统加以考虑，研究人类-自然符合生态系统的结构、功能、演替及其发展，因为环境恶化、经济贫困、社会动荡、文化落后等都是人类-自然-经济复合生态系统退化的重要诊断特征。

(2) 生态恢复

生态恢复是生态学有关理论的一种严格检验，它研究生态系统自身的性质、受损机理及修复过程。Cairns(2010)等将生态恢复的概念定义为：恢复被损害生态系统到接近于它受干扰前的自然状况的管理与操作过程，即重建该系统干扰前的结构与功能及有关的物理、化学和生物学特征。Jordan(1987)认为，使生态系统恢复到先前或历史上(自然或非自然的)的状态即为生态恢复。Egan(1996)认为，生态恢复是重建某区域历史上有过的植物和动物群落，而且保持生态系统和人类的传统文化功能的持续性的过程。按照国际生态恢复学会的详细定义，生态恢复是帮助研究恢复和管理原生生态系统的完整性的过程，这种生态整体包括生物多样性的临界变化范围、生态系统结构和过程以及可持续的社会实践等。与生态恢复相近的几个重要的生态学概念有必要阐述，例如，恢复(restoration)是指受损状态恢复到未被损害前的完美状态的行为，是完全意义上的恢复，既包括回到起始状态，又包括完美和健康的含义；修复(rehabilitation)被定义为把一个事物恢复到先前的状态的行为，其含义与恢复相似，但不包括达到完美状态的含义，因为在进行恢复工作时不一定要求必须恢复到起始状态的完美程度，因此这个词被广泛用于表示所有退化状态的改良工作；改造(reclamation)是1977年在对美国露天矿治理和垦复法案进行立法讨论时被定义的概念，它比完全的生态恢复目标要低，是指产生一种稳定的、自我持续的生态系统，被广泛应用于英国和北美地区，结构上和原始状态相似但不一样，它没有回到原始状态的含义，但更强调达到有用状态。其他科学术语如挽救(redemption)、更新(renewal)、再植(revegetation)、改进(enhancement)、修补(remediation)等概念，从不同侧面也反映了生态恢复与重建的基本意图。

(3) 恢复生态学

恢复生态学是一门关于生态恢复的学科。生态恢复实践为恢复生态学提供了发展理论的基础，反过来，恢复生态学又为开展生态恢复工作提供了理论指导。恢复生态学是现代应用生态学的分支学科，主要致力于那些在自然突变和人类活动影响下受到损害的自然生态系统恢复与重建。国际生态恢复学会对恢复生态学定义如下：恢复生态学是研究如何修复由于人类活动引起的原生生态系统生物多样性和动态损害的学科。Dobson等(1997)认为，恢复生态学可提供关于表达生态系统组装和生态功能恢复的方式，强调的是生态系统结构和功能的恢复。我国学者余作岳、彭少麟(1996)认为，恢复生态学是研究生态系统退化的原因、退化生态系统恢复与重建的技术与方法、生态学过程和机理的学科。还有些学者认为，恢复生态学是一种通过整合的方法研究在退化的迹地上如何组建结构和功能与原生生态系统相似的生态系统，并在此过程中检验已有理论或生态假设的生态学分支学科。

2.3.2 恢复生态学的研究对象和主要内容

恢复生态学的研究对象是那些在自然灾害和人类活动压力条件下受到损害的自然

生态系统的恢复与重建问题，涉及自然资源的持续利用、社会经济的持续发展和生态环境、生物多样性的保护等许多研究领域的内容。恢复生态学既是一门应用学科又是一门理论科学，既具有理论性也具有实践性。根据恢复生态学的定义和生态恢复实践的要求，恢复生态学应加强基础理论和应用技术两大领域的研究工作。

基础理论研究主要包括：①生态系统结构(包括生物空间组成结构、不同地理单元与要素的空间组成结构及营养结构等)、功能(包括生物功能，地理单元与要素的组成结构对生态系统的影响，能流、物流与信息流的循环过程与平衡机制等)，以及生态系统内在的生态学过程与相互作用机制；②生态系统的稳定性、多样性、抗逆性、生产力、恢复力与可持续性；③先锋与顶极生态系统发生、发展机理与演替规律；④不同干扰条件下生态系统受损过程及其响应机制；⑤生态系统退化的景观诊断及其评价指标体系；⑥生态系统退化过程的动态监测、模拟、预测及预警等。

应用技术研究主要包括：①退化生态系统恢复与重建的关键技术体系；②生态系统结构与功能的优化配置及其调控技术；③物种与生物多样性的恢复与维持技术；④生态工程设计与实施技术；⑤环境规划与景观生态规划技术；⑥主要生态系统类型区退化生态系统恢复与重建的优化模式试验、示范与推广(章家恩等，1999)。

由此可见，恢复生态学研究的起点是在生态系统层次上，研究的内容十分综合而且主要是由人工设计控制。因此，加强恢复生态学研究和开展典型退化生态系统恢复，不仅能推动传统生态学(个体生态学、种群生态学和群落生态学等)和现代生态学(景观生态学、保护生态学和生态系统生态学等)的深入和创新，而且能加强和促进边缘和交叉学科(如生物学、地质学、地理学、经济学等)的相互联系、渗透和发展。

2.3.3 生态恢复的目标、原则和程序

2.3.3.1 生态恢复的目标

生态恢复工程主要涉及4方面内容：①退化生境的恢复；②退化土地生产力的提高；③在被保护的景观内去除干扰加以保护；④对现有生态系统进行合理利用和保护，维持其生态服务功能(章家恩，1999)。恢复生态学强调对受损生态系统进行恢复，其目标是保护现有的自然生态系统，恢复现有的已经退化的生态系统，对现有的生态系统进行合理的管理，保持区域文化的可持续性，实现景观层次的整合性，保持生物多样性及良好的生态环境。Parker(1997)认为，恢复的长期目标应是生态系统自身可持续性的恢复，但由于这个目标的时间尺度太大，加上生态系统的开放性，可能会导致恢复后的系统状态与原始状态不同(任海等，2001)。

总而言之，根据不同的社会、经济、文化与生活需要，人们往往会为不同的退化生态系统制定不同水平的恢复目标，而且生态恢复的具体目标也应随退化生态系统本身的类型和退化程度的不同而有所差异。但无论对什么类型的退化生态系统，都应该存在一些基本的恢复目标或要求，主要包括：①实现生态系统的地表基质稳定性，因为基质(地质、地貌)是生态系统发育与存在的载体，基质不稳定(如滑坡)就不可能保证生态系统的持续演替和发展；②恢复植被和土壤，保证一定的植被覆盖率和土壤肥力；③增加种类组成和生物多样性；④实现生物群落恢复，提高生态系统的生产力和自我维持能力；⑤减少或控制环境污染；⑥增加视觉和美学享受(纪万斌，1996)。

2.3.3.2 生态恢复的基本原则

生态恢复与重建的原则一般包括自然原则、社会经济技术原则、美学原则3个方面。具体而言，生态恢复与重建应坚持以下原则：①对退化生态系统进行恢复与重建时，应充分考虑到区域的自然生态环境、人文环境和社会经济特征。因地制宜是进行生态恢复的基本原则。②要遵循风险最小原则和效益最大原则。要透彻地研究被恢复对象，经过综合分析、评价、论证将风险降到最低限度。同时，还要考虑生态恢复的经济收益和收益周期。③要遵循生态学和系统学的基本原则。既要按生态系统发展的基本规律办事，循序渐进，不能急于求成；同时，恢复与重建又要立足于生态系统的高度，要有整体系统的思想。④要考虑现有的技术、经济情况，要做到技术上适当、经济上可行和社会上接受。⑤在进行生态恢复工作时，要兼顾美学效果，要使退化生态系统的恢复与重建给人以美的享受。

2.3.3.3 生态恢复的基本过程与程序

退化生态系统恢复的基本过程可以简单地表示为：基本结构组分单元的恢复、组分之间相互关系的恢复、整个生态系统的恢复、景观的恢复。植被恢复是重建任何生物生态群落的第一步，它利用人工手段在短时期内使植被得以恢复。植被自然恢复的过程通常是：适应性物种的进入、土壤肥力的缓慢积累、结构的缓慢改善（或毒性的缓慢下降）、新的适应性物种的进入、新的环境条件的变化、群落的进入。Bradshaw（1983）曾将植被恢复归结为需要解决的4个问题：物理条件、营养条件、土壤的毒性、合适的物种。在进行植被恢复时应参照植被自然恢复的规律。在选择物种时，既要考虑植物对土壤条件的适应，也要强调植物对土壤的改良作用，同时还要充分考虑物种之间的生态关系。

生态恢复的程序如下：①明确被恢复对象，确定退化系统的边界，包括生态系统的层次与级别、时空尺度与规模、结构与功能；然后对生态系统退化进行诊断，对生态系统退化的基本特征、退化原因、过程、类型、程度等进行详细的调查和分析。②结合退化生态系统所在区域的自然系统、社会经济系统和技术力量等特征，确定生态恢复目标，并进行可行性分析；在此基础上，建立优化模型，提出决策和具体的实施方案。③对所获得的优化模型进行试验和模拟，并通过定位观测获得在理论上和实践上都具有可操作性的恢复与重建模式。④对成功的恢复与重建模式进行示范推广，同时进行后续的动态监测、预测和评价。

生态恢复就是恢复生态系统合理的结构、高效的功能和协调的关系。生态系统恢复的目标是让受损的生态系统返回到它先前的或类似的或有用的状态。可见，恢复不等于复原，恢复包含着创造与重建的内涵。由于自然因素和人类活动所损伤的生态系统在自然恢复过程中可以重新获得一些生态学性状，若这些干扰能被人类合理地控制，生态系统将发生明显的变化。受损生态系统因人类管理对策的不同可能有下列几种结果：①结构和功能都恢复到原来的状态；②生态系统的结构恢复到原生生态系统中的某一个阶段，恢复原来的某些特性，使其达到对人类有用的状态；③由于管理技术的使用，形成一种改进的、结构不同于原生系统，但功能却优于原生系统的新的状态；④因适宜条件不断损失的结果仍保持受损状态。

2.4 环境工程学理论

通常的工程指按照人类的要求，利用不同材料，遵循设计原理与材料特征，而建造的具有一定结构的工艺系统。目前的工程设计主流为功能派设计，即主要依客户的要求而建造工程。而生态环境工程则把当地居民的需求与生态环境保护统一起来进行考虑，既要满足居民的生产、生活等需要，又要与周围环境相协调。因而此部分着重介绍工程中的环境因子调控原理。

2.4.1 太阳能充分利用原理

太阳能充分利用是指从工程的空间到内部结构，充分考虑最大限度使用太阳能，如工程的布局、植被的选择、太阳能建筑材料的使用，以及取暖、取光等方面都要做出调整。太阳能日光温室的应用在近20多年来发展迅猛，1991年时北方五省只有5万余亩，2004年全国节能日光温室即达到750万亩，而且目前仍在扩展。其原理是利用薄膜吸收太阳能，并用于夜间的热量需求，从而保证植株的快速生长与农产品的提前上市，取得了相当好的经济效益。近年来，我国又在增加太阳能转换上做了大量工作，如多层膜应用、有色膜应用、反光幕悬挂等。农业工程及建筑中也强调自然采光作用，建筑中理想的玻璃为透光性、热性能好的玻璃，这种玻璃也称低辐射率玻璃，其采光效率至少可以达到荧光灯的3倍，国外近些年发明的"超级窗户"即此。另外，近几年推广的暖舍养畜也是其中一种方式。利用天然能或生物质能将是未来节能社会的一种生产生活方式，各种节能灯、节能材料被发明出来，一旦技术成熟，即可全面应用。与此同时，一些节能型建筑也在兴起，生态建筑即其中的一个新兴门类，如浙江省健康生态建筑研究所设计的生态住宅，英国也有生态住房建成。

2.4.2 水资源循环利用原理

环境生态工程设计强调水的节约和高效利用，尽可能进行水资源的循环利用。水资源循环利用原理主要体现在水资源优化配置、节约用水、清洁生产、废污水资源化等方面。

通过将丰水期多余的水储蓄到枯水期使用，或利用调水工程将某一区域的水输送到水资源相对匮乏的区域使用，或借助特定技术和管理措施调整使用对象从而提高单位水资源消耗的产出，以期达到水资源的高效配置，使水的使用功能在时间、空间和使用对象上均达到最大化。

2010年，我国农业用水消耗量约占全国用水量的73.63%，其中灌溉用水有效利用系数仅为0.5，而发达国家为0.7~0.8，说明我国还需要大力发展节约用水技术。在生态环境工程的设计与运行中，采用各种软硬件措施，避免跑、冒、滴、漏等现象，通过喷灌、滴灌、微灌等技术，充分挖掘节水潜力。

水资源循环利用原理中的清洁生产、废污水资源化强调减少取用新水，降低废污水排放，其有效途径就是循环用水、重复用水，提高水资源利用率。我国目前工业用水的平均重复利用率与世界先进水平(90%~95%)相比差距较大,废污水处理率与美国、瑞士、荷兰等国家(90%)相比差距也较显著。因此,在生态环境工程的设计与运行中,既要达到净化污水的目的,又要注重合理的用水结构,减少水足迹,保障水资源可持续开发利用的低消耗性和高效性。

2.4.3 绿色工艺原理

绿色工艺是在兼顾环境影响和资源消耗的基础上,制定出的最优工艺,即无污染工艺清洁生产。该工艺能确保加工质量,以极低的加工成本、极短的加工时间,使得对环境的影响极小,对资源的利用率极高。绿色工艺是对生产全过程和产品整个生命周期进行的主动控制。人们在设计和建设生态环境工程的整个过程中均需考虑绿色工艺原理,也只有如此,才能从根本上解决环境污染的问题。绿色工艺具体体现在以下3个方面:

(1)技术先进性

技术先进性是工程运转的前提。选择无污染的工艺设备,从技术上保证安全、可靠、经济地实现工程的各项功能和性能。

(2)绿色特性

绿色特性包括节约资源和能源、生态环境保护、劳动者保护三个方面,强调选择无毒、低毒、低污染的能源和原料,包括常规能源的清洁利用、可再生能源的利用、新能源的开发和利用以及各种节能技术的开发和应用,并减少能源的浪费,避免这些浪费的能源转化为振动、噪声、热辐射及电磁波等,体现资源最佳利用原则、能量消耗最少原则、"零污染"原则及"零损害"原则。

(3)经济性

绿色工艺突出环境效益的同时,也强调经济效益和社会效益,要求成本低。经济性也是生态环境工程必须考虑的因素之一。一项环境生态工程措施若不具备社会可接受的价格,就不可能被接纳,更不可能走向市场。

绿色工艺的实施更加体现了生态环境工程的绿色特性,提高了其可持续发展能力和市场竞争力,达到了环境效益、经济效益、社会效益共赢的目的。

2.4.4 生物有效配置原理

生物有效配置原理是指充分利用生态学原理,发挥生物在工程中的众多功能,将污染物消纳于系统内,进而优化生产和生活环境。

生物设计是生态环境工程设计的核心。如何针对特定的环境问题,充分发挥不同生物在生态系统及生态工程中的作用,是生态环境工程成功与否的关键所在。为了减少农村面源污染中农药、化肥、除草剂等污染源的增加,生产无公害粮食和水产品,运用生态系统共生互利原理发展的稻田养鱼生态工程就是一个典型的例子。在稻田养鱼生态模式中,将鱼、稻、微生物优化配置在一起,互相促进,达到稻鱼增产增收,既促进了稻田生产生态系统的良性循环,又提高了稻田的综合效益。

2.5 经济学原理

2.5.1 自然资源合理利用原理

自然资源合理利用原理是指在有限的自然资源基础上，既获得最佳的经济效益，又不断提高环境质量的资源合理利用原理。自然资源分可更新资源和不可更新资源两类。

2.5.1.1 可更新资源的利用

太阳能、地热能、风能、水力能等可更新资源与地球起源演变、星体互相作用，以及地球表面的气流、洋流等流体力学过程有关。人类对这些可更新资源的利用一般不会影响其可更新过程。然而森林、草原、野生动植物、土壤等自然资源的更新过程与生物学过程有关，其更新速度很容易受到人类开发利用过程的影响。人类对这类资源的过度利用会损害该类资源的更新能力，甚至将导致这类资源的枯竭。因此，要合理利用这些可更新资源，核心是保护其自我更新能力和创造条件加速其更新，使自然资源取之不尽，用之不竭，并保持最大收获量。

(1) 保持可更新资源的最大持续收获量

可更新资源保护的核心是把资源开发利用的速度控制在资源更新能力允许的范围之内，以便实现对资源的永续利用。以渔业生产为例，鱼类和其他生物一样，有幼年、青年和老年期。多数鱼类需要多年才能长大成熟。如果过量捕捞，种群数量下降过快，尚未性成熟的幼鱼和尚未产完卵的个体大量减少，鱼类资源得不到恢复，就不可能持续获得最大的捕捞量。

保护可更新资源，特别是生物资源，使之免于被过度利用的主要措施包括：①直接限制收获量；②通过限制开发能力，间接限制收获量；③在法律上确定资源的归属权或水平；④通过人口政策，使人口增长与资源条件相适应，减轻人口对资源的压力；⑤通过替代资源的开发利用，分散需求压力，从而达到保护资源的目的。

(2) 可更新资源的增值

人类不但可以被动地采取措施使开发能力和利用速度适应资源的更新速度，还可以主动地采取措施保护和增强资源的更新能力。如为了保护和增强森林资源的再生能力，可采取封山育林、加强抚育、培育速生丰产树种、进行残林更新和营造新林等方法。

2.5.1.2 不可更新资源的利用

自然资源中的矿物资源(金属矿物、非金属矿物、化石能源)和社会资源中的化肥、农药、机具、燃油等生产资料，随着使用逐步被消耗，不能循环往复长期使用，属于不可更新的资源。对于不可更新的农业资源，必须从生态学角度出发，掌握各种矿物的自然循环规律，对它们的开发利用应以对环境和自然循环过程干扰最小的方式来进行。合理利用不可更新资源的基本途径如下：

(1) 矿物的再循环和回收利用

只有利用降低矿物资源消费量和提高回收利用率的办法，才能延长矿物资源的使用年限，推迟枯萎期的到来。例如，磷的储量不高，而且无法用其他资源替代，这是生态学家普遍担忧的问题。据美国生态研究所估计，如果人类不使用磷肥，可能连20亿人口也无法承载。据估计，全球磷资源可能在21世纪被耗尽。因此，搞好磷的再循环和回收利用已成为一个十分重要的课题。

(2) 资源替代

资源替代的范围很广，可以用可更新资源替代不可更新资源，如以木材替代金属，以生物能源(乙醇、沼气等)替代不可更新的化石能源(煤、石油、天然气等)，也可用储量大的资源替代储量小的资源(如以铝替代铜，以塑料制品替铜、铝、锡等)。

(3) 提高资源利用率

提高资源利用率是指单位资源消耗可生产出更多的产品。要提高资源利用率，一方面要遵循边际效应原理和限制因素原理，把有限的资源投放到增产效果最大的地区和生产部门，使有限的资源发挥最大的增产作用；另一方面，要改进资源利用技术。例如，能源不能像铁、磷等矿物资源那样被反复循环利用，但通过改进能源利用技术，其利用效率就能大大提高。

2.5.2 生态经济平衡原理

生态经济平衡是指生态系统及其物质、能量供给与经济系统对这些物质、能量需求之间的协调状态。生态经济平衡的内涵是生态系统物质、能量对于经济系统的供求平衡。现代经济社会是一个生态经济有机体，就是说现代经济社会不只是由单一经济要素所构成，而是一个包含人口、资金、物资等经济要素和资源、环境等生态要素的多层次、多目标、多因素的网络系统。这诸多的经济要素和生态要素正是在社会生产和再生产过程中，才相互结合成为层次更高、结构和功能更加复杂的生态经济有机系统。

在生态经济平衡中，一方面，生态平衡是第一性的，经济平衡是从属的第二性的，因为从发展时序上讲，生态系统先于经济系统存在，经济系统是从生态系统中孕育产生的；另一方面，生态平衡是经济平衡的自然基础，在生态经济系统中，一定的经济平衡总是在一定生态平衡基础上产生的。经济平衡并不是指被动地去适应生态平衡，而是人类主动利用经济力量去保护、改善或者重建生态系统的平衡。人类经济越发展，其对生态系统的主体作用越强大，相应要求承受经济主体的生态基础越加稳固且越加具有耐受能力，这不仅要靠生态系统自身的调节，更重要的是还要靠经济力量的促进。

2.5.3 生态经济效益原理

生态经济效益是评价各种生态经济活动和生态工程项目的客观尺度，对任何一项生态工程项目都需要进行生态经济效益的比较分析与论证，以选择最优或最满意的方案。讲求生态经济效益，是人们从事一切经济活动的基本原则。为了更有效地利用自然资源和保持生态平衡，不仅需要进行短期的经济效益比较分析，也需要进行较长期的生态经济效益比较分析，以尽量少的资源消耗，取得最佳的生态经济效益，以达到保持生态平衡、提高生态环境质量、促进社会经济发展的目的。

生态效益与社会效益之间最大的区别在于前者是自然再生产过程的有用性度量标

准，后者则主要是社会有用性及其后果的度量标准，是社会再生产过程的产物，由社会及经济系统生产出来，而又面向社会的使用价值及其消费后果。

生态效益可以用价值形态的指标来度量，但一般是用机会成本、影子价格等指标度量的。如森林可释放氧气，那么其生态效益既可用释放氧气量表示，也可以给其一个参考价格，即用人工制造氧气的成本作为"机会价格"，计算其象征性的价值，也就是其生态效益的价值。

在同等生态效益和劳动消耗的条件下，技术手段合理，经济资源与生态资源组合得当，也就是说所有经济资源的投入符合生态系统反馈机制的需求，从质和量两个方面有利于形成生态经济系统结构的良好循环，生态系统的生产力就可以得到最大限度的发挥。

2.5.4 生态经济价值原理

生态经济价值原理或生态资源价值问题，是目前亟待解决的生态经济理论问题。从普通经济学的劳动价值理论或商品价值理论的观点出发，没有经过人类劳动加工的自然生物资源(物种、种群、群落)，其所具有的使用价值或效益是没有价值的。自然生态系统(如森林)的涵养水源、调节气候、保护天敌、保持水土等生态效益的表现，既不是使用价值，也不表现为价值。如果不从理论上解决自然资源及环境质量的价值问题，实际生产中不把资源成本和环境代价这些潜在的价值表现出来，恰当地进行人为活动的功利性评价，人们就不可能改变对大自然恩赐的无偿耗费，滥用、破坏自然资源的现象就不会杜绝，自然的无情报复就难以避免。

思 考 题

1. 生态环境工程学的基础理论有哪些？
2. 如何应用恢复生态学原理改善或修复受污染的环境？
3. 如何应用经济学原理指导环境污染治理与经济的协调发展？

推荐阅读

1. 生态工程理论基础与构建技术. 范志平, 曾德慧, 余新晓. 化学工业出版社, 2006.
2. 生态工程. 李季, 许艇. 化学工业出版社, 2008.
3. 实用生态工程学. 盛连喜, 许嘉巍, 刘惠清. 高等教育出版社, 2005.
4. 环境生态学导论. 盛连喜. 高等教育出版社, 2009.
5. 生态工程学导论. 杨京平. 化学工业出版社, 2005.
6. 环境生态工程. 朱端卫. 化学工业出版社, 2017.

第3章 水域生态环境工程

[**本章提要**] 水环境具有易被破坏、易被污染的特点，全球水环境的污染和破坏已成为当今主要的环境问题之一。本章在系统阐述水域及水环境生态系统结构和功能的基础上，分析了水域生态系统存在的问题及治理对策。针对目前我国水域及水环境工程规划设计和管理方法的不足，对低污染水生态净化工程、湖库污染净化与生态环境工程、河道生态环境工程等分类别进行具体阐述，提出了有针对性的对策和技术体系。

3.1 水域及水环境存在的问题与风险

3.1.1 水生态

水生态是指作为环境因子的水对生物的影响和生物对各种水分条件的适应。众所周知，水分是一切生物体的重要组成，生物体内必须保持足够的水分。在细胞水平上，水分要保证生化过程的顺利进行；在整体水平上，水分要保证生物体内物质循环的正常运转。水分在很大程度上决定或者影响生物的分布、物种的组成和数量，也同样对地区稳定和社会经济发展产生重要影响。在自然演化、变异和人类不当的生产、生活的影响下，区域性、季节性水资源亏缺日益突出，水环境、水生态不断恶化，使农业生产和正常的生活用水及生态用水受到严重影响。

3.1.2 水环境

水既是资源，也是环境，其正常功能受各种自然因素和相关社会因素影响。水环境是自然环境的一个重要组成部分，是自然界各类水体在系统中所处的状况。狭义上的水环境是指相对稳定的，以陆地为边界的天然水域所处空间的环境，广义上的水环境是指地球上分布的各种水体及与其密切相连的诸多环境要素，如河床、海岸、植被、土壤等。对水环境的含义目前仍有不同认识。我国《环境状况公报》将水环境与大气环境、声环境等并列，认为水环境主要指各种水体的水质及污染等问题；在国家标准《水文基本术语和符号标准》(GB/T 50095—2014)中，将水环境定义为：围绕人群空间及可直接或间接影响人类生活和发展的水体。《中国水利百科全书》将水环境描述为：由传输、储存和提供水资源的水体，生物生存、繁衍的栖息地，以及纳入的水、固体、大气污染物等组成的进行能量、物质交换的系统，它是水体影响人类生存和发展的因素，以及人类经济社会活动影响水体的因素的总和。水环境同其他环境要素如土壤环境、生物环境、大气环境等构成了一个有机联系的综合体，彼此联系，相互影响，相互制约。

3.1.3 水生态与水环境的关系

水生态主要指水环境状况对动植物的影响，以及动植物对不同水环境条件的适应性。生物体不断与环境进行水分交换，环境中水的质和量是决定生物分布、种的组成和数量，以及生活方式的重要因素。无论是有生命活动的动植物还是人类的繁衍生息，都与水环境密切相关。只有良好的水环境，才会有良性的水生态，反过来，良性的水生态又会对水环境产生积极影响，例如，涵养水源、调节径流、防止水土流失、净化水质等。

水作为生态系统中最活跃、影响最广泛的要素，其利用是水系统的正面效益；其过剩和不足的变化引起水旱灾害，其质量演变造成污染，引起生态、环境退化或破坏等，则是负面效应。通常，水多、水少、水质、水位等，可综合反映水环境状况，水环境状况直接影响自然生态和社会生态，即会引发一系列水生态问题。例如，强降水产生的短时间内陆地水过多，通常伴随洪、涝、渍灾害和水土流失、泥石流，对生态系统将生产直接的后果；持续时间较长的干旱则会使地表水资源减少，引起河、沟、湖、库、塘堰水位降低乃至干涸，难以保证水生生物所需的基本生态水位，农作物将因缺水出现旱象乃至旱灾；工农业生产和生活污水排放对水体的污染，不仅加剧了水质性缺水，还将影响动植物生长及其产品品质，甚至引发生存危机；干旱化趋势和地下水的过度开发使土壤干层不断发展，加剧了荒漠化，使原本有动植物生产的地方失去了生机。由水环境激变诱发的旱涝灾害等水生态问题，往往会影响社会生态，将使受影响地区乃至整个社会为之付出代价。

20世纪90年代以来，国内外发生的由洪涝、干旱灾害和水污染事件引发的重大水生态问题，使越来越多的人认识到水环境和水生态之间的紧密联系，生态水利、生态环境工程、人水和谐的理念开始被更多的人所接受。

3.1.4 我国水环境存在的问题

我国的GDP已经持续20多年以超过7%的速度增长，令世人瞩目。但是工业化过程中产生的废弃物质对环境造成的破坏，以及由此对经济增长产生的负面影响已经越来越强烈地显现出来，并且严重威胁人们的生存安全。其中，水环境就是制约国民经济增长的瓶颈之一。我国水环境存在的主要问题包括以下方面：

3.1.4.1 水资源严重匮乏

水资源短缺是制约我国国民经济和社会发展的重要因素之一，而且随着人口的增加和城市化水平的提高，水资源短缺的矛盾日益突出。据统计，我国多年平均水资源总量约为$28000\times10^8 m^3$，居世界第6位，但我国人均占有的水资源量只有$2300 m^3$，仅为世界人均水平的1/4。我国是全球的贫水国家之一。

2019年，全国地表水资源量为$22213.6\times10^8 m^3$，折合年径流深234.6mm，比常年值偏少16.8%,比2018年减少25.5%。2018年,全国水资源总量为$27462.5×10^8m^3$,与多年平均值基本持平,其中地表水资源量为$26323.2×10^8m^3$,地下水资源量为$8246.5×10^8m^3$。全国水资源总量占降水总量的47.3%,平均单位面积产水量为$34.3×10^4m^3/km^2$。预计到21世纪中叶,我国的人口将达到16亿,届时人均水资源占有量还将进一步下降到$1750m^3$。加之天然降水的时空分布严重不均,河川径流的年际年内变化很大,年降水量不足400mm的地区占国土总面积的45%,与我国人口、耕地、矿产的分布及生产力布局不匹配,因此干旱缺水一直是困扰我国尤其是北方地区工农业生产的主要自然限制因素(图3-1)。

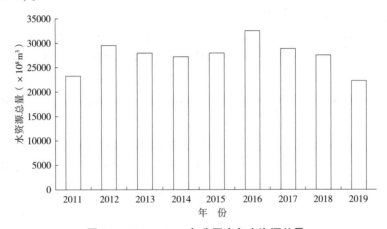

图3-1　2011—2016年我国全年水资源总量

统计资料表明,自1949年以来,我国平均每年受旱面积逾$133×10^4hm^2$,其中成灾的逾$53×10^4hm^2$。以水量丰沛闻名于世的黄河于1978年出现断流,1985年后年年断流,1997年累计断流时间长达226d。全国灌区在过去的10年中,平均每年缺水超过$300×10^8m^3$,减产粮食$3000×10^4t$。在农村还有3000多万人和数千万头牲畜常年的饮水条件亟待改善。要实现"两个一百年"奋斗目标,保证农业的稳定发展,农业用水的缺口是急需解决的问题。如仍按目前$1m^3$水生产0.85kg粮食的水平测算,到21世纪中叶,因粮食增产而需新增的农业用水,就将超过$1000×10^8m^3$。与此同时,城市缺水现象日益严重,现有668个城市中,就有400多个城市缺水,其中还有108个城市严重缺水,生产和生活均受到很大影响。统计资料显示,上海人均水资源占有量为$760m^3$,是世界上缺水最严重的城市之一。而深圳的人均水资源占有量只有$600m^3$,比上海还少。这两座城市地处我国的南方,年降水量还算比较丰富,我国的北方城市缺水现象就更为严重了。例如,北京人均水资源占有量仅为$300m^3$;地处辽东半岛最南端的大连,市区人均水资源占有量仅为$164m^3$,由于该市年用水量还在增长,即使正在进行远距离引水,水资源的危机仍是现实问题。水资源短缺,迫使一些城市大量开采地下水,导致地下水位下降、海水入侵和城市地面沉降等问题日益严重。

3.1.4.2　水患十分频繁

我国虽然幅员辽阔、江河纵横,但是由于受气候条件的影响,降水分布很不均匀。加之水利工程还不完善,因此水患发生十分频繁。例如,国际社会曾广为关注的1998年长江特大洪水,是20世纪长江发生的第二大全流域型洪水。这场洪水先后出现8次洪峰,高水位持续逾40d,汉口站最大洪峰流量达$71100m^3/h$,最大30天洪量达$1886×10^8m^3$。

发生在东北嫩江、松花江流域的洪水，情况也是如此。1998年的洪涝灾害波及全国29个省（自治区、直辖市），使这些地区的经济遭受了不同程度的损失，受灾面积达 $2120 \times 10^4 hm^2$，受灾人口达2.23亿，倒塌房屋达497万间，各地估报直接经济损失达1666亿元，对国民经济的发展造成很大负面影响。

3.1.4.3 水资源污染严重

水体污染主要是由工业废水、农药、生活污水，以及各种固体、气体等废弃物排放造成的。我国水资源总量丰富，但由于人口数量庞大，人均用水量低；且其中能作为饮用水的水资源有限，我国约有1/4的人口尚在饮用不符合卫生标准的水，水污染已经成为我国最主要的环境问题之一。

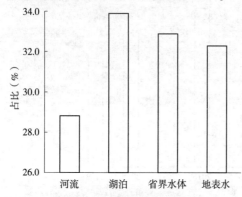

图 3-2 未达到饮用水源标准的水体在我国各类水体的占比

我国的水质分为五类，作为饮用水源的仅为Ⅰ~Ⅲ类。2016年，我国未达到饮用水源标准的Ⅳ类、Ⅴ类及劣Ⅴ类水体在河流、湖泊（水库）、省界水体及地表水中占比分别高达28.8%、33.9%、32.9%及32.3%，如图3-2所示。且相较西方发达国家，我国水体污染更是主要以重金属和有机物等严重污染为主。

随着我国工业化进程的发展和区位转移，水污染表现出从东部向西部发展，从支流向干流延伸，从城市向农村蔓延，从地表向地下渗透，从区域向流域扩散的趋势与特征。具体情况如下：

（1）水系污染

2016年，在对全国 $23.5 \times 10^4 km^2$ 的河流水质状况进行评价的基础上，Ⅰ~Ⅲ类水河流长度占河流总长度的76.9%，劣Ⅴ类水占9.8%，主要污染项目是铵态氮、总磷、化学需氧量。与2015年相比，Ⅰ~Ⅲ类水河流长度占比上升3.5个百分点，劣Ⅴ类水河流长度占比下降1.7个百分点。

（2）湖库污染

我国的湖泊普遍受到化肥、农药、乡镇企业和生活污水的污染。因为水体自净能力有限，北方的污染负荷重于南方，80%的平原湖泊受到污染，其中有26%的湖泊富营养化，86%的城市河段水质普遍超标。我国主要水系及湖泊的污染断面监测结果显示，仅36.9%的河段达到或优于地面水环境质量Ⅰ类标准，而63.1%的河段水质为Ⅳ类、Ⅴ类或劣Ⅴ类，失去了饮用水功能。七大水系的污染程度从高到低依次为：辽河、海河、淮河、黄河、松花江、珠江、长江；大的淡水湖泊和城市湖泊均为中度污染，巢湖、滇池和太湖的污染严重。

2016年，我国对全国118个湖泊共 $3.1 \times 10^4 km^2$ 水面进行了水质评价。全年总体水质为Ⅰ~Ⅲ类的湖泊有28个，Ⅳ~Ⅴ类的湖泊有69个，劣Ⅴ类的湖泊有21个，分别占评价湖泊总量的23.7%、58.5%和17.8%。主要污染项目是总磷、化学需氧量和铵态氮。湖泊营养状况评价结果显示：中营养化湖泊占21.4%，富营养化湖泊占78.6%。在富营养化湖泊中，轻度富营养化湖泊占62.0%，重度富营养化湖泊占38.0%。

2016年，我国对全国324座大型水库、516座中型水库及103座小型水库共943座水库，进行了水质评价。结果表明：全年总体水质为Ⅰ～Ⅲ类的水库有825座，Ⅳ～Ⅴ类的水库有88座，劣Ⅴ类的水库有30座，分别占评价水库总量的87.5%、9.3%和3.2%。主要污染项目是总磷、高锰酸钾指数和铵态氮。水库营养状况评价结果显示：中营养化水库占71.2%，富营养化水库占28.8%。在富营养化水库中，轻度富营养化水库占86.3%，中度富营养化水库占12.9%，重度富营养化水库占0.8%。

(3) 地下水污染

全国以地下水源为主的城市，地下水几乎全部受到不同程度的污染，其中尤以北京、沈阳、包头、天津、西安、锦州、太原、保定的污染情况最为严重(如海河流域地下水污染面积已达69.4%，受污染的水资源量占62.3%)。我国北方许多城市由于地下水超采严重，地下水的硬度、硝酸盐、氯化物的含量逐年上升以致超标。我国的地下水水质污染呈现逐年加重的趋势。

2017年，以地下水含水系统为单元，以潜水为主的浅层地下水和承压水为主的中深层地下水为对象，国土资源部门对全国31个省(自治区、直辖市)223个地市级行政区的5100个监测点(其中国家级监测点1000个)开展了地下水水质监测(表3-1)。评价结果显示：水质为优良级、良好级、较好级、较差级和极差级的监测点分别占8.8%、23.1%、1.5%、51.8%和14.8%。主要超标指标为总硬度、锰、铁、溶解性总固体、"三氮"(亚硝酸盐氮、铵态氮和硝酸盐氮)、硫酸盐、氟化物、氯化物等，个别监测点的地下水存在砷、六价铬、铅、汞等重(类)金属超标现象。

表3-1 2017年各流域片区地下水水质综合评价结果

流域	测站比例(%)		
	良好以上	较差	极差
松花江	11.2	81.4	7.4
辽河	8.8	81.0	10.2
海河	31.4	52.8	15.7
黄河	26.8	45.7	27.5
淮河	24.4	67.3	8.2
长江	14.3	80.0	5.7
内陆河	39.1	47.8	13.0
全国	24.4	60.9	14.6

3.1.5 水环境问题的成因与对策

造成我国水资源严重短缺的原因可分为自然因素和人为因素两个方面，两者又相互作用。

3.1.5.1 水环境问题成因

(1) 人为因素

在水环境污染中，人为因素是主导因素，而水环境质量也和人类行为密切相关。

关于人类行为影响水环境质量，其影响因素众多。其一，政策因素。改革开放初期，我国着眼于经济发展，相关政策也偏向于促进社会经济发展、加快生产速度。在这种情况下，出现诸多以破坏水环境为代价的人类行为。如在大规模促生产的同时，受到政策保护和鼓励，工厂如雨后春笋般大规模出现，工厂产生的污水随意排放，对水环境造成了极为不利的影响。其二，水环境保护意识较差。水环境保护工作难以推进的其中一个主要原因在于人类的水环境保护意识较差、参与度比较低。水生态环境污染往往不是短期形成的，而是在日积月累中形成的。很多人认为水生态环境污染是由工厂污水随意排放引起的，与自身生活行为无关。实则，人类生活行为中随意丢弃生活垃圾、随意排放生活污水、浪费水资源等行为，都是影响水环境质量的重要因素。

(2)自然因素

关于水环境污染，在众多认知中都认为是人为因素造成的，忽视了自然因素对水环境的破坏。例如，生物尸体腐烂。水环境中存在着大量生物，生物尸体腐烂会对水环境造成污染。当然，生物尸体腐烂造成水环境污染的可能性还是比较小的。自然因素对于水环境污染最为严重的是地震、滑坡等自然灾害，以九寨沟7.0级地震为例，地震后九寨沟美丽的水环境遭受严重的破坏。由此可见，对于水环境质量影响因素的研究不能忽视自然因素在其中扮演的重要角色。

3.1.5.2 水环境问题对策

水资源的污染已经对人类的生存和发展造成了严重的威胁，应从以下几个方面对我国水资源的保护措施加以分析，以期对我国经济可持续发展、生态环境保护等方面起到一定的借鉴作用，促进我国经济又好又快发展，具体为：

(1)改善农业耕作方式

具体到农业方面，则是走一条科学、可持续发展的农业振兴之路。推广"猪-沼-果"的生态可持续种植与养殖模式，将养殖与种植结合构建绿色农业等方式，改善农业耕作方式，减少农业对水环境的面源污染。适时开展免耕、休渔等方式，让水土恢复自身的自净能力，提高区域水资源自净能力。合理安排滩线、湿地耕作，杜绝在此类对生态平衡具有举足轻重的土地上过度耕作，保护易被侵蚀的斜坡等。

(2)做好污水治理工作，控制污水排放

做好污水治理工作首先应该转变以往的经济发展模式，提高企业生产技术水平，减少污水的排放和对水资源的浪费。对于重点污染的工业企业，应该积极地推广和应用废水回收处理技术对生产设备进行改造，做到尽量不用水或者少用水；提高新的生产工艺研发力度，积极使用新技术和新设备，降低水的使用量。随着城市化建设的不断深入，当地政府部门应该通过多种渠道筹集资金，建设符合城市发展的生活污水处理厂，统筹安排，对污水集中进行处理，以提高污水处理的效率和再利用率。充分利用节水技术，再生水和淡化海水，保证水资源可持续发展。同时，在城市工业发展的重点区域还应该多修建大型的污水处理厂，在缺水的区域还应该兴建水利工程，储存雨季的降水。

(3)完善强制保护政策

水环境污染的控制离不开国家强制力量的支持，通过完善相关法律法规为水资源保护提供坚强的后盾是我国水环境保护的终极武器。唯有完善水环境保护的法律法规，加强民间或非营利性组织机构的自愿支援，提高民众水环境保护意识，才能为我国的水环境污染治理保驾护航。另外，相关部门应该及时划定水源区，在区域内设置警示装置，并加强对取水口的绿化和保护工作。同时，还应根据人口居住及企业分布特点，有目的地建设完善水环境质量监测预报点，建设一支流动的水质监测队伍，对区域内的水资源质量进行定期和不定期地抽样检测分析，加强对水资源污染的监督和控制，提高预报的准确性。还应该要求企业安装相应的水资源污染在线监测仪，督促企业自我监督，并保证设备与生态环境部门的监督网络相连接，保证监督部门对企业实施全天候的监督和控制。此外，政府部门还应该建立防突发性水污染事件的紧急处理机制，建立完善的预警处理系统，以最有效的方式处理好水污染事件。

3.2 低污染水生态净化工程

随着我国经济的快速发展，工业和生活用水需求量成倍递增，造成的水环境污染日益加剧。各类危害较低的人类生产生活产生的低污染水，如市政与工业污水处理厂的尾水、规模养殖用水处理后的排放水、农村生活污水处理后的出水、村镇初期雨水和农业种植业的径流等，因其水量大且无所不在，逐渐引起人们的广泛重视，开展对其的深度处理与回收利用逐渐成为人们关注的焦点。

3.2.1 低污染水的概念

低污染水体一般是指含有污染物种类较多、性质较复杂，但浓度比较低微的水体。水质污染指标主要有高锰酸盐指数和铵态氮浓度，污染水体的物理、化学和微生物指标不能达到相关标准，具有有机物综合指标值较高、嗅味明显和铵态氮浓度较高等特点。低污染水经过常规工艺处理之后出厂的水质依旧难以达到国家饮用水标准，其水质问题主要表现为以下几个方面：

①嗅阈值高，但色、味、嗅感官的性状有待提高。
②污染水中的污染指标较高，而常规工艺去除铵态氮和高锰酸盐的能力有限。
③处理污水所需的药和氯消耗较高，容易在混凝工艺的过程中产生副产物，如铝、丙烯酰胺等，且氯单耗较高，导致微污染水中的有机物含量增高，进而增加出厂水产生副产物的风险。
④出厂水的富集提取物致突试验结果多呈阳性，水质的安全性较差。

3.2.2 低污染水体的治理难点

一般来说，受污染江河水体中主要包括石油烃、挥发酚、氯氮、农药、COD、重金属、砷、氰化物等，这些污染物种类较多，性质较复杂，但浓度比较低微，尤其是那些难于降解、易于生物积累和具有"三致"作用的有机污染物，对人体健康的危害很大。近年来，随着工业的发展、城市化进程的加速，以及农用化学品种类和数量的增加，许多水源已受到不同程度的污染；并且随着经济的发展、水质分析手段的进步，以及人类对饮用水水质要求的提高，低污染水体受到的关注也越来越高。然而，现有的常规处理低污染水工艺（混凝→沉淀→过滤→消毒）不能有效去除其中的有机物、铵态氮等污染物，而且液氯很容易与原水中的腐殖质结合产生消毒副产物（DBPs），直接威胁饮用者的身体健康。随着生活饮用水水质标准的日益严格,低污染水源水处理不断出现新的问题。因此,选择适合我国国情的低污染水体处理技术方案现已引起了人们的高度重视。

3.2.3 低污染水处理的生态环境工程技术

低污染水主要存在于初期来水,其污染物浓度高、负荷大,需要净化处理,而后期来水水量较大、污染程度低,可直接排放进入水体。对于这类污染的控制,常通过过程削减技术来降低水体进水的污染程度,其中较为常用的是前置拦截技术,其通过设置滞留塘等设施对初期来水通过截留、沉降、吸附、降解等方式净化水质后排入水源地水库。此外,还包括人工湿地技术、自然湿地技术、生态浮床技术、缓冲带技术和多样的农村生活污水处理技术等。因地制宜地研发低成本、高效率、易操作的水源地污染防控技术体系,成为解决农村饮水安全技术的主要发展方向。

3.2.3.1 人工湿地技术

人工湿地是一种由人工建造和调控的湿地系统,通过其生态系统中物理、化学和生物作用的优化组合来进行废水处理。人工湿地一般由人工基质和生长在其上的水生植物(如芦苇、香蒲、苦草等)组成,形成基质-植物-微生物生态系统。当污水通过该系统时,污染物质和营养物质被系统吸收、转化或分解,从而使水体得到净化。人工湿地是一种开放、发展、自我设计的生态系统,涉及多级食物链,形成了内部良好的物质循环和能量传递。人类利用自然沼泽即自然湿地处理污染已有很长的历史,但作为一种人工生态工程,人工湿地技术是近30年才发展起来的技术。用湿地处理污染的技术源于欧洲,当时称其为"根区法"和"植物床"。20世纪70年代后期,人工湿地工艺首次出现在德国,然后从欧洲发展到美国、加拿大、澳大利亚等国家和地区。在30多年的时间里,在欧洲和北美地区分别有500多座和600多座人工湿地处理系统建成。我国开始研究和发展人工湿地始于20世纪80年代末,至今我国已在各地建立了多座示范工程。人工湿地具有投资低、运营维护简单和美化景观等优点,具有较好的经济效益和生态效益,具有广阔的推广应用前景。

(1)人工湿地净化水质的原理

基质、植物、微生物与多湿的环境共同构成了人工湿地的基本要素,形成了湿地特有的生态系统。基质为微生物的生长提供稳定的附着表面,为湿地植物提供了载体和营养物质;湿地植物除直接吸收营养物质、富集污染物外,还为根区微生物的生长、繁殖和降解污染物提供氧气,植物根系维持着湿地的水力传输;附着在基质和植物根系的微生物的活动降解污染物,并为植物提供养分,人工湿地净化水质原理示意如图3-3所示。

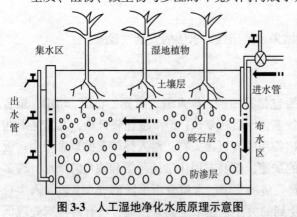

图3-3 人工湿地净化水质原理示意图

(2)人工湿地的类型

人工湿地根据主要植物类型,可以分为浮水植物系统、挺水植物系统和沉水植物系统；根据水流的形式，可建成自由表面流湿地、潜流人工湿地和垂直流人工湿地。

①自由表面流湿地。与自然湿地极为相似，污水以较慢的速度流过，绝大部分有机物的去除是由生长在水下的植物茎、杆上的生物膜来完成的。湿地中的氧气主要来源于水面扩散、植物根系的传输和植物的光合作用。它的优点在于投资少、操作简单、运行费用低；缺点是负荷小、处理效果差，且系统的运行受气候影响较大，冬季寒冷地区表层易结冰，夏季存在滋生蚊蝇、产生臭味的现象。

②潜流人工湿地。污水从一端水平流过填料床中的填料，这样系统可以充分利用填料表面生长的生物膜、丰富的植物根系及表层土和填料截流等作用，提高污水净化处理效果。氧气主要由植物根系传输。其优点是水力负荷与污染负荷较大，对五日生化需氧量(BOD)、化学需氧量(COD)、固体悬浮物浓度(SS)及重金属等处理效果好；且由于水流在地表下流动保温性能好，处理效果受气温影响较小，卫生条件好，很少存在恶臭和滋生蚊蝇的现象。其缺点主要是控制相对复杂。

③垂直流人工湿地。污水从湿地表面纵向流入填料床底，床体处于不饱和状态。氧气主要源于大气扩散和植物根系传输。其优点是硝化能力强，适合处理铵态氮含量高的污水。缺点是处理有机物能力欠佳，建造要求高，控制复杂，落水、淹水时间长，夏季易滋生蚊蝇。

(3) 人工湿地技术的优缺点

人工湿地污水处理系统是一个综合的生态系统，具有以下优点：①建造和运行费用便宜；②易于维护，技术含量低；③可进行有效可靠的废水处理；④可缓冲对水力负荷和污染负荷的冲击；⑤可直接和间接产生效益，如水产、畜产、造纸原料、建材、绿化、野生动物栖息、娱乐和教育。

但人工湿地污水处理系统也有不足，如占地面积大，易受病虫害影响，生物和水力复杂性加大了对其处理机制、工艺动力学和影响因素的认识理解，设计运行参数不精确，因此常由于设计不当使出水达不到设计要求或不能达标排放，有的人工湿地反而成了污染源。另外，据已有数据显示，当上下表面植物密度增大时，人工湿地系统处理效率提高，要达到其最优效率，需2~3个生长周期。所以，人工湿地系统需建成几年后才实现稳定的运行。因此，目前人工湿地技术最大的问题在于缺乏有关长期运行的详细资料。

总的来说，人工湿地污水处理系统是一种较好的废水处理方式，特别是它充分发挥了资源的生产潜力，能够防止环境的再污染，能够获得污水处理与资源化的最佳效益，因此具有较高的环境效益、经济效益及社会效益，比较适合处理水量不大、水质变化不是很大、管理水平不是很高的城镇污水处理，如我国农村或中小城镇的污水处理。人工湿地技术作为一种污水处理的新技术，有待进一步改良，有必要更细致地研究不同地区特征和运行数据，以便在将来的建设中提供更合理的参数。

(4) 人工湿地应用的典型案例——自然曝气人工湿地

自然曝气人工湿地以提高农村污水处理效率和优化处理设施运行管理为目标，该成果研发出自然曝气垂直潜流式人工湿地并应用于农村污水处理，主要内容包括：①将水力转化为人工湿地产生曝气所需的自然能，设置人工湿地内循环自然曝气过程，强化湿地对农村污水中氮、磷、有机物等污染物的降解效率；②优化人工湿地基质组合和植物配置，提高基质和植物对农村污水中氮、磷、有机物等污染物的吸附和吸收效果；③完善构筑物设计，设置空气流通管道和部件，形成自然曝气垂直潜流式人工湿地，可提高处理设施水力负荷和对农村污水处理效率(图3-4)。

该成果能广泛应用于农村生活污水(含部分畜禽废水、餐饮废水)处理，也能应用于学校、乡镇、中小型城市生活小区等污水处理，其出水可满足《城镇污水处理厂污染物排放标准》(GB 18918—2002)一级B类排放标准，部分指标[悬浮物(SS)、磷、有机物等]可达一级A类排放标准。具有以下优势：①以水力为推动力构建垂直潜流人工湿地的自然曝气过程，提高了农村污水处理效率，降低了处理设施所需能耗，为农村污水处理达标排放和运行管理提供了可行性；②通过对构筑物优化设计，将自然界中的氧气有效引入垂直潜流人工湿地，形成自然曝气过程，节省了人工曝气装置的投资和运行成本，也为农村污水曝气处理提供了条件；③优化人工湿地基质组合和植物配置，提升了处理设施对农村污水的处理效果。

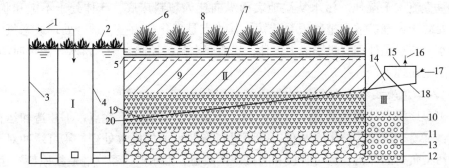

Ⅰ—预处理池；Ⅱ—人工湿地处理池；Ⅲ—深度处理池；1—进水管；2—浮水植物；3—外池；4—内池；5—出水口；6—挺水植物；7—补水管；8—种植基质；9—细粒基质层；10—中粒基质层；11—粗粒基质层；12—清水出水口；13—过滤填料；14—导流漏斗；15—导流斜管；16—排出管；17—文丘里管；18—内循环管；19—单向阀；20—循环进水口。

图3-4　自然曝气垂直潜流式人工湿地构建图

自然曝气人工湿地项目已于在云南省文山、大理等地建立了10余个农村及学校生活污水处理科技示范工程，其对生活污水处理均可满足《城镇污水处理厂污染物排放标准》(GB 18918—2002)一级B标准，且实现了无电耗和专人管理的运行模式。该成果的应用有效改善了当地农村生态环境，保障了饮用水安全，促进了社会和谐及生态文明建设(图3-5)。

**图3-5　自然曝气垂直潜流式人工湿地
农村污水处理科技示范**

3.2.3.2 生态浮岛技术

生态浮岛又称人工浮床、生态浮床等,是人工浮岛的一种,可以针对富营养化的水质,利用生态工学原理,降解水中的COD、氮和磷。它是以水生植物为主体,运用无土栽培技术,以高分子材料等为载体和基质,应用物种间共生关系,充分利用水体空间生态位和营养生态位,建立的高效人工生态系统,用以削减水体中的污染负荷。它能使水体透明度大幅度提高,同时使水质指标得到有效改善,特别是对藻类有很好的抑制效果。生态浮岛对水质净化最主要的功效是利用植物的根系吸收水中的富营养化物质,如总磷、铵态氮、有机物等,使得水体的营养得到转移,减轻水体由于封闭或自循环不足而出现的腥臭、富营养化等现象。生态浮岛通常用于城市生态修复、农村的水体污染,也用于建设城市湿地景区等。另外,生态浮床通过与其他环保设备配合使用,能形成一个净水能力更加强大的生态浮岛系统,大大降低治水效果反复的风险。

(1)净化原理

①根系网络:植物的根系表面积很大,在水中形成浓密的网,能过滤吸附水体中大量的悬浮物,并形成富氧环境;此外,逐渐在植物根系表面形成生物膜,而根系膜内微生物既能产生多聚糖,有效吸附水中悬浮物,也能吞噬和代谢水中的污染物,使其转化为无机物。通过植物的根系吸收或吸附作用,削减水体中的氮、磷及有机污染物质,使其成为植物的营养物质,通过光合作用转化为植物细胞的成分,促进其生长,最后通过收割浮岛植物和捕获鱼虾减少水中的营养物质。

②遮光作用:浮岛通过遮挡阳光抑制藻类的光合作用,减少浮游植物生长量,通过接触沉淀作用促使浮游植物沉降,有效防止"水华"发生,提高水体的透明度,其作用相对于根系网络更为明显。同时,浮岛上的植物可供鸟类栖息,下部植物根系形成鱼类和水生昆虫的栖息环境。

(2)分类

依据生态浮岛的功能,可将其分为消浪型、水质净化型和提供栖息地型三类;依据浮床的外观形状,可分为正方形、三角形、长方形、圆形等多种;依据与水接触的环境,分为干式和湿式两种。干式浮岛因植物与水不接触,可以栽培大型的木本园艺植物,通过不同植物的组合,搭建良好的鸟类栖息场所,同时也美化了景观。但这种浮岛对水质没有净化作用。一般大型的干式浮岛是用混凝土或是发泡聚苯乙烯制作的。湿式浮岛中,有框架型湿式浮岛,其框架一般可以用纤维强化塑料、不锈钢加发泡聚苯乙烯、特殊发泡聚苯乙烯加特殊合成树脂、盐化乙烯合成树脂、混凝土等材料制作。据统计,到目前为止,有框架型湿式人工浮岛的施工案例比较多,占了7成。无框架浮岛一般用椰子纤维编织而成,对景观来说较为柔和,可承受相互间的撞击,耐久性也较好;也有用合成纤维做植物的基盘,然后用合成树脂包起来的做法。常见材质有竹木、泡沫、海绵、塑料、橡胶、藤草、苇等。

(3)发展历程

生态浮岛是由德国的BESTMAN公司设想出来的。在日本的琵琶湖,作为给鱼类用的产卵床的人工浮岛在20世纪70年代末就开始被使用。近年来,随着人们对环境问题越来越关心,周围的自然环境特别是水边的自然景观状况也越来越受到重视,在此背景下,人们不仅将水的净化,还将创造多样性的生态系统寄希望于人工浮岛技术。

现在，人工浮岛因具有净化水质、创造栖物的生息空间、改善景观和消浪等综合性功能。人工浮岛技术在水位波动大的水库、因波浪的原因难以恢复岸边水生植物带的湖沼、有景观要求的池塘等闭锁性水域得到广泛的应用。随着人工浮岛工程案例的不断增加，建造经验也越来越丰富，在评价人工浮岛的功能及效果方面已逐步从定性评价上升到定量评价的高度。

近年来，我国的人工浮岛技术开发及应用正处于快速发展时期。研究与应用结果表明，在藻化严重的富营养化水体修复过程中，采用人工浮岛作为先锋技术可以使得一部分水生动物得到自然恢复或在人工协助下恢复。

湿式浮岛大致分为四代技术：第一代主要以竹子、土工网搭建，具有造价低、效果差、寿命短、无法维护等特点（随着人工成本的提升，目前该方式在造价上已没有优势）。第二代主要是泡沫或泡沫加金属固定件构成的产品，具有造价低、制造工艺简单等优点，但强度不足，金属与泡沫容易分离，且泡沫本身属于白色污染，目前基本已经不再应用（特别是"限塑令"实施后已基本绝迹）；第三代主要是 PE 产品，一般 9~11m，有类似面包圈的浮体和分体的种植篮，虽然克服了以上两代的缺点，但是不同厂商生产的浮岛产品质量和寿命不一，行业标准有待建立；第四代主要是新材料浮岛，植物根系和浮岛材料可融为一体，且材料本身为中空管状结构，能够形成很好的水体微动力循环。目前代表性产品为美国生产，由于材料专利壁垒，在国内无应用，且目前售价很高。

(4) 组成结构

生态浮岛是绿化技术与漂浮技术的结合体，一般由 4 个部分组成，即浮岛框架、植物浮床、水下固定装置和水生植被。

①植物：一般选择各类适宜的陆生植物和湿生植物。

②浮岛框架：框架可采用亲自然的材料如竹、木条、芦苇帘、藤条等，植物生长的浮体一般是由高分子轻质材料制成，质轻耐用。现在材质选用成型环保 PE 材料。浮岛的单体形状必须易于组装，组装后需要便于植物的种植、收割，布设后要方便检修、通行，单体之间连接便利，组合后单元的经济性好。

③栽培基质：植物栽培基盘用椰子树的纤维、渔网之类的材料和土壤混合在一起使用得比较多，由于装入土壤会增加重量且会导致水质恶化，目前使用得比较少，只有20%左右。湿式浮岛上面通常栽植水生植物，如荷花、芦苇、香蒲、茭白、水葱、美人蕉、千屈菜等。

④外形：一块浮岛的大小一般来说边长 2~3m 的比较多；形状上四边形的居多，也有三角形、六角形或各种不同形状组合起来的。施工时趋向各单元之间留一定的间隔，相互间用绳索连接。这样做不仅可防止由波浪引起的撞击破坏，也可为大面积的景观构造降低造价，还可使单元和单元之间会长出浮叶植物、沉水植物，丝状藻类等也生长茂盛，成为鱼类良好的产卵场所、生物的移动路径，同时具有净化水质的作用。

⑤固定：人工浮岛的水下固定，既要保证浮岛不被风浪带走，还要保证在水位剧烈变动的情况下，能够缓冲浮岛和浮岛之间的相互碰撞。水下固定形式要视地基状况而定，常用的有重量式、锚固式、杭式等。另外，为了缓解因水位变动而引起的浮岛间的相互碰撞，一般在浮岛本体和水下固定端之间设置一个小型的浮子，也可以通过木桩将其固定。设计通过直径为150mm、长度为4m的木桩对浮岛进行固定，木桩浮出

水面10~20cm，其余部分打入水中，作为固定。

(5)布设规模

因目的不同，生态浮岛的布设规模也不同，到目前还没有固定的公式可以借鉴。研究结果表明：提供鸟类生息环境至少需要1000m²的面积；若是以净化水质为目的，除了小型水池以外，相对比较困难，专家认为覆盖水面的30%是很必要的；若是以景观为主要目的的浮岛，至少应在视角10%~20%的范围内布设。

3.2.3.3 生物膜技术

(1)一般生物膜技术

①技术特点：生物膜技术是指结合河道污染特点及土著微生物类型和生长特点，培养适宜的条件使微生物固定生长或附着生长在固体填料载体的表面，形成胶质相连的生物膜。通过水的流动和空气的搅动，生物膜表面不断和水接触，污水中的有机污染物和溶解氧为生物膜所吸收，从而使生物膜上的微生物生长壮大。当前，国内用于净化河流的生物膜技术主要有弹性立体填料－微孔曝气富氧生物接触氧化法、生物活性炭填充柱净化法、悬浮填料移动床、强化生物接触氧化等技术。生物膜技术的优点：对水量、水质的变化有较强的适应性；固体介质有利于微生物形成稳定的生态体系，处理效率高；对河道影响小。缺点：滤料表面积小，BOD容积负荷小；附着于固体表面的微生物量较难控制，操作伸缩性差。

②设计要求：环境中污染物的种类、浓度、存在形式等都是影响微生物降解性能的重要因素。不同的污染物对微生物来说具有不同的可利用性。例如，自然界中存在的绝大多数有机污染物都可以被微生物利用并降解，而大部分人工合成的大分子有机污染物不能被微生物利用并降解。重金属在污染环境中往往以不同的形式存在，其不同的化学形态对微生物的转化和固定都会产生很大的影响。在生物膜技术中，填料作为微生物栖息的场所是关键因素之一，其性能直接影响处理效果和投资费用。生物填料的选择依据是：附着力强、水力学特性好、成本低等。理想的填充材料应该具有多孔及尽量大的比表面积、一定的亲疏水平衡值。

③工艺原理：借助挂膜介质，当有机废水流过介质表面时，微生物在其表面生长繁殖，形成生物膜。当污染的河水经过生物膜时，污水和滤料或载体上附着生长的菌胶团开始接触，菌胶团表面由于细菌和胞外聚合物的作用，絮凝或吸附了水中的有机物，与介质中的有机物浓度形成一种动态的平衡，使菌胶团表面既附有大量的活性细菌，又有较高浓度的有机物，成为细菌繁殖活动的适宜场所。由于这种有利条件，菌胶团表层的细菌迅速繁殖，很快消耗掉水中的有机物。整个膜处于增长脱落和更新的生态系统。微生物的生长代谢将污水中的有机物作为营养物质，从而使污染物得到降解。另外，在生物膜上还可能出现大量丝状菌、轮虫、线虫等，从而使生物膜净化能力大大增强。

(2)碳素纤维生态草技术

①技术特点：碳素纤维(carbon fiber，CF)是一种碳含量超过90%的无机高分子纤维，经过表面处理后具有高吸附性、生物亲和性、优异的韧性与强度，对微生物具有高效的富集、激活作用，能吸引多种水生生物构建生态卵床，改善和恢复水生态环境(图3-6)。碳素纤维生态草技术的优点：通过改善水生境恢复水体自然健康环境，无二次污染，对水体无任何负影响；微生物黏合速度快，黏合量多且黏合的微生物不易剥离，微生物活

性高；在水中分散性强，传质效果好，能促进污浊物质的吸附、分解、释放，脱氮除磷效果显著；原位修复，具有永久性，与浮岛技术结合，景观效果与修复效果双重结合；对蓝藻暴发具有一定的控制效果，能显著改善水体透明度，利于其他水生动植物的繁殖生长；安装方便，运行管理简单，材质稳定，使用寿命长。缺点：材料加工制造困难，投资费用偏高；对于封闭性水体或水位变化大、波浪大的水体需要与其他辅助技术和设备配合使用；对于间歇性排水、具有干涸期的河道，维护管理难度较大。

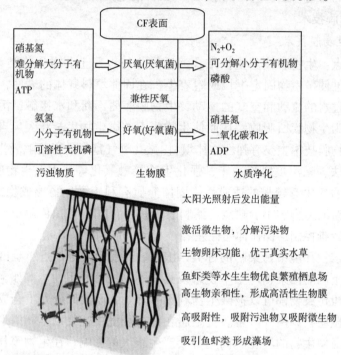

图 3-6　碳素纤维生态草水质净化与生态修复原理示意图

②设计要求：调查工程实施地的水文气象资料，区域的人口密度、工业、农业、土地利用等情况，水体的社会服务功能、水利规划等信息。分析水域的污染负荷，区域水生动、植物的生物多样性，评估水生动植物栖息状况。分析河流的污染类型，是黑臭河流还是富营养化河流。分析水体溶解氧、生物化学需氧量、总氮、总磷等指标，尤其是水体的可生化降解性、溶解氧、有毒有害物质种类及含量等。通过多种污染参数指标确定水体污染状况，分析水体污染物类型与特征，指导碳素纤维生态草的工艺参数选定和合适辅助技术选择。分析河流水流动力学特征和规律，选择合适的设置方法、设置量，指导安装和确定碳素纤维生态草的布置结构与方式。根据治理水体的改善程度及目标要求，确定不同的目标指标项目。根据水质改善目标和区域水体的服务功能等要素，确定工程实施地点及净水区域等事项。根据水体服务功能，如排洪、景观、饮用水等不同功能配置相关的辅助技术。如通过浮岛技术达到美观的效果，通过设置阻拦带进行消浪，通过铁碳纤维微电极污水处理方法强化污水降解效果和脱磷效果。

③工艺原理：碳素纤维材料具有很大的比表面积用来吸附污染物，附着的有益微生物群能够快速形成生物膜对污染物进行吸收、降解和转化。碳素纤维因高弹性而具有的形状维持能力和由于纤维生物膜在水中摆动而形成的很强的污染物吸附和分解效

果。碳素纤维有利于水生生物的生长,有着良好的生物亲和性,鱼类可以在碳素纤维周围产卵,碳素纤维可成为鱼类的藏身地和良好的栖息场所,还是水生植物的良好着床基,在提高生物多样性及利用藻类净化水质等方面有积极作用。碳素纤维生态草设置量与使用场合、单位处理污染负荷、设置场所(河道、封闭水系等)、水域形状、水深、水质、流速、滞留时间、净化效率等因素有关。水质净化效果要求越高,则碳素纤维的设置比例越大。

3.2.3.3.4 多元化污水生态处理技术

(1)"生物+生态"处理集成系统

东南大学李先宁等人针对低处理成本、高氮磷去除要求,在江苏省宜兴市大浦镇沿太湖建立了14个农村污水处理示范区,采用生物与生态相结合的处理方式,以开发和研究"厌氧水解、跌水充氧接触氧化、折流人工湿地组合技术""塔式蚯蚓生态滤池组合技术""厌氧发酵、生态土壤及蔬菜种植组合技术"3项污水处理核心技术为中心,结合7项辅助技术,把污水处理与农村村落微环境生态修复、生态堤岸净化、农田灌溉回用和景观用水需求等进行了有机的结合,把在示范区复杂条件下研发的针对性较强的各单项技术,根据不同实际条件进行优化组合与系统化,形成适合河网区农村污水和初期地表径流的"生物+生态"处理及综合利用技术的集成系统。污水处理核心技术装置达到每吨水投资1000元以下,运行直接费用低于0.2元,具有除磷脱氮效率较高、投资和运行费用低、维护管理方便的特点,该成果有望得到推广应用。

此外,清华大学的刘超翔等人在试验的基础上,对滇池流域农村污水生态处理系统进行了设计,采用表面流人工湿地、潜流式人工复合生态床和生态塘组合工艺。表面流人工湿地水力负荷为4cm/d,地面以上维持30cm的自由水位,湿地内种植茭白和芦苇。潜流湿地水力负荷为30cm/d,床深8cm,里面填充炉渣,上部种植水芹,运行成本为0.03元/m^3。污水处理与生态环境建设的结合在设计中得到了体现。

(2)厌氧池-二级人工湿地结合

该湿地系统为厌氧池与二级子湿地相结合的处理模式,污水在运行的过程中要经过沉淀、升降流、布水、跌水、集水、布水、集水、排放几个过程。在运行工艺上,将厌氧池作为前处理系统,与水平潜流湿地、垂直流湿地相结合,并将环形湿地与矩形湿地相结合,进行优势互补。在整个系统中,通过悬浮填料、湿地植物、湿地基质、粗石、细沙和土壤等多种处理手段配合应用,优化系统功能,工程能够满足COD、SS等多项水质指标的出水水质要求,实现了对污水的有效净化。

另外,该小试工程建设及运行费用较低,通过对该复合湿地系统连续一段时间的运行监测,结果显示,其对COD、NH_4^+-N、TN、TP、SS处理效果良好,优于《城镇污水处理厂污染物排放标准》(GB 18918—2002)一级A类排放标准,达到设计要求。

(3)厌氧滤池-氧化塘-生态渠处理技术

生活污水进入厌氧滤池,大部分有机物被截留,并在厌氧发酵作用下,被分解成稳定的沉渣。厌氧滤池出水进入氧化塘,通过自然充氧补充溶解氧,氧化分解水中有机物。生态渠利用水生植物的生长,吸收氮、磷,进一步降低有机物含量。该工艺采用生物、生态结合技术,可根据村庄自身情况,结合地势建造,无动力消耗。氧化塘、生态渠可利用河塘、沟渠改建。生态渠通过种植经济类的水生植物(如水芹、空心菜等),可产生一定的经济效益。

(4)"厌氧水解池-微动力好氧池-景观绿地"处理技术

生活污水经格栅拦截后进入厌氧水解池,利用厌氧微生物分解污水中的有机污染物,池内部分区域设有高效生物填料,强化厌氧生化处理效果。利用微动力设备将空气引入微动力好氧池,在池内形成好氧状态,利用好氧微生物的净化功能,实现对污水中某些小分子有机物以及铵态氮的去除,大幅度降低废水的COD、BOD、铵态氮等指标。微动力厌氧-好氧生化处理系统后设置景观绿地,充分利用植物根系的吸附、拦截、吸收、降解等净化功能,实现对污水的精细处理,有效降低污水的各项污染物指标,确保污水达标排放。该技术将微动力厌氧好氧污水处理技术与景观建设相结合,对气候的适应性较强,处理效果稳定可靠,运行成本低,污泥产生量少,维护简便,景观绿地可美化周边环境,二次污染少。

(5)厌氧池-脉冲滴滤池-潜流人工湿地处理技术

该组合工艺由厌氧池、滴滤池和潜流人工湿地3个处理单元串联组成。污水经过厌氧池作用,有机物浓度降低,然后由污水泵提升至滴滤池,通过与滤料上的微生物充分接触,进一步降解有机物,同时可自然充氧,过滤后水引入人工湿地,进一步深度处理,去除氮、磷,人工湿地出水外排。本工艺中自动控制泵的启闭及生物滤池布水,整个运行系统基本实现自动化控制;维护工作量小,系统产泥量少;适应性好,占地面积小,工程建设周期短,见效快,施工方便。因此有一定高差的村庄可利用落差滴滤,无须提升水泵。

3.3 湖(库)污染净化与生态环境工程

3.3.1 湖(库)污染现状

2019年,全国重点监测的110个重点湖(库)中,Ⅰ~Ⅲ类水质湖库个数占比为69.1%,同比上升2.4个百分点;劣Ⅴ类水质湖库个数占比为7.3%,同比下降0.8个百分点。主要污染指标为总磷、化学需氧量和高锰酸盐指数。监测富营养化状况的107个重点湖(库)中,6个湖(库)呈中度富营养状态,占5.6%;24个湖(库)呈轻度富营养状态,占22.4%;其余湖(库)未呈现富营养化。其中,太湖、巢湖为轻度污染、轻度富营养,主要污染指标为总磷;滇池为轻度污染、轻度富营养,主要污染指标为化学需氧量和总磷;洱海水质良好、中度富营养;丹江口水库水质为优、中营养;白洋淀为轻度污染、轻度富营养,主要污染指标为总磷、化学需氧量和高锰酸盐指数。与2018年同期相比,巢湖水质有所好转,洱海水质有所恶化,营养状态均无变化;太湖、滇池、丹江口水库和白洋淀水质和营养状态均无明显变化。

3.3.2 湖(库)治理原则

(1)修复湖(库)生态系统是治理根本

生态环境工程修复技术就是人工构筑生态工程,利用生物相生相克原理,促进大型高等水生植物生长,抑制浮游植物的繁殖,并应用生物调控手段使高等水生生物逐渐形成优势种群的技术。在高等水生植物茎叶移出水体的同时，输出氮、磷，净化水质，使良性水生生态系统逐步稳定，水体恢复健康。

(2) 兼顾底层生态环境修复与水体表层是重要途径

目前，多注重对水体表层的治理，但实际上湖泊不良生态的根源在底层。各种污染物质通过沉降蓄积于底层，底层的厌氧环境又进一步破坏底层生态的良性结构，进而使水质恶化。因此，去除底层有害物质，改善底层的生态环境，改变底层厌氧状况，促进水体流动，激活生物因子，是恢复湖泊生态的重要途径。

(3) 控制陆源污染物质的输入是保护前提

湖(库)污染必须在面源污染得到控制的条件下进行，因此湖(库)污染的治理也是湖(库)流域的全面整治。湖(库)集水区内地形坡度较大，降雨汇流时间短，地表冲刷严重，随着地表径流汇入湖(库)的污染物也是重要的外源负荷输入。面源污染主要来自旱季地表，在降雨期径流的冲刷作用下进入水体，导致了湖(库)水体的污染。

3.3.3 湖(库)治理的生态环境工程技术

3.3.3.1 湖(库)集水区生物促渗减流技术

(1) 适用范围

生物促渗减流技术适合以分散的、小规模的形式在湖库集水区内处理地表径流，可同景观绿地结合，利用景观绿地管理地表径流。生物促渗减流技术可提高汇入湖库中的径流水质。

(2) 技术要点

山地城市湖(库)集水区生物促渗减流技术主要利用湖(库)集水区范围内的景观绿地滞留、促渗不透水地表产生的径流，在减少地表径流的同时，控制不透水地表初期径流污染。生物促渗减流设施由 0.7~1.0m 深的砂质壤土或壤质砂土及种植其上的植物组成，用以不透水地面产生的径流在径流渗透过程中，通过沉淀、过滤、吸附以及生物过程达到对地表径流的滞留与净化作用。生物促渗减流技术的主要作用为通过暂时的填洼蓄水和向深层土壤入渗，经沉淀与基质过滤、吸附而去除地表径流中的污染物。植被可以种植草坪或灌丛，植物不仅能够起到过滤和滞留地表径流的作用，而且根系发达的草本植物有利于促进地表径流的入渗。当亚表层土壤渗透率较低时，通过在草坪底部铺设碎石层，暂时滞留径流，给径流提供继续向深层土壤入渗的时间；过多的径流可通过在碎石层设置开孔排水管，排放至市政雨水管网。

植被是复杂地质条件下源区促渗技术的重要组成部分，不仅对地表径流起着过滤与蒸腾的作用，而且发达根系的植物具有促进地表径流入渗的能力，对污染物的去除也发挥着重要的作用。选择植物时应该遵循乡土树种、根系发达、耐淹耐旱和景观性好等原则。

此技术不适合在地下水位较浅或底部为岩层结构的地区使用。

3.3.3.2 湖(库)集水区大坡度道路径流路肩带渗滤技术

(1) 适用范围

路肩带渗滤设施可应用在湖(库)集水区内地表径流源区及其传输途径中，可局部代替传统的雨水口和排水管网。路肩带渗滤设施同时具有净化地表径流水质与传输排放高强度降雨径流的作用。底部开孔排水管溢流的设置可应用于不同渗透能力土壤的地区。此技术可在山地城市中，通过梯级堰的设置可在10%坡度地区应用。

(2) 技术要点

山地城市大坡度道路径流路肩带渗滤技术由植草沟与渗透渠结合形成。梯级渗滤系统主要包括路肩带片流进水、植被过滤区、滞留渗滤区、梯级堰，以及溢流排放设施。其中滞留渗滤区又包括滞水空间、植物层、种植基质层、过滤层、储排水层。城市道路产生的地表径流通过路肩带分散排入植被过滤区，经沉淀、过滤后，汇集到滞留渗滤区。地表径流在下渗的过程中，污染物主要通过沉淀与基质过滤、吸附而被去除。滞留渗滤区底部的碎石储排水层可以暂时滞留地表径流，给径流提供继续向深层土壤入渗的时间，过多的径流可通过在碎石层设置开孔排水管排放。滞留渗滤区的设置使该系统在减少地表径流的同时，还可改善汇入湖(库)的径流水质。

3.3.3.3 湖(库)集水区地表径流控制组合模块生态滤池技术

(1) 适用范围

生态滤池技术适合以分散的、小规模的形式在湖(库)集水区内处理城市地表径流；利用景观绿地管理地表径流，也可被大规模地应用于较大汇水单元。

(2) 技术要点

组合模块式大坡度径流控制生态滤池系统是传统砂滤与人工湿地的结合，是具有底部排水系统的砂砾床暴雨径流过滤设施，砂砾床的顶部可以种植耐水淹的植物。组合模块式大坡度径流控制生态滤池系统主要用于处理汇入湖库的初期重污染径流，目标污染物主要为可溶性固形物以及其他颗粒态污染物(氮、磷)，在过滤速率较高的条件下，可满足暴雨径流污染的控制要求。对地表径流水质的处理机理主要为沉淀、过滤和生物转化。当发生降雨时，被截留的地表径流进入生态滤池沉淀室；随后径流潜流进入三级砂床，填满砂床的空隙；最后由垂直开孔集水管收集排放。除了通过基质沉淀、过滤和吸附等作用直接去除污染物外，种植水生或湿生植物，也有助于去除污染物中的氮和磷，其原理为：通过茎和根向根区输送氧，从而使根区附近变为好氧环境，有利于有机物的好氧分解，而在远端形成缺氧、厌氧环境，使床体中呈现连续的好、缺、厌氧环境，促进硝化、反硝化反应连续进行，因此极有利于氮的去除。此外，植物可通过吸收地表径流中的氮和磷而将污染物去除。在植物配置方面，宜选择高大禾草类草本植物，如须芒草和玉带草。

3.3.3.4 湖(库)集水区地表径流微型水景生态滞控技术

(1) 适用范围

微型水景生态滞控技术，简称微型水景，作为人工湿地的一种重要形式，是以净化地表径流为主，同时兼顾处理其他污水的一种注重景观化的湿地工艺模式。微型水景生态滞控技术作为处理地表径流的重要手段，可与景观公园结合处理汇入湖库的地表径流。不仅可以起到调蓄雨水的作用，还可削弱降雨径流初期效应对湖库水体的影响。

(2) 技术要点

它一般由一级以上的工艺流程组合而成，每级工艺的占地面积一般在100m^2以内，不超过200m^2，能够与所在场地的降雨状况相适应。通过建造系列微型水景，融合植物吸收、基质吸附、微生物降解等技术，搭配曝气增氧等环节，可以捕获降水、截留径流，并能在一定的水力停留时间内滞存雨水，或是直接滞存排入的污水，通过水景中植物、基质(土壤或其他天然、人工填料)、微生物等因素的共同作用对径流起到一定的净化作用。随后，利用周边的天然或是人工设计的景观路线，将处理后的水流输送到邻近的排洪沟渠再排入受纳水体。经过上述处理过程，可有效缓解入湖初期雨水的污染。

3.3.3.5 湖(库)雨水口梯级调蓄池处理技术

(1) 适用范围

雨水口梯级调蓄池适用于山地湖库岸际水深较深(≥4m)、湖岸坡度较大(放坡比大于1∶1)、有较多的雨水(雨污混排水)进入的区域。可减少进入湖体的降雨径流中的城市面源污染，尤其可用于含砂量大、颗粒态污染物多的初期蓄水池、叠水净化池、景观滤池、澄净卵石生态池等人工池的汇流雨水的处理。

(2) 技术要点

雨水口梯级调蓄池通常由3部分组成，分别为调蓄系统、溢流系统和净化系统。一定区域的地表径流在经过汇流后由管道输送进入梯级调蓄池，初期雨水被收纳调蓄后，后期相对洁净的雨水管来水由溢流系统溢流进入湖体。由于山地城市湖(库)往往面临着岸坡陡、岸边水深较深的问题，通过设置雨水口梯级调蓄池，利用调蓄池的两级顶板，在陡岸地区形成平坦的干区和浅水区域，均可用于营造湿地系统。雨季的溢流出水经过调蓄池低区顶板上的浅水区湿地处理净化后再进入湖体。存纳在雨水调蓄池中的初期雨水，在经调蓄池预沉降后，在旱季期，利用布设在调蓄池内部的提升泵，提升至高区顶板上的人工湿地，处理后跌水进入低区浅水湿地，再经两级净化后最终进入湖体，实现了雨水口的径流污染控制。雨水口梯级调蓄池具有沉降并处理初期雨水中颗粒态/溶解态有机物的功能，建造成本高、处理效果较好。前置库后期的管理维护较复杂，需要随着季节的交替对库内的水生植物进行收割和移栽，对调蓄池内开展清淤工作，对底部潜水泵进行维护。

3.4 河道生态环境工程

3.4.1 我国河流污染现状

据2019年统计，长江、黄河、珠江、松花江、淮河、海河、辽河等七大流域及西北诸河、西南诸河和浙闽片河流Ⅰ~Ⅲ类水质断面比例为79.1%，同比上升4.8个百分点；劣Ⅴ类为3.0%，同比下降3.9个百分点。主要污染指标为COD、高锰酸盐指数和氨氮。其中，西北诸河、浙闽片河流、西南诸河和长江流域水质为优，珠江流域水质良好，黄河、松花江、淮河、辽河和海河流域水质为轻度污染(图3-7)。

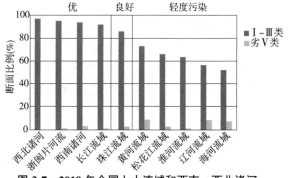

图3-7 2019年全国七大流域和西南、西北诸河及浙闽片河流水质类别比例

3.4.2 河道生态环境治理理念

河道在自然界的作用极为重要，包括形成生物环境、河岸生物群落，并能够对其流域的生态系统起到保护及平衡的作用。由于社会的发展，各项建设活动的大力开展，人们的活动频繁，使得河流受到了严重的影响，生态平衡被打破，其各项功能也在不断减退。现代人们的思想观念在不断进步，环保意识也在增强，对于河道治理的重视程度也在逐渐加深，对河道的治理也有了新的理念及技术，生态修复是治理河道的重要方式之一。其是在自然规律的基础上，利用各种工程方式及生物手段，排除河流建设项目对环境造成的不利因素，使得受到破坏的河道重新建立起生态系统，并恢复各项功能，包括自净功能、泄洪功能、排沙功能等，保持河流资源的可再生循环能力，稳定其生态系统，达到良性循环的目的。对该类生态修复技术进行深入的研究与探讨是十分有必要的。

3.4.2.1 河道结构及功能

从河道治理及生态修复的角度，河道结构可划分为河道基底、河道岸坡及河道缓冲带3个部分，如图3-8所示。

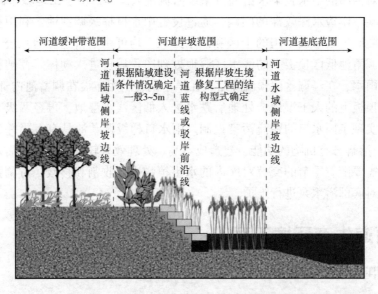

图3-8 河道基底、岸坡及缓冲带范围区分示意图

(1) 河道基底

河道基底作为河床土质类型及构成、污染状况、河床形态及其演变、河床稳定性等综合内容的一部分，具有水利、航运、环保、节能、生态等专业领域的综合功能。河道基底宜在生物生息环境的构建和污染基底的清除等方面，体现生态及环保功能。

(2) 河道岸坡

河道岸坡是水陆交错带的重要区域，具有安全防护、生态、景观等综合功能。岸坡区域应在满足安全防护功能前提下，从生态环境改善角度构建良好的生物生息环境。生息环境主要包括移动路径、生育繁殖空间、避难场所等。

(3)河道缓冲

河道缓冲带是陆地生态系统与水生生态系统的过渡带,是河道周边生态系统中各陆生物种的重要栖息地,也是河道中物质和能量的重要来源,直接影响整个河道的水质以及流域的生态景观价值。

3.4.2.2 河道生态修复的原则

在进行河道生态修复过程中,应把河流从上游至下游整体纳入生态修复范围,整体规划设计。遵从河流自身的功能与生态定位,保持自然河道现有良好的河岸及河床走向,确保河床的安定性与连续性,不宜恶化现有河流的流势、流态等水流特征。设计河道基底、岸坡及缓冲带生态修复工程总体方案时,宜遵循如下原则。

(1)河道生态治理和河道基本功能紧密结合的原则

应在保证河道防洪、航运、灌溉等基本功能的前提下,充分考虑生态环境、水质净化、亲水景观等需要,使河道资源可持续利用和生态环境健康紧密结合。

(2)实用性和经济性为工程重要目标原则

需适应河道所在地域的地貌、地形、形态、水文、周边区域发展等特点,注重与河道沿线的整体风貌相协调,以自然修复为主、人工修复为辅,把实用性和经济性作为工程的重要目标。

(3)科学性和适应性为工程重要条件原则

应全面考虑河道水文、水深、流速、断面和平面形态、河道底质、工程材料等多因素的综合影响,保障工程方案的科学合理性,并能适应河道的不同特征,创建健康的河道生境条件。

(4)材料和工艺的创新原则

应尽可能采用新型的生态岸坡建筑材料,减少混凝土、浆砌块石等"硬质"材料的使用,促进材料和工艺的创新。

(5)兼顾河道水质改善、突出河道自然属性原则

应兼顾对河道水质的改善、减少入河污染物的作用,体现河道的自然属性,提高河道自然生态的修复能力,促进河道生态系统的健康良性发展。

3.4.3 河道治理生态环境工程技术

3.4.3.1 河道缓冲带构建技术

河道缓冲带指河道陆域侧岸坡边线以外由树木(乔木、灌木)及其他植被组成的缓冲区域,是为保持河道生态环境健康而划定的、具有一定宽度的范围,具有防止地表径流、废水排放、地下径流等所带来的养分、沉积物、有机质、杀虫剂及其他污染物进入河道的功能。

(1)主要功能

①生态功能:增加物种种类的多样性;加强相邻地区之间物质和能量的交换;为陆地动植物提供栖息地及迁徙通道,为水生生物提供能量及食物,改善动植物生存环境。

②防护功能：过滤径流，吸收养分，改善河流水质；调节河流流量，降低洪、旱灾害发生概率；保护河岸，稳定河势。

③社会功能：草木丛生的河道缓冲带与周围的景观结合，在河岸、滨水地带构建出一片绿色的风景，可为人类提供户外休闲活动的场所。

④经济功能：河道缓冲带处于水、陆交接处，水分充足，在此处适宜种植一些木质优良的树种，如云杉、冷杉等，具有可观的经济价值。

(2) 构建要求

河道缓冲带构建技术应充分考虑缓冲带位置、植物种类、结构和布局、宽度等因素，以充分发挥其功能，并满足下列要求。

①缓冲带的位置应通过调查河道所属区域的水文特征、洪水泛滥影响等基础资料来确定，宜选择在泛洪区边缘。

②从地形的角度考虑，缓冲带一般设置在下坡位置，与地表径流的方向垂直。对于长坡，可以沿等高线多设置几道缓冲带以削减水流的能量。溪流和沟谷边缘宜全部设置缓冲带。

③河道缓冲带种植结构设置应考虑系统的稳定性，设置规模宜综合考虑水土保持功效和生产效益。

④植被缓冲区域面积占所保护的农业用地总面积比例宜为3%~10%。

⑤河道缓冲带宽度的确定应综合考虑净污效果、受纳水体水质保护的整体要求，还需将经济、社会等其他方面的因素进行综合研究，确定沿河不同分段的宽度(图3-9)。

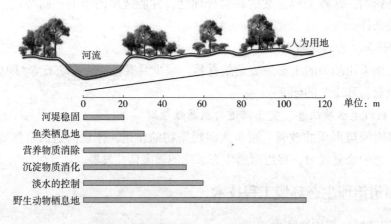

图3-9 河道缓冲带宽度设置参考示意图

(3) 植物配置

河道缓冲带植物种类的设计，应结合不同的要求进行综合研究确定。不同植物种类对缓冲带作用的影响及对污染物的截留效果不同(表3-2)。

植物的种植密度或空间设计，应结合植物的不同生长要求、特性、种植方式及生态环境功能要求等综合研究确定，一般要求如下：①灌木间隔空间宜为100~200cm；②小乔木间隔空间宜为3~6m；③大乔木间隔空间宜为5~10m；④草本植株间隔宜为40~120cm。

表 3-2　不同植被类型对缓冲带作用的影响

草地	灌木	乔木	作　用
低	高	中	稳固河岸
高	低	中	过滤沉淀物、营养物质、杀虫剂
高	低	中	过滤地表径流中的营养物质、杀虫剂和微生物
低	中	高	保护地下水和饮用水的供给
低	中	高	改善水生生物栖息地
低	中	高	抵御洪水

河道缓冲带植物一般由林地、草地、灌木、混合植被和沼泽湿地等组成，不同植被类型配置应满足河道缓冲带的功能需求。一般情况下，河道缓冲带植物配置的要求如下：①植物恢复初期的建群种，宜选择具有较大生态耐受范围及较宽生态位的物种，以适应初期的生境状况；②植物群落破坏较为严重、生态位存在较多空白的河段，宜进行人工恢复，引入合适的物种，填补空白的生态位，增加生物多样性，提高群落生产力；③植物配置在水平空间格局和垂直空间格局上，应重视人工恢复和群落自然建立的结合；④针对不同区域的特点，宜通过论证分析，进行生态型植物群落和经济型植物群落的结合布置；⑤应对缓冲带土壤 pH 值、盐碱度、疏松状态、透水性、肥沃性等进行分析，研究确定是否采取置换或回填种植土、施肥、浇水灌溉等技术。

3.4.3.2　河道生物多样性修复技术

(1) 水生植物群落多样性修复技术

①适用范围：水生植物优势种定植技术适用于流速缓慢、河岸带缓坡、水深小于 1m、岸线复杂性高的河段。

②设计要求：基于物理基底设计，选择对应水生植物种类、生活型，设计优势物种结构配置、节律匹配（季节）和景观结构，实现稳定的群落功能。采用生境和生物对策，因地制宜，设计定植优势物种的种类和生长时期。

③工艺原理与技术参数：挺水植物选择河流所在区域常见植物，例如香蒲、芦苇，种植面积占 2km 河流岸带恢复区的水面 20%，沉水植物选择不同季相的种类来恢复疏浚后的河流生态系统，约占恢复河段水面的 10%，挺水植物一般以 2~10 丛/m^2，沉水植物以 30~100 株/m^2 的密度种植。

(2) 沉水植物优势种种植技术

①适用范围：沉生植物优势种定植技术适用于流速缓慢、河岸带缓坡、水深小于 1m、岸线复杂性高的河段。

②设计要求：基于物理基底设计，选择对应沉水植物种类、生活型，设计优势物种结构配置、节律匹配（季节）和景观结构，实现稳定的群落功能。采用生境和生物对策，因地制宜，设计定植优势物种的种类和生长时期。

③工艺原理与技术参数：定植物种密度参考环境优势种平均丰度；快速定植选取生长茂盛的种类，株高通常为 20~30cm；用固定物（如石块、竹竿）固定上部与底部，垂直插入水体底部基质中，待生长稳定后取出固定物。

(3) 沉水植物模块化种植技术

①适用范围：水生植物优势种定植技术适用于流速缓慢、河岸带缓坡、水深小于1m、岸线复杂性高的河段。

②设计要求：在沉水植物种植中，以集中种植最适宜，这样可以使种植的沉水植物形成一个群体，增强个体的存活能力。由于沉水植物物种的不同，因此在种植方式上存在草甸种植、播撒草种、扦插等方式，种植环节可以在优质土层回填时同步完成。

③工艺原理：采集肥沃湖泥、黏土及可降解纤维，按比例配制培养基质，并填入可拆卸模具中；将模具放入光照条件良好、可调节水位的小型水体中；在培养基质中按一定密度种植植物种子，并随着生长高度适时调节水位，使其能快速生长以结成草甸。在沉水植物草甸种植上，先通过细绳将多块草甸联结在一起，通过河段两岸将绳索两端带入水体，分别向两个方向伸展，将草甸完全拉平后将两端固定，或者先将一端固定在水底，通过向另一端拉直，这样就完成了一条草甸的种植工作，然后再将其他草甸按照此顺序种植。草甸的联结间距及两条草甸间的间距可根据种植密度的需要进行调整。在采用沉水植物扦插种植方式时，可一次扦插数十根水生植物，效率较高。在采用播撒草种的种植方式时，可直接将草种播种在淤泥层上，这样可以避免草种悬浮在水体中而影响种植效率。

(4) 水生动物群落多样性修复技术

①适用范围：适用于流速缓慢、河岸带缓坡、水深小于1m、岸线复杂性高的河段。

②设计要求：水生动物的修复应当遵循从低等向高等的进化缩影修复原则进行，避免系统产生不稳定性。当水体沉水植物生态修复和多样性恢复完成后，开展水系现存物种调查，首先选择修复水生昆虫、螺类、贝类、杂食性虾类和小型杂食性蟹类；待群落稳定后，再引入本地肉食性凶猛鱼类。

③工艺原理：底栖动物选择河流所在区域常见动物；投放面积占2km河流岸带恢复区的水面的10%；动物选择不同季相的种类；水生昆虫、螺类、贝类一般以50~100个/m^2投放，杂食性虾类和小型杂食性蟹类以5~30个/m^3的密度投放。

3.4.3.3 河道水质生态净化技术

(1) 旁路多级人工湿地技术

旁路多级人工湿地技术是指将湿地修建在河道周边，利用地势高低或机械动力将河水部分引入湿地净化系统中，污水经净化后再次回到原水体的一种处理方法。其优点为：投资费用低，建设、运行成本低；处理过程能耗低；污水处理效果稳定可靠；污水处理系统的组合具有多样性和针对性，能减少或减缓外界因素对处理效果的影响；可以和城市景观建设紧密结合，起到美化环境的作用，改善相邻地区的景观。其缺点为：受气候条件限制较大；设计、运行参数不精确；占地面积相对较大；容易产生淤积、饱和现象；抵御恶劣天气条件能力弱；净化能力受作物生长成熟程度的影响大。主要设计要求如下。

①人工湿地结构：人工湿地在结构上分为垂直潜流、水平潜流和表面流3种。在采用人工湿地对河水污染进行治理时，如果建造面积有限，可优先选择对于总氮、总磷等污染物去除效果较好的垂直潜流和水平潜流人工湿地；如果可使用面积较大，可选择表面流人工湿地。

②人工湿地的构成：人工湿地污水处理系统由预处理单元和人工湿地单元组成。预处理单元包括双层沉淀池、化粪池、稳定塘或初沉池。多级人工湿地可由一个或多个人工湿地单位组成。每个湿地单元包括配水装置、集水装置、基质、防渗层、水生植物及通气装置等组成部分。

③人工湿地的设计规范：按照环境保护部制定的《人工湿地污水处理工程技术规范》(HJ 2005—2010)进行人工湿地设计，设计时需考虑的因素包括水力停留时间、表面有机负荷、表面水力负荷、水力坡度等。

④植物的选择：一般来说，选择植物要注意的几个原则是：净化能力强，耐污能力和抗寒能力强；对不同的污染物采用不用的植物种类；选择在本地适应性好的植物，最好是本地原有植物；根系发达，生物量大；抗病虫害能力强；所选的植物最好有广泛用途或经济价值高；易管理，综合利用价值高。在湿地设计中一般参照所选植物的根系深度来确定池型深度。

⑤填料的选择：在填料选择的过程中，应充分利用当地的自然资源，选择廉价易得的多级填料，常见有砾石和废弃矿渣等。为解决堵塞问题，湿地基质一般采取分层装填，进水端设置滤料层拦截悬浮物。

⑥技术参数：人工湿地的主要设计参数见表3-3。

表3-3 人工湿地的主要设计参数

人工湿地类型	BOD_5负荷[kg/(hm²·d)]	水力负荷[m³/(m²·d)]	水力停留时间(d)
表面流人工湿地	15~50	<0.1	4~8
水平潜流人工湿地	80~120	<0.5	1~3
垂直潜流人工湿地	80~120	<1.0(建议值：北方 0.2~0.5；南方 0.4~0.8)	1~3

潜流人工湿地规模即几何尺寸设计，应符合下列要求：①水平潜流人工湿地单元的面积宜小于800m²，垂直潜流人工湿地单元的面积宜小于1500m²；②长宽比宜控制在3:1以内；③规则的潜流人工湿地单元的长度宜为20~50m。对于不规则潜流人工湿地单元，应考虑均匀布水和集水的问题；④水深宜为0.4~1.6m；⑤水力坡度宜为0.5%~1%。表面流人工湿地规模应符合下列要求：①长宽比宜控制在3:1~5:1，当区域受限，长宽比>10:1时，需要计算死水曲线；②水深宜为0.3~0.5m；③水力坡度宜小于0.5%。

(2)分段进水生物接触氧化技术

分段进水生物接触氧化技术在多级分段进水的情况下，将传统的生物接触氧化法与A/O工艺相结合，形成短时缺氧与好氧交替的流程。通过调整各段进水流量比率、气水比、水力停留时间等参数，有效去除COD、氮、磷，河水得到净化后排放至原河道下游。接触氧化池和沉淀池可作为旁路处理系统，因地制宜地建设于河岸带，能适应来水和气候条件的大幅度波动，耐冲击负荷；适用于受有机污染较为严重河流的旁路分流处理，能有效消除河水的黑臭现象，且不产生大量的有机淤泥，对有机碳和氮、磷都有较好的去除效果。

①设计要求：生物接触氧化法由接触氧化池和沉淀池两部分组成，可根据进水水

质和处理效果选用一级接触氧化池或多级接触氧化池。接触氧化工艺可单独应用，也可与其他处理工艺组合应用。按照环境保护部《生物接触氧化法污水处理工程技术规范》（HJ 2009—2011）的要求，进行面积负荷、容积负荷、填充比、气水比、循环流速、接触时间、需氧量、填料比表面积等设计参数的计算。

②填料选择：生物接触氧化池应根据进水水质和处理程度确定总生物量，依据填料附着生物量确定填料品种，依据池型、流态和施工安装条件等选择填料类别。填料应选择对微生物无毒害、易挂膜、比表面积较大、空隙率较高、氧转移性较好、机械强度较大、经久耐用、价格低廉的材料。不同类型的填料可组合应用。

③曝气设备选型：悬挂式填料宜采用鼓风式穿孔曝气管、中孔曝气管；悬浮填料宜采用穿孔曝气管、中孔曝气管、射流曝气管、螺旋曝气管。

④工艺原理：接触氧化技术是一种好氧生物膜法工艺。接触氧化池内设有填料，一部分微生物以生物膜的形式附着生长于填料表面，另一部分则呈絮状悬浮生长于水中。因此，它兼有活性污泥法与生物滤池二者的特点。接触氧化工艺中微生物所需的氧通常由机械曝气供给。生物膜生长至一定厚度后，近填料壁的微生物将由于缺氧而进行厌氧代谢，产生的气体及曝气形成的冲刷作用会造成旧生物膜的脱落，并促进新生膜的生长，从而形成生物膜的新陈代谢。

(3) 前置库技术

前置库技术是指在受保护的湖泊水体上游支流，利用天然或人工库塘拦截暴雨径流，通过物理、化学和生物过程去除径流中的污染物的技术。在面源污染控制中，前置库技术可以充分利用当地特有的地形特点，有效解决面源污染的突发性、大流量等问题，对减少外源有机污染负荷，特别是去除地表径流中的氮、磷安全有效，而且费用较低，可以使多方受益，适合多种条件，是目前防治河道面源污染的有效途径之一。

①设计要求：选址要求因地制宜，选择适宜的区域，如沟渠、小河、水塘或低洼地等进行改造；选择汇水区域，径流易于收集，并且距离入湖河流、入湖河口较近，排水便利；选址所涉及的河网水系流向应相对清晰。规模要求根据汇水量计算设计前置库的库容和库区面积。结构要求植物选择原则为以当地的土著物种为主，宜于在当地生长；对氮、磷等有机物有较好的去除能力；易收获，有一定的经济价值；不会产生不良的后果，如泛滥成灾、引起二次污染等。在三维空间内充分发挥物理、化学、生物过程对污染物的净化作用，以提高对氮、磷的去除效率。污染控制与综合利用相结合，实现环境效益与经济效益的统一，便于长效管理。

②结构组成：一般的前置库通常由3部分构成，即拦截沉降系统、强化净化系统和导流回用系统。拦截沉降系统利用入湖（库）河口，加以适当改造，在引入全部或部分地表径流的同时，通过泥沙及污染物颗粒的自然沉淀，结合系统内的水生植物有效吸收去除底部沉淀物中的营养物质，从而达到初步净化水体水质的效果。强化净化系统通过砾石床过滤、植物滤床净化、深水区强化净化、岸边湿地建设等系统进一步沉降粒径较小的泥沙、氮磷等污染物。导流回用系统通过设置控制闸门，防止连续大雨或暴雨期间库区暴溢，超过设计暴雨强度的径流通过导流系统流出，从而不会影响水体净化处理效果；最大限度去除截留的面源污染物，同时对处理后的水进行回用。

③工艺原理：前置库技术是利用水质浓度变化梯度特点，根据水库形态，将水库

分为一个或者若干个与主库相连的子库，通过延长水力停留时间，促进水中泥沙及营养盐的沉降；同时，利用子库中大型水生植物、藻类等进一步吸收、吸附、拦截营养盐，改善水质。发挥多种水生植物联合净化作用，考虑水生动物作用，采用复合生物浮床技术，引进生物操纵的概念，构建以食物链为核心的（水生、陆生）生态系统。在治理污染同时，回收资源、固定能源。

(4) 砾石床技术

①技术特点：与相近的人工湿地技术相比，砾石床具有以下特点：一是无须动力提升，节省了提升系统的投资，还可以抬升河道水位，使得后续的处理单元处于自流状态，保证了整个系统的连续运行，减少能耗，特别适合平原河网地区无动力河道生态修复工程，每年可节省大量电费；二是砾石床的可控渗流是在研究了当地的气象水文资料基础上设计的，渗流的周期与降雨的规律相吻合，自动完成湿干周期，可以连续运行，省略了人工湿地的复氧过程，降低了后期运行的管理难度，节省了管理费用；三是砾石床筑坝材料的渗透系数一般都比人工湿地大，所以径流在床体内流动通畅，可以充分地与植物根系接触，使得水力特性得到了改善，同时也大大降低了堵塞的风险，通过反冲洗等处理措施可以保证连续运行。

②设计要求：砾石床的设计包括可控渗流和净化效果两部分：可控渗流主要涉及透水坝的渗流计算、坝体结构、渗透系数等；净化效果主要涉及径流在透水坝中的停留时间、筑坝材料、植物等。应用渗流力学中的渗流方程和达西定律，结合砾石床的水流方式进行计算和设计；表面流和潜流可以用矩形模型和梯形模型来计算，垂直流用垂直流模型来计算；对砾石床的几何尺寸、渗流量、水力停留时间等参数进行推导，并确定砾石的级配和床体结构、植物的种类等。

③材料及植物选择：考虑到与砾石床的基建成本，构筑材料可以选用石灰石，不推荐使用沸石（价格高），也不推荐使用煤渣（质轻、涵水性能差）。砾石床的植物应选用根系发达、株秆粗壮、枝叶茂盛的种类。推荐使用美人蕉、香蒲、香根草、菖蒲、再力花、芦苇等。

④工艺原理：砾石床采用人工湿地的原理，用砾石在河道中适当位置人工垒筑床体，抬高上游水位，通过控制上下游水位差调节床体的过水流量。在床体上种植高效脱氮除磷植物，通过植物的根系及砾石吸附、微生物作用去除河流中的营养物质。

3.4.3.4 生态河堤的建设

河堤的主要作用在于不仅可以作为廊道和缓冲带，还能作为植被的护岸，提高防洪的安全可靠性，同时还能成为河流周边的靓丽风景。因此，需要对加固堤防的工作予以高度的重视，并在该过程中实施有效的生态修复措施，在建设的同时，保持生态平衡，使得河堤不仅具有实用的防洪功能，也具备审美的景观功能。传统的河堤加固一般使用混凝土修筑各项设施，而生态修复则需要将其改为水体与土体、土体与生物相互作用、和谐发展，适合于各种生物生存与发展的生态型河堤，强化其水体的自净能力，使之能够有效地调节水量及滞洪补枯，达到新的生态平衡。

生态河堤的作用是以人工护岸的模式，实现河岸和河水水体水分的交换和调节功能。首先是河道中心线的布置，考虑河流形状、水流动力和周边环境等影响因素，展示出河道的综合形态，其宽度的设置需要计算河道的过流能力。鉴于河道宽度控制线牵肘于规划和投资，不具备较大的可变性和自由度，因此宽度的控制线可以与河道轴线组合搭配成平行直线，这样就能够增大河道布置的可变空间。同时，为了达到一定的景观效果，河道的两侧要设置浅水区域，一方面是给人们河面变宽的直观感受；另一方面是扩大了沿河道造景的空间，可以增强河滩、河湾和湿地等岸线景观的自然美感。其次是选择合适的护岸材料，结合河道区域附近的自然条件选择材料，考虑所选护岸材料对生态环境的影响，尽量与河道整体空间融为一体；同时，注重护岸表面形态的多样化，如混凝土具有较好的稳定性和防冲性，但容易破坏生物的栖息地，而且影响美观，因此可对混凝土湖护的表面进行适当琢凿和添色，并只在关键部位使用。

思 考 题

1. 什么是低污染水？低污染水的具体特征是什么？具体治理技术有哪些？
2. 河岸缓冲带的具体功能有哪些？
3. 河道生态治理应遵循哪些原则？请举例具体说明。
4. 什么是人工湿地？人工湿地有哪些类型？

推荐阅读

1. Rivers and Streams: Physical Setting and Adapted Biota. Wilzbach M A, Cummins K W. Elsevier, 2019.
2. Treatment Wetlands, Second Edition. Kadlec R H, Wallace S. Taylor and Francis, 2008.
3. 高原湖泊低污染水治理技术及应用. 杨逢乐, 赵祥华. 冶金工业出版社, 2014.
4. 湖泊生态环境与治理. 中国环境科学研究院. 科学出版社, 2015.
5. 城市河流环境修复技术原理及实践. 贾海峰. 化学工业出版社, 2017.
6. 人工湿地生态系统功能研究. 朱四喜. 科学出版社, 2019.

第4章 土壤生态环境工程

[**本章提要**]联合国粮食及农业组织发布的《世界土壤宪章》(2015年修订版)指出:"土壤为地球生命之本,然而,人类对土壤资源的压力正在接近临界极限,认真实施土壤管理是实现可持续农业的一个基本要素,并提供宝贵的气候调节手段和保障生态系统服务以及生物多样性的途径。"土壤是人类赖以生存的根本,没有土壤,植物就无法获得水分与养料,也没有立足之地。目前,我国最大的面源污染就是农业污染,而农业污染中最严重、最直接的污染就是土壤污染。本章主要阐述土壤污染发生的特点及主要修复手段,并分别从矿区土壤、农田土壤、湿地土壤和林地土壤切入,概述目前各土地利用类型中主要的土壤生态修复与治理方法。

4.1 土壤环境存在的问题与风险

　　土壤是人类赖以生存的物质基础,是人类不可缺少、不可再生的自然资源。土壤环境是人类环境的重要组成部分,充分认识土壤环境,有利于人类对土壤资源进行进一步利用和对土壤环境实施合理调控。加强土壤肥力的培育,增强土壤污染的防治,充分利用土壤的净化功能,实现污染土壤的清洁,是全社会共同的责任。

　　土壤环境质量的变化涉及土壤质量与生物品质,即土壤质量与生物多样性以及食物链的营养价值与污染问题;涉及土壤与水和大气质量的关系,即土壤作为"源"与"汇"(或"库")对水质和大气质量的影响;涉及人类居住环境问题,即土壤元素丰缺与人类健康的关系等。因此,土壤污染对人类的危害性极大,它不仅能直接导致粮食的减产,而且能通过人们食用生长于农业土地上的植物及其产品影响人体健康,还能通过对地下水的污染以及污染的转移构成对人类生存环境多个层面上的不良影响和危害。

　　我国的土壤污染问题已不容忽视,土壤污染已对生态环境、农产品质量安全、人体健康构成严重威胁。2016年5月28日,国务院发布《土壤污染防治计划》,提出以改善土壤环境质量为核心,以保障农产品质量和人居环境安全为出发点,坚持预防为主、保护优先、风险管控,突出重点区域、行业和污染物,实施分类别、分用途、分阶段治理,对土壤污染进行防治。

4.1.1 土壤环境的基本特征

土壤是由固体(无机体和有机体)、液体(土壤水分)和气体(土壤空气)组成的三相复合系统。每一组分都有其自身的理化性质,三者处于相对稳定或变化状态。每种土壤都有特定的生物区系,如细菌、真菌、放线菌等土壤微生物,以及藻类、原生动物、软体动物和节肢动物等区系。土壤具有以下3种基本特征:

① 土壤作为生态系统的基本单元,具有SWP(土壤、水和植物)系统的整体性。土壤是自然环境要素的重要组成要素之一,是处在岩石圈最外层的疏松部分,具有支持植物和微生物生长繁殖的能力。土壤圈是处于大气圈、水圈和生物圈之间的过渡地带,是联系有机界和无机界的中心环节。

② 土壤作为人类生产生活活动的主要资源,具有数量和质量的双重性。保证土壤质量的安全性,既要保证最大的生物量生产能力,更要保证最佳的生物学质量生产能力,包括控制农产品体内的营养元素(蛋白质、脂肪)、微量元素、维生素、激素和污染物的含量;同时还要保证土壤自身不致引发二次污染。

③ 土壤作为自然体和环境介质,一方面具有多功能性,是人类赖以生存的一种极其宝贵的自然资源;另一方面又具有同化和代谢外界进入土壤的物质的能力,能承载一定的污染负荷,具有一定的环境容纳量,所以是保护环境的重要净化剂。土壤的自净能力,一方面与土壤自身理化性质(如土壤黏粒、有机物含量、温度、湿度、pH值、阴阳离子的种类和含量等)有关;另一方面受土壤系统中微生物种类和数量的制约,其净化强度是有限的。污染物一旦超过土壤的最大容量,将会引起不同程度的土壤污染,进而影响土壤中生存的动植物,最后通过生态系统食物链危害牲畜乃至人类健康。

土壤环境与水环境和大气环境不同。水环境和大气环境的介质是流动的,污染物在其中存在迁移过程(只是污染物空间分布发生变化),以及价态和浓度的变化;土壤则是一种复杂的环境介质,其中包含着复杂的生物、化学、物理过程,污染物在其中不仅存在价态和浓度变化,还存在吸附-解吸、固定-老化、溶解-扩散、氧化-还原、生物降解等复杂过程。

4.1.2 土壤污染发生的概念及特点

一般来说,当外来污染物进入土壤,就认为发生了"土壤污染"。当工农业活动所产生的"三废"(废水、废气、废渣)污染物通过水体、大气或直接向土壤中排放转移,积累到一定程度并超过土壤自净能力时,导致土壤生态功能被削弱,进而对动植物产生直接或潜在的危害,就称为土壤污染。另外,土壤系统具有一定的自净能力。土壤的自净作用是指以各种方式进入土壤的污染物,通过土壤的物理、化学和生物学的复杂作用,逐渐被转化、减毒、消除,最终土壤恢复到原有的生态功能的过程。土壤自净能力取决于该土壤系统的容量,而土壤容量则是指土壤对污染物的最大承受能力或负荷量。当进入土壤系统的污染物的量低于土壤容量时,土壤能发挥正常的净化作用,不被污染;若污染物的量超过土壤容量时,则产生土壤污染。由此可见,土壤是否被污染及其污染的程度主要取决于污染物输入量和土壤系统的自净能力。因此,土壤污染就是在自然或人为因素影响下,土壤正常生态功能遭到破坏或干扰,具体表现为土壤的物理、化学和生物进程被破坏，土壤肥力下降，最终导致生物的数量和质量下降。

4.1.2.1 土壤污染等级

根据受到侵害的程度，土壤污染可分为轻微污染、轻度污染、中度污染、严重污染和极度污染等多个等级。一般而言，当土壤中污染物的含量略微超过其背景含量而没有引起土壤性质的改变，在一定条件下这些外来污染物反而有刺激生物生长的作用，这时可认为土壤发生了轻微污染；当土壤中污染物的含量较为明显且超过其背景含量时，但没有引起土壤特性的改变，则认为土壤发生了轻度污染；当土壤外来污染物正在导致主要水体受到污染或可能受到污染，也就是说，与该土壤接触的各种水体（包括地表水和地下水）存在受到污染的风险，表明土壤已经到了中度污染的程度；当土壤正在显著地影响或危害生态系统其他重要组分，而且这种危害使生态系统功能产生不可逆转的不良变化，涉及对特有或珍稀生物物种的不良效应，表明土壤受到严重污染；当土壤正在显著地对人体健康产生危害或引起这种危害的可能性很大（"显著危害"主要是指死亡、疾病、严重伤害、基因突变、先天性致残或对人的生殖功能造成损害等不良健康效应，如导致癌变、肝脏功能紊乱和皮肤病等，甚至包括污染导致的精神紊乱或分裂症），表明土壤受到极度污染。

4.1.2.2 土壤污染物类型

土壤中主要的污染物有重金属、有机物质、化学肥料、放射性元素、有害微生物等。土壤污染物的种类繁多，既有化学污染物，也有物理污染物、生物污染物和放射性污染物等，其中以化学污染物最为普遍、严重和复杂。按污染物的性质，主要分为重金属污染物、农药污染物、化肥污染物、放射性元素污染物和病原微生物污染物等。

一般的有机物容易在土壤中发生生物降解，无机盐类则易被植物吸收或淋溶流失，两者在土壤中滞留时间均较短。重金属和农药类污染物在土壤中易蓄积、残留时间长，因而成为土壤的主要污染物。

(1) 重金属元素污染物

一般重金属元素的相对密度均大于5，如 Hg、Pb、As、Cd、Cr 等。多数重金属都具有一定毒性，稳定性强且不易被分解，一旦进入土壤很难被排除，且可被微生物甲基化，增强其毒性。土壤重金属含量高时，由作物根部吸收向茎、叶、果实输送，并产生毒害作用。有的表现为作物叶片失绿枯黄，生长发育受阻；有的虽不影响作物产量，但会以残毒形式影响作物品质。

(2) 农药污染物

农药的品种很多，大部分为重金属制剂、有机磷、有机氯、氨基甲酸酯类杀虫剂和除草剂等。农药被喷施后，小部分被作物吸收，大部分进入土壤，并通过土壤的理化作用和生化作用分解转化。但有机氯和重金属制剂农药分解缓慢，在土壤中残留时间长，易造成土壤污染，进而污染农产品。一般农药对人畜都有害，有的损害中枢神经，有的积累在脂肪、肝脏、肾脏等组织中，造成蓄积中毒甚至诱发肿瘤。

目前，世界上生产使用的农药已达1300多种，其中大量使用的约250多种，每年化学农药的产量约 220×10^4 t。农药由于化学性质稳定、在土壤中残留时间长，被作物吸收后，经过各种生物之间转移、浓缩和积累放大，其残留毒性可直接危害人体的健康。此外，绝大多数有机污染物通过挥发、扩散、淋溶、地表径流等形式进入空气和水体中，对生态系统和人类生命造成极大危害。

(3) 化肥污染物

长期过量施用化肥或误施、乱用化肥，会破坏土壤的团粒结构，造成土壤板结、理化性状恶化，且影响农产品品质。另外，过量施用化肥还会造成部分营养成分的淋失，进而造成环境污染。化肥氮素的污染问题应引起重视。农田中氮肥利用率只有40%左右，其余的氮素通过反硝化作用、氨挥发、淋失和径流被损失掉了。氮素从土壤中渗析出来，进入地下水和地表水，污染水体，使水体富营养化，引起藻类大量繁殖，导致水中溶解氧缺乏，使鱼类因缺氧而死亡。过量施用氮肥会使饮用水、蔬菜、青饲料等物质中累积大量硝酸盐和亚硝酸盐，被人食用后易在人体内转化为强致癌物——亚硝胺；硝酸盐还可引起人体血红蛋白变性，危害人体健康。

(4) 放射性元素污染物

放射性元素主要来源于大气层核试验的沉降物，以及原子能和平利用过程中排放的各种废水、废气和废渣，可以通过食物链进入人体。含有放射性元素的物质不可避免地随自然沉降、雨水冲刷和废弃物的堆放而污染土壤。土壤一旦被放射性物质污染，就难以自行清除，只能自然衰变为稳定元素，其放射性才可消除。

(5) 病原微生物污染物

土壤中的病原微生物主要包括病原菌和病毒等，来源于人畜的粪便及用于灌溉的污水（未经处理的生活污水，特别是医院污水）。人若食用了被病原微生物污染的农产品，健康会遭受危害。

4.1.2.3 土壤污染发生方式

土壤污染发生的方式多种多样，有些是直接污染，有些是间接污染。除了一些蓄意的污染方式（如夜间污水排放）外，大多则是突发性事件。以下举例说明化学品污染土壤发生的一些方式。

① 为了提高作物产量，大量含有重金属的化肥和农药被灌入农田，造成农业土壤被硝酸盐、重金属和农药污染。

② 存储容器中的化学品外溢或容器设计失误造成内存化学品泄漏，如某年，首钢某储苯罐液面高位计失灵，泵工下班未交代，大量苯外溢并引发火灾，污染了大面积土壤。

③ 化学品在铁路和公路上运输时发生交通事故，工厂发生化学品泄漏事故，化学品被事故性排放，造成土壤污染。

④ 化学品储罐地下管线长时间未经检测和维修发生破裂，逸出化学品，这种事故多发生在输油和输天然气管道上，会造成周围土壤污染。

⑤ 露天堆放煤、矿石和矿渣、垃圾，以及废弃物填埋处理等均可产生明显的土壤污染；城市污水灌溉或任意排放也将污染农业土壤。

⑥ 油田、金属矿采掘会严重污染周围土壤和流域下游土壤。

大气沉降也是土壤污染发生的基本方式之一，是难以控制的污染形式。由于工业的迅速发展，大量化石燃料燃烧排放的酸性气体和微量金属破坏了大气系统的微量物质平衡。据报道，人类活动向大气释放的 Hg、Pb、Cd、Zn 等重金属的排放量已分别超过自然源排放总量的 1.5 倍、18 倍、5 倍、3 倍。对土壤、植被等有重要影响的大气

酸性沉降物主要有 SO_2 和 NO_x 等，这些酸性物质可以通过干湿沉降两种形式沉降到地面。人类排放的酸性气体 SO_2 和 NO_x 分别超过自然源排放总量的 6 倍和 1.3 倍。这些大气污染物，在一定条件下，会通过沉降的方式造成土壤污染的发生。如大气汞沉降是土壤汞污染发生的重要形式之一。

4.1.2.4 土壤污染发生的基本过程

土壤污染是指能够引起土壤正常功能遭到破坏的任何干扰，可表现为土壤的物理性破坏、化学性破坏、生物学破坏或土壤质量的下降。土壤-植物系统发挥着决定生命存在的极为重要的功能，这些功能包括：不间断地进行光合作用，转化和积累太阳能；维持 O、H、C、N、S、Ca、Mg、K、Cu、Zn、Co、I 等对生物化学过程极为重要的生物循环。当外源污染物进入土壤后，对土壤正常的代谢功能进行了破坏，也即污染物的污染改变了土壤的基本特性，我们称之为"土壤污染的发生"。土壤和污染物之间的接触主要由两种因素造成：一种是由自然异常即该地区的地球化学过程引起的，该异常反映的是该地区某一种对土壤环境有影响的污染物物质的天然富集；另一种则主要是由人类活动引起的，这类人为的异常反映的是通常所指的"土壤污染"。在一些人口较为集中的区域，强烈的人为活动很容易造成土壤污染的发生；而在一些工矿区，人为异常和自然异常往往同时存在，污染物在这些土壤中很容易形成富集从而造成土壤污染的发生。污染物进入土壤系统，造成土壤污染的发生，其过程主要分为以下 4 个阶段。

(1) 接触阶段

接触阶段是污染物进入土壤的初始阶段。污染物与土壤之间的接触形式和途径多种多样，根据土壤的功能以及污染物的形态和来源分类，污染物和土壤直接接触主要包括以下 3 种形式。

① 气型接触的污染：工业排出物随烟尘或废气排放，以及人为燃烧产生含有有毒有害组分的气体，污染大气后沉降到地表，接触土壤造成的污染。气型污染还包括汽车废气对土壤的污染，如使用含铅汽油引起的土壤铅污染；也包括农业活动中气雾剂的使用使一些有毒有害组分沉降进入土壤造成的污染。

② 水型接触的污染：工业和生活污水排出以后，通过灌溉或随雨水及液相农药进入土壤后造成的污染。

③ 固体型接触的污染：工业废弃物、污泥、人类生活垃圾和放射性污染物等固体废弃物进入土壤后，均可造成土壤污染。

(2) 反应阶段

反应阶段是指以不同途径进入土壤环境的污染物经过吸附-解析、溶解-沉淀、氧化-还原、络合-解离、降解和积累放大等一系列的生态化学过程，参与土壤系统功能的表达，影响土壤的原始平衡的阶段。污染物在作用过程中改变土壤理化性状的同时，本身的形态、毒性、浓度等也发生相应的改变。污染物与土壤有机质及其他组分之间的相互作用，在影响各子系统的正常代谢过程中改变了土壤生态系统整体平衡发展的趋势。

(3) 污染中毒阶段

污染物进入土壤并参与土壤各个组分之间的物理化学反应，使土壤及其中的生命组分发生急性中毒或慢性中毒。土壤的急性中毒可以通过生长于其中的动植物和微生物的代谢能力、种的数量和生物量等不同的指标直接反映出来。急性中毒的土壤往往造成土壤中动植物和微生物数量的急剧下降，使农业产品的质量不断恶化。大多数土壤污染都是慢性中毒的生物学过程。土壤特殊的理化性质和自净能力，使土壤污染具有隐蔽性、长期性和难恢复性的特点。不同时间尺度内，污染物都在不同程度地影响土壤系统功能的表达。长期慢性的中毒给农产品的品质造成了很大的危害。

(4) 恢复阶段

急性中毒后的土壤很难通过自净功能恢复其初始的健康功能，因为急性中毒的土壤中一般污染物的浓度过高或污染物的毒性过大，使土壤生态功能在短时间内受到不可逆的损伤。土壤本身的自净功能无法降解或稀释这些污染物，只有借助人为的力量才能使土壤恢复到正常功能表达的状态。否则，受污染土壤将丧失其维持正常生产力和环境健康的功能。慢性中毒的土壤，依据污染物的不同性质，其自身的恢复有不同的特点。对于一些易降解的污染物，其毒性将随着时间的延长而逐渐降低甚至消失，这种情况下受污染土壤经过一定时间将自然恢复其原有的功能，继续维持正常的生产力和健康质量。而对于一些难降解的污染物，如重金属，由于其在土壤中不容易降解，长期受污染的土壤容易形成重金属的积累，危害自身健康，造成土壤产出在质和量方面的下降。

4.1.2.5 土壤环境污染的基本特点

土壤环境的多介质、多界面、多组分，以及非均一性和复杂多变的特点，决定了土壤环境污染具有区别于大气环境污染和水环境污染的特点。

(1) 隐蔽性与滞后性

水体污染如江河湖海的污染，常常肉眼就容易辨识；水泥厂的滚滚浓烟给大气造成的污染，在达到一定程度时通过感官就能发觉；废弃物的污染就更加直观了。但是，土壤环境污染却往往要通过对土壤样品进行分析化验和对农作物(如粮食、蔬菜和水果等)的残留物进行检测，以及对摄食的人或动物的健康进行检查，才能揭示出来。土壤从遭受污染到产生"恶果"往往需要一个相当长的过程。也就是说，土壤从遭受污染到其危害被发现通常会滞后较长的时间。

(2) 累积性与地域性

污染物在大气和水体中，一般是随着气流和水流进行长距离迁移的；在土壤环境中并不像在大气和水体中那样容易扩散和稀释，因此会不断积累而达到很高的浓度，从而使土壤环境污染具有很强的地域性特点。

(3) 不可逆转性

大气和水体如果受到污染，切断污染源之后通过稀释作用和自净作用就有可能使污染不断减轻，但是难降解污染物积累在土壤环境中则很难靠稀释作用和自净作用来消除。

重金属污染物对土壤环境的污染基本上是一个不可逆转的过程，主要表现为两个方面：一方面，重金属污染物进入土壤环境后，很难通过自然过程被稀释或消失；另一方面，重金属污染物对生物体的危害和对土壤生态系统结构与功能的影响不容易恢复。例如，被某些重金属污染的农田生态系统可能要经过100~200年才能得以恢复。

同样，许多有机化合物对土壤环境的污染也需要较长时间才能消除，尤其是那些持久性有机污染物，不仅在土壤环境中很难被降解，而且可能产生毒性较大的中间产物。例如,"六六六"和 DDT 在我国已禁用 20 多年,但至今仍然能从土壤环境中检出这两种成分,正是由于其中的有机氯很难被降解。

(4)治理难且周期长

土壤环境一旦被污染,仅仅依靠切断污染源的方法往往很难实现自我修复,必须采用各种有效的治理技术才能消除污染。但是,从目前现有的治理方法来看,仍然存在治理成本较高和周期较长的难题。因此需要有更大的投入,来探索、研究、发展更为先进、有效和经济的治理和修复污染土壤的各项技术与方法。

4.1.3 土壤污染的影响和危害

污染物进入大气、水体、土壤等环境介质后,会对环境介质的结构和功能产生一系列的危害和影响,这种影响一般称为环境效应。

土壤是一个开放的系统,土壤系统以大气、水体和生物等自然因素和人类活动作为环境,和环境之间的相互联系、相互作用是通过土壤系统与环境间的物质和能量的交换过程来实现的。物质和能量由环境向土壤系统输入,引起土壤系统状态的变化;由土壤系统向环境输出,引起环境状态的变化。在土壤污染发生过程中,人类从自然界获取资源和能量,经过加工、调配、消费,最终再将其以"三废"形式直接或间接通过大气、水体和生物向土壤系统排放。当输入的物质数量超过土壤容量和自净能力时,土壤系统中某些物质(污染物)破坏了原来的平衡,引起土壤系统状态的变化,引发土壤污染。而污染的土壤系统又会向环境输出物质和能量,引发大气、水体和生物的污染,从而使环境发生变化,造成环境质量下降,造成环境污染。

土壤受水环境和大气环境的影响,同时也影响水环境和大气环境,而这种影响的性质、规模和程度,都会随着人类利用和改造自然的广度和深度而变化。例如,污染物以沉降方式通过大气或以污灌、施用污泥方式通过地表水进入土壤,造成土壤污染;而土壤中的污染物又经挥发、渗透过程重新进入大气和地下水,造成大气和地下水的污染。这种循环周而复始,加上土壤污染自身就是环境污染,所以土壤污染对环境的破坏效应是显而易见的。

4.1.3.1 无机污染物的影响

土壤长期施用酸性或碱性肥料会引起土壤 pH 值变化,降低土壤肥力,减少农作物的产量。土壤受 Cu、Ni、Co、Mn、Zn、As 等元素的污染,会导致植物的生长和发育障碍;而受 Cd、Hg、Pb 等元素的污染,虽对植物生长发育影响不显著,但会在植物可食部位积累。用含 Zn 污水灌溉农田,会对农作物特别是小麦的生长产生较大的影响,造成小麦出苗不齐、分蘖少、植株矮小、叶片萎黄。当土壤中存在过量的 Cu,也可能严重地抑制植物的生长和发育。当小麦和大豆遭受到 Cd 的毒害时,其生长发育均受到严重影响。

4.1.3.2 有机污染物的影响

利用未经处理的含苯、酚等有机毒物的污水灌溉农田,会使植物生长发育受到阻碍。20 世纪 50 年代,随着农业生产的发展,在我国北方一些干旱、半干旱地区,由于水资源比较紧张,为了充分利用污水的水肥资源,污水灌溉被大面积的采用和推广,这对促进当地的农业生产曾起到积极作用。然而,由于长期的污水灌溉,土壤-作物系统的污染逐渐暴露出来。例如,利用未经处理的炼油厂废水灌溉,可使水稻严重矮化。

初期症状是叶片披散下垂，叶尖变红；中期症状是抽穗后不能开花授粉，形成空壳，或者根本不抽穗；正常成熟期后仍在继续无效分蘖。

4.1.3.3 土壤生物污染的影响

土壤生物污染是指一个或几个有害的生物种群，从外界环境侵入土壤，大量繁衍，破坏原来的微生物群落结构，对人体或土壤生态系统产生不良影响。造成土壤生物污染的污染物主要是未经处理的粪便、垃圾、城市生活污水、饲养场和屠宰场的污物等。其中危险性最高的是传染病医院未经处理的污水和污物。

一些在土壤中长期存活的植物病原体可严重危害植物，造成农业减产。例如，某些植物致病细菌污染土壤后能引起番茄、茄子、辣椒、马铃薯、烟草等百余种茄科植物的青枯病；某些致病真菌污染土壤后能引起大白菜、油菜、芥菜、萝卜、甘蓝、荠菜等100多种蔬菜的根肿病，引起茄子、棉花、黄瓜、西瓜等多种植物的枯萎病，以及小麦、大麦、燕麦、高粱、玉米、谷子的黑穗病；此外，甘薯茎线虫、黄瓜(花生、烟草)根结线虫、大豆胞囊线虫、马铃薯线虫等，都能经土壤侵入植物根部引起线虫病。

长期以来，人类不良的生产和生活行为，造成比较严重的土壤污染，直接或间接地威胁自身健康。因此，探索一条经济有效的土壤污染防治途径势在必行。

4.1.4 土壤污染生态修复

4.1.4.1 土壤污染生态毒理诊断

污染生态毒理是研究外来污染物对生态系统中生物有机体危害及其作用机理的科学。通过在分子水平上阐明毒性物质与生物体的相互作用及其变化，探讨毒性作用机理，寻求毒性物质对生物体危害的早期诊断指标，从而确定其安全阈值。

土壤质量诊断是土壤污染防治与污染土壤清洁的重要环节，但单纯依靠化学方法进行土壤质量诊断，并不能全面、科学地表征土壤的整体质量特征，因此，土壤生态毒理诊断研究迅速发展。该研究始于20世纪90年代美国的超基金计划，加拿大和德国联邦科学部、瑞典皇家科学院、瑞士和荷兰政府研究机构先后开展了这方面的研究。德国"土壤生态毒理诊断系列研究"项目使土壤生态毒理诊断的研究得到了广泛重视。1998年，在马德里召开的国际危害鉴定系统与陆生环境分类标准会议上，土壤生态系统毒理研究被公认为国际生态环境领域新的热点课题。

生态毒理学是化学诊断的重要补充。化学方法只能在严格的限制条件下，根据纯化学标准检测某化学品的量，具有3个方面的局限性：一是难以对土壤混合物进行全面测定，无法鉴定土壤所有潜在毒性物质的毒性效应，无法测出污染物的复合污染效应；二是难以区别和提取不同暴露途径中(如孔隙水、土壤空气、食物吸收、不可提取性残渣或健合到某些物质中)污染物质的浓度，使污染物的有效毒性被低估；三是无法对所有代谢产物的生态毒性做出准确评价。

土壤生态毒理学诊断集合土壤生态系统食物链中不同生物对包括代谢物质在内的所有化学品的整体毒性效应；为土壤中所有污染物对土壤质量的影响提供全部信息；选择不同生态位中生命有机体对污染物实际毒性的真实反映作为诊断指标，完成一系列生态毒理实验，为土壤生态毒理诊断指标系统化学分析的局限性做重要补充。

但是要实现简单、快速和准确，达到不同程度、不同类型污染对土壤生态系统危害的敏感指示目标,任务还十分艰巨。随着新的污染物如内分泌干扰素等的出现,仅仅通过借鉴已有的方法还远远不够,今后应注重以下几方面的研究:

①诊断生物种的敏感性研究。现有诊断指标敏感性普遍不够高,需要进一步筛选出更为敏感的指示物种。

②从生物到个体、种群和群落水平上寻找敏感指示的整体诊断研究。

③加强机理水平上的诊断研究。目前的诊断主要侧重于对生物表观上变化的研究,对诊断指示引起不良反应的作用机理了解得还不够,还未能从生理水平确定发生障碍的原因,易漏诊和错诊。

④标准指示生物种库的建立。迄今为止,市场上没有生物标准指示物可供使用,研究者只能依据自己的条件进行相关研究,结果存在可比性问题。

⑤建立国际和国家级的诊断标准。

⑥制定相应的法律和法规,保证诊断的法律效力和广泛的公众认可与实施。

总之,土壤生态系统的生态毒理诊断研究是需要加强研究的重要领域,它不仅可以提供污染物的生态效应信息,更重要的是为污染土壤的生态毒理诊断提供了可行的方法论,因此需要研究者共同努力,丰富学科研究的内涵,推动研究的进展。

4.1.4.2 土壤污染生态修复的内容

一般来讲,生物修复是指利用生物来修复被破坏的环境,包括微生物修复和植物修复。微生物修复通常是指利用具有特异功能的微生物或者生物强化物质消减、净化环境中污染物的替代技术;植物修复是通过自然生长植物或遗传工程培育植物系统及其根系微生物群落来吸收、挥发或稳定土壤环境中的污染物,从而修复受污染土壤。与其他技术相比,植物修复技术具有经济高效、绿色净化、易于后续处理等优点,显示出良好的生态、经济和社会效益,具有广阔的运用前景。植物修复技术的关键是超积累植物的选育,它能超量吸收和累积土壤中重金属,通常其在地面上部组织中累积的重金属浓度是普通植物的100倍以上且正常生长不受影响。但是,超积累植物普遍具有生物量小、生长缓慢的特点,限制了植物修复技术的进一步发展。近年来,植物修复的研究方向包括:一是运用基因工程、生物育种、农艺管理等方法提高超积累植物的生物量或改善高产植物重金属吸收性能;二是利用物理、化学和微生物等方法提高或降低土壤溶液污染物浓度、增强重金属的活性、提高植物吸收量,或降低其有效性,使其成为稳定性化合物。

随着污染土壤修复研究的发展,土壤污染生态修复技术受到越来越多的重视,可以分为以下3个方面:

①生态修复材料的研究。主要包括对重金属具有超富集功能的植物的筛选与培育、植物修复强化物质的筛选;对有机污染物具有特异降解功能微生物的筛选与培育,以及微生物修复强化物质与生物酶的筛选。

②污染生态修复技术的研究。污染的生态修复不同于生物修复,它不仅包括生物修复中利用具有净化功能的生物与微生物对污染物进行消减和净化,更为重要的是通过生物的富集、降解与净化功能,实现对污染土壤的净化。也就是说,生态修复更强调通过调节、优化诸如土壤水分、土壤养分、土壤 pH 值和土壤氧化-还原状况,以及气温、湿度等生态因子(表4-1),实现对污染物所处环境介质(水、气、土、生等)的调控,强化生物净化功能。

表 4-1 微生物活动适用的临界生态因子与条件

生态因子	最适水平
土壤水分有效性	25%~85%持水容量，-0.01MPa
氧气	需氧代谢：溶氧量>0.2mg/L，最低空气填充空隙空间10% 厌氧代谢：O_2浓度<1%
氧化-还原电位	需氧与兼性厌氧生物>50mV；厌氧生物<50mV
pH 值	5.5~8.5
营养物质	氮、磷和其他营养物质充足，微生物生长不会因为营养缺失而受限制，建议的 C∶N∶P 为 100∶10∶1
温度	15~45℃

③污染生态修复工程与大面积示范及应用。实现污染土壤修复从实验室到田间的"移植"以及从设计图纸到具体现场的转换，必须依靠工程措施或技术手段的有效应用（表4-2）。在这个过程中，要尽量保证工程实施给环境带来较少的影响，阻止次生污染的发生或次生有害效应的产生，特别是通过一些巧妙的设计手段维护正常的生态系统结构与功能。污染生态修复工程必须严格遵循现代生态学的三项基本原则（循环再生、整体优化和区域分异），由此引导同一个生物修复技术或者同一项生态工程，在不同生态环境条件下发挥不同的净化功能。

表 4-2 采用污染生态修复工程对污染物迁移的控制

迁移途径	工作要素	额外措施或非覆盖措施
大量的污染土壤被填到地表或表层正常土壤被移走而露出污染的亚表层	足够深的土壤，避免对正常农业生产的干扰，能够包含浅层地基和次要的交通地下设施；坚实的覆盖层；预警层	不作为花园或菜园及其他农业用地
比水密度小的液体向上迁移（漂浮层）	综合排水措施；污染物吸附或与污染物反应层的利用	地上建筑交通等公用设施
食用植物的摄取	足够深且清洁的土壤	不用于园艺栽培，不用于耕种作物，不用于牧草种植
土壤湿气通过毛细管向上迁移	地膜、土壤中的断层、合成材料中的断层、污染物吸附或与污染物反应层利用	去除游离产物，抽取漂浮层及污染的地下水并予以处理，控制地下水位
蒸发状态迁移	吸附性的土层（含微生物活性）、地膜	不用于园艺栽培，不用于耕种作物，不用于牧草种植
通过雨水下渗	低渗性土层、地膜、加固地面	收集来自建筑物和硬质地面的雨水然后予以处理
沿裂缝向下迁移	足够深的覆盖层，防止可能出现的裂缝层；合成滞水层	使用合成材料，保证基础材料的牢固性

4.1.4.3 污染土壤生态修复技术发展方向

(1) 污染土壤的植物根际生态富集修复

超积累植物的筛选与培育是土壤植物修复的重要方向。目前已发现有400多种植物能够超积累各种重金属，以超积累Ni的种类最多。一些超积累植物能同时吸收、积累两种或多种重金属元素。在各种超积累植物体内，已见报告的最高重金属含量（以干重计）分别为：Cd，1800mg/kg；Co，10200mg/kg；Cr，2400mg/kg；Cu，13500mg/kg；Mn，51800mg/kg；Ni，47500mg/kg；Pb，8200mg/kg；Zn，39600mg/kg。

超积累植物组织特别是地上部中的重金属大部分以可溶性的形态存在，而且容易向地上部运输。在木质部汁液中，金属离子主要与有机酸和氨基酸等复合。

超积累植物对重金属具有较高的耐性。如天蓝遏蓝菜（*Thlaspi caerulescens*）等植物自然生长的土壤全Zn含量为218~16655mg/kg，全Pb含量为409~6025mg/kg，全Cd含量为4~118mg/kg，交换性Zn、Pb、Cd含量分别为4~3156mg/kg、5~3000mg/kg、0.4~33mg/kg。在土培实验中，土壤全Zn含量和全Cd含量分别达48000mg/kg和1020mg/kg，水溶性Zn含量和Cd含量分别达1830mg/kg和35mg/kg时，天蓝遏蓝菜仍能生长。

室内实验和田间试验均证明超积累植物在净化重金属污染土壤方面具有极大的潜力。Baker等进行的首次田间试验显示：超积累植物天蓝遏蓝菜在含Zn的土壤上有较强的吸收、累积重金属特别是Zn的能力。土壤中Zn含量在444mg/kg时，天蓝遏蓝菜地上部分的Zn含量是土壤中Zn的16倍，是非超积累植物（油菜、萝卜等）的150倍。

(2) 污染土壤的螯合诱导修复

螯合诱导植物修复技术作为生态强化植物吸收重金属的修复技术备受关注和青睐。它通过使用螯合剂强化土壤固相键合的重金属释放，从而提高土壤溶液中重金属浓度，强化重金属吸收和从根际向地上部运输，大幅度提高植物对重金属的吸收和富集能力，达到提高植物修复效率的目的。

将螯合剂应用于植物修复领域是从20世纪90年代开始的，研究的理论与实践都表明，螯合剂能大幅度促进植物对重金属的吸收和富集，提高修复效率。向土壤中投加EDDHA、EDTA等作为植物修复增效剂，发现这些物质不仅使土壤中重金属向水溶态和交换态转化，提高了土壤溶液中重金属浓度，而且使植物对重金属的吸收能力也大幅度提升。

用于植物修复的螯合剂不仅局限于EDTA等有机大分子螯合剂，很多无机和有机小分子螯合剂也被广泛应用于植物修复中。将硫氰化铵等铵盐和醋酸（乙酸）、柠檬酸、苹果酸等有机酸加入土壤，都可提升重金属溶解性，增强土壤重金属的生物可利用性从而诱导植物迅速富集重金属。

(3) 污染土壤的化学-生物联合修复

应该说，化学-生物联合修复是当前污染土壤最具潜力的生态修复方式。它整合了各种化学修复剂的作用，如加入表面活性剂等清洗剂，活化、洗脱土壤污染物，增强污染物在水中的有效性，改善污染物的生物可利用性，促进污染物的微生物降解和植物吸收累积、转运、降解污染物的进程，提高污染土壤修复的效率。这一过程即为：洗脱—活化—微生物、植物、根系分泌物利用—降解或吸收积累—修复。化学-生物联合修复主要起到两个作用：一是将吸附在土壤中的污染物解吸出来，溶于水中，促进其被土壤微生物、根系分泌物等降解或被植物吸收累积、降解；二是改善难降解污染物的生物可利用性。在土壤污染的化学与生物相结合的修复过程中，洗脱、活化是前提，微生物、植物、根系分泌物利用和降解、吸收累积是关键。目前，最常见的化学-生物联合修复技术是 SEBR 技术，此技术在表面活性剂增溶-微生物降解方面有一定的应用；有关增溶-植物修复、增溶-植物-微生物联合修复重金属和 PAH 复合污染的研究在国际上仍为空白，有待研究。

(4) 污染土壤的植物-微生物联合修复

运用农业技术使污染的土壤易于种植，植物就会直接或间接地吸收、分离或降解污染物。再有植物生长时，其根系提供了微生物旺盛生长的最佳场所；反过来，微生物的旺盛生长，增强了对有机污染物的快速降解、矿化。其基本原理为：①植物根区的菌根真菌与植物形成共生作用，并有着独特的酶途径，用于降解不能被细菌单独转化的有机物；②植物根区分泌物刺激了细菌的转化作用；③植物还可为微生物提供生存场所并可转移氧化，使根区的好氧转化作用能够正常进行。

(5) 土壤污染生态阻控新方案与新技术

如何通过陆生植物、土壤微生物的生态化学过程，来阻控、消除土壤中污染物的毒性效应，是今后研究的方向。

①通过改变水-土界面 pH 值，产生 H_2S 和各种有机物质来影响污染物在水-土界面的生态化学行为，如某些微生物能够代谢产生柠檬酸、草酸等物质，这些代谢产物能够与污染物生成螯合物或形成草酸盐沉淀，从而使污染物毒性下降。

②微生物的细胞壁及黏液层也可以直接吸收、固定一些化学污染物，如一些微生物及某些藻类能够产生胞外聚合物，其主要成分为多聚糖、糖蛋白、脂多糖等，这些物质具有大量阴离子基团，从而可以与重金属离子结合解毒。

③微生物分解有机物时释放出原来固定的重金属等污染物来影响其在根-土界面的化学行为。

④根际微生物也可以通过改善根-土界面土壤的团粒结构，改变根际环境理化性质和根际分泌物质的组成等过程间接地作用于污染物的迁移和转化，促进根际微生物区中持久性有机污染物的降解，有关机理有待进一步研究。

当前，污染土壤修复的研究重点已从实验室模拟逐步转移到污染现场的原位污染土壤修复。研究新的污染土壤修复方法必须考虑以下问题：①应能有效用于土壤有机-无机复合污染修复；②对相应分子质量大的 PAH 等高分子难降解污染物有较好的修复和毒性缓解效果；③在考虑处理对象和研究环境条件时，尽可能模拟污染土壤的实际条件，最好在污染现场进行实验，以保证研究成果有良好的应用前景；④为了节省修复费用，坚持生物修复为主，化学修复为主，生物修复与化学修复相结合；⑤要在已有研究基础上，研究污染土壤修复的新原理，为建立新的修复工艺与技术打下基础，从而适应污染土壤修复日益增长的需求。

4.2 矿区土壤污染的生态修复与治理

矿产资源的开发和利用给人类带来了巨大的经济利益，但采矿活动却引起生态失衡、景观破坏、水土流失、土地荒废等严重问题，不仅影响了矿山本身的发展，而且影响了矿山周边地区的农业生产和群众生活。

矿产资源的开发创造了财富，促进了社会经济的发展，但是在目前的开发技术和管理水平下，矿产资源开发过程和矿藏开采后的废弃物都使矿区环境受到不同程度的破坏，影响最深刻的是矿区土壤环境。矿山开采过程中产生大量的废弃地，其结构极不稳定，植被被破坏后极易导致水土流失，常常伴随有害污染物的迁移扩散，导致库塘淤积、河床垮塌、农田被毁和污染范围的扩大。此外，矿山开采过程和选矿过程还会产生大量的剥离表土和尾矿废弃物，这些表土和尾矿废弃物经水土流失或者淋滤将污染转移到土壤中，造成土壤中有害元素增加。

4.2.1 矿区土壤污染的来源

矿产资源在开发过程中或被废弃后，污染物通过以下主要途径进入土壤。

①通过大气干湿沉降进入土壤：一个大型尾矿场扬出的粉尘可以漂浮到 10~12km 之外，降尘量达 300t/hm^2。尾矿中富含重金属的颗粒物，其沉降后污染土壤。

②随矿山废水进入土壤：井下水中溶有各种金属元素或者开矿机器产生的油污，采矿过程中井下水被抽出地面，通过灌溉、溢流或渗漏等不同途径进入土壤，使土壤受到污染。

③通过废石、尾矿的堆放进入土壤：废石、尾矿中含有不同程度的有毒有害物质，在日晒、雨淋和风吹等自然条件下，造成矿石的风化、淋溶，从而使污染物进入土壤。

矿产资源开采时间长、矿区占地面积大、尾矿堆放量大等特殊条件，使矿区土壤遭受的污染与其他土壤的污染既有相似之处也有区别。矿区土壤污染主要表现出以下特征。

①污染强度大：矿区堆积的大量尾矿和矸石在长期的自然条件下，其中的一些高浓度有毒重金属通过渗漏液或暴雨径流进入土壤，由于时间长和重金属的累积效应，土壤中重金属污染物高出对照几十倍。2005 年，广西壮族自治区环江毛南族自治县受尾矿污染的农田检测结果表明：未经改良的水田、桑地受污染情况十分严重，土壤中 pH、铅含量严重超标，部分土壤砷超标，土壤硫含量超对照值达 76 倍。

②污染范围广：空气污染产生的干湿沉降和废水的排放，以及地表径流导致的污染物蔓延，造成大面积的土壤污染。一个矿区的污染范围可以波及 20km 以外的地区，污染物还将顺流而下继续侵袭下游地区。

③污染隐蔽、危害大：土壤受到污染不像大气污染、水污染那样易被人视觉识别，因此一般很容易被忽视。但是矿区土壤遭受高强度的污染，造成农作物的大量减产甚至绝收、山地树木死亡，严重危害矿区附近居民的身体健康。

④治理难度大、费用高：矿区土壤遭受高强度的重金属污染比较突出，而重金属进入土壤后自身不能降解而只能富集，因此一般的治理措施很难将其成功消除，治理的费用高。

4.2.2 矿区土壤污染的危害

矿产资源开发利用过程对自然生态系统和自然-经济-社会复合生态系统均产生干扰，特别是对土壤产生污染。土壤被有毒化学物污染后，对人体的影响大多是间接的，主要通过农作物、地面水或地下水对人体产生影响。矿区土壤污染的危害主要包括以下方面：

①导致农作物减产：土壤遭受污染，一些重金属（如砷、铜、铬、镉、铅等）干扰植物的新陈代谢，影响植物的生长发育，最终导致作物减产。

②降低农产品品质：健康的农产品来源于健康的土壤，土壤一旦受到污染，植物通过吸收、利用和新陈代谢将一些有毒元素合成植物的组成部分，从而降低了农产品质量。

③危害人体健康：污染物通过"土壤-植物-人"这样一条食物链进入人体，因此土壤中的有毒有害物质通过食物链的富集作用进入人体，危害人体健康。土壤被放射性物质污染后，通过放射性衰变，能产生 α、β、γ 射线，这些射线能穿透人体组织，使机体的一些组织细胞死亡。这些射线对机体既可造成外照射损伤，又可通过饮食或呼吸进入人体，造成内照射损伤，使受害者产生头昏、疲乏无力、脱发、白细胞减少或增多等症状，甚至发生癌变。

④削弱土壤的生态功能：土壤不仅具有生产功能，还具有过滤净化污染物的功能。当土壤遭受污染，土壤中的微生物群落、土壤动物等就发生了改变，使得土壤系统中的生物多样性水平降低，从而削弱土壤的生态功能。

4.2.3 矿区污染土壤的生态修复

矿区废弃地土壤生态系统生态修复的主要目的是建立适宜植物生长的土壤层，以满足生态系统的底层——绿色植物恢复的需要。矿区废弃地的土壤层往往被完全破坏，而经过地貌生态恢复重新覆盖于其上的表土没有经过熟化，植物在很短的时期内难以在这种表土上建群。有关资料表明：至少要经过 5 年时间，废弃的露天煤矿地上才会出现木本植物；要再经过 20~30 年，木本植物冠层盖度才能达到 14%~35%。因此，人们需要对矿区废弃地的土壤系统进行生态恢复，以适应短期内进行生态恢复的要求。

4.2.3.1 矿区污染土壤的治理难点

如著名生态恢复专家 Bradshaw 所说："要想获得恢复的成功，首先必须解决土壤问题，否则生态恢复就是水中捞月。"废弃地生态恢复的核心为废弃地土壤的物理、化学性状的修复。因矿产采集及其废弃物的影响，矿区土壤的表土修复常常遇到缺失、压实、周期性侵蚀、温度波动大、重金属污染、养分缺乏、生物多样性减少及功能衰退等问题。这些问题构成了矿区土地环境修复与生态恢复中的物理性、化学性和生物性限制因素。因此，只有在废弃地土壤系统恢复的前提下，植物群落才能在废弃地上重新建群，而后生态系统才能渐渐恢复。土壤是陆地生态系统的重要组成部分，生态系统的结构功能和土壤的物理结构、化学性质紧密相关。土壤能够相当灵敏地反映人类活动对环境的影响，并且由此对生态系统造成严重的潜在影响。因此，废弃地的生态恢复工作必须首先恢复受损伤的土壤系统。在废弃地的生态恢复过程中，恢复之初的土壤条件通常不适合特定的生态系统，人们必须在土壤的修复过程中解决这个问题。通常情况下，废弃地的土壤条件会阻碍植物的生长，主要表现在物理条件差、营养缺乏和具有毒性等方面，必须减轻或消除这些影响，才能保证生态恢复过程的有效进行。消除影响的方法主要包括物理、化学的和生物的多种方法。

从简单的机械操作技术到庞大的工程操作都属于物理修复技术的范畴，但在进行物理修复之后，一般还需要使用其他修复方法或者联合使用化学修复技术、生物修复技术，如与化学修复技术联用的淋溶修复，与生物修复技术联用的放牧、收割等修复方法，这些物理处理技术可以去除土壤中的有害元素，达到初步修复土壤系统的目的。化学修复技术是一种见效快、容易实行的土壤系统生态恢复技术，但这种技术所需的劳动力消耗和资金投入都比较高，而且一旦技术使用不当容易产生不良的后果，对土壤系统产生更严重的影响。因此，化学修复技术应在充分调查废弃地土壤性质的前提下使用。

4.2.3.2 矿区污染土壤的植物修复

矿区废弃地土壤系统的生态恢复可以利用某些特种植物来进行，此种修复称为植物修复。即使栽种普通的植物，对于废弃地的土壤系统也具有很好的修复效果。

广义的植物修复技术包括利用植物固定或修复重金属污染土壤、利用植物净化水体和空气、利用植物清除放射性核素和利用植物及其根际微生物共存体系净化环境有机污染物等方面。狭义的植物修复技术主要指利用植物清洁污染土壤中的重金属和某类有机化合物。植物修复技术包括植物吸收、植物降解、植物挥发和植物固定四个方面。目前的植物修复技术包括在初步恢复的废弃地上种植具有耐受能力或积累能力的物种以及具有固定营养物能力的物种，下面分别对其加以介绍：

(1) 种植具有耐受能力或积累能力的物种

具有耐受能力的植物并不具备对重金属的吸收能力，只具有对土壤系统的生物修复能力；具有积累能力的植物则可以吸收重金属，在降低土壤系统重金属元素含量的同时对土壤系统进行修复；还有一些植物能够在土壤中钝化重金属，也可以用于废弃地的土壤修复。

在废弃地上种植具有耐受能力的物种以对土壤进行生态恢复的方法是由 Smith 和 Bradshaw 率先提出的，他们从含金属的采矿地上的自然植被中收集金属耐受植物的种子，在此基础上培育了一些移植更快、存活更久(超过 9 年)的品种，它们分别可以耐受酸性的铅/锌、石灰质的铅/锌和铜污染的废物。目前，一些对重金属耐受性高的植物的培育在英国和澳大利亚等国家已经商业化。我国学者在长期的矿区废弃地恢复中发现：禾谷类和块茎类作物可耐受砷污染，水稻可以耐受铬污染。这些耐受植物都可以应用于矿区废弃地的生态恢复。

具备积累能力的植物通常都生长在含金属的土壤中，它们在组织中含有高浓度有毒物质的情况下依然可以存活。可以将合适的物种栽种在被污染的土壤中，利用这些植物进行生态恢复，将收获物的生长作为收集金属的方法。例如，生长在碱性土壤中的苔藓、地衣、蕨类等植物所积累的铬为其他多数作物的 5~50 倍；甜菜和菠菜可以积累含量相当高的锌元素等。但是，很多金属耐受植物都被证明在贫瘠的土壤上产量不高。可以通过基因工程制造新的植物种类用于生态恢复。

另外，对矿区污染物与植被的初步研究表明：不同植物对不同污染物有一定的适应性，这些植物多为该污染物的耐受植物。有些植物如狗牙根属、结缕草属、羊茅属、黑麦草属植物，适应性较强且扩散快，具有较为普遍的应用价值。

(2) 种植具有固定营养能力的物种

某些植物对土壤中的营养元素有着特殊的固定功能，种植这些植物可以加快矿区废弃地土壤系统中的营养积累，缩短恢复时间。

生物固氮技术是化肥和有机肥的很好替代。在土壤毒性较低的废弃地，生物固氮技术具有巨大的发展潜力。豆科植物能生长于污染土壤上并发挥有效的固氮作用，使土壤中氮含量大幅度提高。一些具有茎瘤和根瘤的一年生豆科植物生长速度快、耐受有毒重金属和较低的营养水平，是特别理想的先锋植物，可加速人工生境的生态演替。除了草本植物，为改良矿区废弃地而广泛种植的木本植物有桤木、国槐等。我国共有44种非豆科固氮树种，包括胡颓子、沙棘属植物、赤杨属植物、杨梅属植物、马桑属植物、木麻黄属植物等。

4.2.3.3 矿区污染土壤的微生物修复

矿区废弃地的土壤系统修复还可以采用微生物修复技术，即在土壤中接种其他微生物以除去或减少污染物以达到修复土壤系统的目的。根据矿区废弃地的实际需要，可以接种下列微生物。

（1）抗污染细菌

许多细菌具有抗污染的特性，因此在污染土壤中接种一些抗相应污染物的细菌是一种去除污染物的有效办法。如在铁污染的土壤中接种铁氧化菌，可以比使用传统的处理法节省1/3的费用，而且处理效果更好。对于矿区废弃地的一些有机污染物，利用微生物的去除效果更为明显。

（2）高效生物

接种高效生物是一种行之有效的去除污染物的方法。高效生物大致可以分为两类：一类只吸收污染物，如藻类可以有效地吸收和富集重金属元素，富集倍数可达几千倍，因此在重金属污染区接种藻类可大大降低锌、镉、铜、钙、镁等重金属元素的含量；另一类既吸收污染物又排放污染物，如苔藓是一种高富砷的低等生物，它对砷的富集可达1.25‰，研究表明苔藓中的砷会不断挥发，这大大增强了苔藓对砷的吸收能力。

（3）营养生物

生态系统的恢复是一个群落的恢复，因此接种提供营养的微量生物不仅能够去除污染物，还能为群落中其他个体的生长提供有利条件。例如，在有钼污染的地区接种VA菌根不仅有利于对磷的吸收，还有利于对钼的吸收，并能促进植物根系的生长和根瘤的形成，进而促进其地上部分的生长。

运用微生物进行土壤系统的修复是目前的一个研究热点，至于如何针对某一类特殊的矿区废弃地选择相适应的修复方法或微生物，有待进一步研究。

4.3 农田土壤生态修复与治理

4.3.1 农田土壤污染的来源

农田外源污染是指我国工业化、城市化对农业生产环境造成的污染。固体废弃物是主要的污染源，按其来源不同主要分为工业废物、矿业废物、农业废物、城市垃圾、放射性废物和传染性废物等几大类。

化肥的大量使用是现代农业的一个重要特征。化肥使用不合理可造成土壤的污染。由于施肥方法、施肥量、施肥时间不合理，肥料利用率很低，植物不但不能对肥料进行良好的利用吸收，反而会使大量的肥料停留在土壤中造成对土壤的污染。氮、磷、钾肥是常施用的作物肥料，由于作物根系对它们的选择吸收，被吸收的 NH_4^+ 含量大大高于酸根离子，使较多的酸根离子残留于土壤中，造成土壤酸化、降水下渗，引起土地贫化，最终破坏土壤结构。农药残留也是导致农田土壤污染的一个重要因素。大量使用农药，虽然控制了病虫害，但大部分农药会残留于环境中，造成潜在的环境威胁。有的农药会代谢为更毒或致癌的化合物，最终会通过食物链和生物链富集到几十倍，甚至几十万倍，对生态系统和人体健康形成潜在的威胁。

污水灌溉、畜禽养殖、白色污染也是导致农田土壤污染的因素。没有经过处理的生活污水和工业废水中含有重金属、病菌等许多有毒有害物质；畜禽粪便等废弃物的排放没有得到合理的处理；塑料地膜大量残留在农田中，这些物质的分子结构非常稳定，长期下去污水灌溉、畜禽养殖、白色污染会导致土壤生态与结构功能改变。

4.3.2 农田土壤污染的危害

农田土壤污染带来了极其严重的后果：①土壤污染使本来就紧张的耕地资源更加短缺；②土壤污染给人民的身体健康带来极大的威胁；③土壤污染给农业发展带来很大的不利影响；④土壤污染也造成了其他环境污染；⑤土壤污染中的污染物具有迁移性和滞留性，有可能继续造成新的土地污染；⑥土壤污染严重危及后代子孙的利益，不利于农村经济的可持续发展。

例如，地膜的长期使用，使我国农业从当初的白色革命向白色污染过度。地膜是一种由聚乙烯和抗氧化剂制成的高分子碳氢化合物，具有分子量大、性能稳定、自然条件下可长期在土壤中存留的特点，对农业生产及环境、人体健康具有极大的副作用，特别是对土壤和农作物生长发育的影响尤为严重。首先，地膜阻碍土壤毛管水和自然水的渗透，影响土壤吸湿性，从而阻碍农田土壤水分运动，使其移动速度减慢、渗透量减少。其次，地膜生产过程中添加邻苯甲酸二丁酯作为增塑剂，这种成分可挥发至空气中，通过植物的呼吸作用由气孔进入叶肉细胞，破坏叶绿素并抑制其形成，危害植物生长。最后，残膜破坏了土壤的理化性状，造成作物根系生长发育困难，阻隔根系串通，影响作物正常吸收水分和养分；作物株间施肥时，大块残膜隔离会影响肥效，致使作物产量下降。

由于人口不断增加，耕地面积难以扩大，为保证粮食供应，使用农药来防治病虫草害，以换回农作物的损失显得尤为重要。化学农药在保护植被的同时，也给土壤造成了污染，破坏了农田固有的生态条件，且随着农药使用年限的延长，病虫草害的抗药性不断提高，迫使农药的用量逐年增加。为提高防治效果，剧毒、高残留农药应运而生，但随着使用年限的延长，药效也渐不如人意。同时，农药也使部分或全部虫草害天敌减少或灭亡，难以形成有效的生物防治链条，破坏了田间自然生态系统。

施肥是农业生产的重要措施，是增加作物产量的物质基础。我国农业历史悠久，数千年一直以施用机肥维持着农业的稳定和可持续发展。长期施用化肥会加速土壤酸化。氮肥在土壤中的因硝化作用产生硝酸盐。当氨态氮肥和许多有机氮肥转变成硝酸盐时，会释放出 H^+ 导致土壤酸化；此外，一些生理酸性肥料，如磷酸钙、硫酸铵、氯化铵在植物吸收肥料中的养分离子后使土壤中 H^+ 增多，耕地土壤的酸化与长期施用生理性肥料有关。土壤酸化不仅破坏土壤性质，而且会导致土壤中一些有毒有害污染物加速释放迁移或毒性增强，使微生物和蚯蚓等土壤生物减少，还会使土壤中一些营养元素加速流失。大量施用氮肥，给土壤引入了大量非主要营养成分或有毒物质，对土壤微生物的正常活动产生抑制或毒害作用。氮肥进入土壤后被分解为硝酸根等，硝酸根本身无毒，但若未被作物充分同化，其含量将迅速增加。人体摄入硝酸根后被微生物还原为亚硝酸根，可使血液的载氧能力下降，诱发高铁血红蛋白血症，严重时可使人窒息死亡；同时硝酸根还可在人体内转变成强致癌物质——亚硝胺，诱发各种消化系统癌变，危害人体健康。

4.3.3 农田污染土壤的生态修复

我国污染土壤防治与修复技术的研发需要针对土壤污染特征与发展趋势，既要满足解决土壤污染问题的需求，也要考虑国家的经济社会发展现状和相关技术的研发基础与条件。经过多年的研究与应用，包括生物修复、物理修复、化学修复及其联合修复技术在内的污染土壤修复技术体系已经形成，并积累了不同污染类型场地土壤综合工程修复技术应用经验，出现了污染土壤的原位生物修复技术和基于监测技术的自然修复技术等研究的新热点。

农业生态修复主要包括两个方面内容：一是生态修复，即通过调节如土壤生态因子而实现对污染物所处环境介质的调控，如土壤 pH 值、土壤氧化还原状况、土壤养分、土壤水分及气温、湿度等因素；二是农艺修复措施，如采取调整作物的品种、种植不进入食物链的植物、改变耕作制度、选择可以降低土壤重金属污染的化肥或增施能够固定重金属的有机肥等措施来降低土壤重金属含量。污染土壤生物修复技术（包括植物修复、微生物修复、生物联合修复等），在进入 21 世纪后得到了快速发展，成为绿色环境修复技术之一。

4.3.3.1 农田污染土壤的植物修复

自 20 世纪 80 年代以来，利用植物资源与净化功能的植物修复技术迅速发展。植物修复技术是目前最热门的研究技术，它是指利用绿色植物来去除环境中的污染成分或将其转化为无毒物质的过程。该技术利用植物根系吸收水分和养分的过程来吸收、转化污染物，以达到清除污染、修复或治理的目的。植物修复技术包括利用具有超积累或积累性功能的植物吸取修复、利用具有根系控制污染扩散功能和恢复生态功能的植物稳定修复、利用具有代谢功能的植物降解修复、利用具有转化功能的植物挥发修复、利用具有根系吸附功能的植物过滤修复等技术。可被植物修复的污染物有重金属、农药、石油和持久性有机污染物、炸药、放射性元素等。其中，重金属污染土壤的植物吸取修复技术在国内外都得到了广泛研究。

近年来，我国在重金属污染农田土壤的植物吸取修复技术应用方面在一定程度上开始引领国际前沿研究方向。但是，虽然开展了利用苜蓿、黑麦草等植物修复多环芳烃、多氯联苯和石油烃的研究工作，对有机污染土壤的植物修复技术的田间研究还很少。有机化合物能否被植物吸收，并在植物体内发生转移，取决于有机化合物的亲水性、可溶性、极性和分子。有机污染物的植物修复技术最初用于清除 TNT 的污染，但现在已在许多方面得到应用。植物修复技术不仅应用于农田土壤中污染物的去除，同时应用于人工湿地建设、填埋场表层覆盖与生态恢复、生物栖身地重建等。近年来，植物稳定修复技术被视为一种更易接受、可大范围应用并利于矿区边际土壤生态恢复的植物技术，也被视为一种植物固碳技术和生物质能源生产技术。

4.3.3.2 农田污染土壤微生物修复

微生物能以有机污染物为唯一碳源和能源，或者与其他有机物质进行共代谢而降解有机污染物。利用微生物降解作用发展的微生物修复技术是农田土壤污染修复中常见的一种修复技术。在我国，已构建了农药高效降解菌筛选技术、微生物修复剂制备技术和农药残留微生物降解田间应用技术；也筛选了大量的石油烃降解菌，复配了多种微生物修复菌剂，研制了生物修复预制床和生物泥浆反应器，提出了生物修复模式。在污染土壤的微生物修复技术中，主要通过微生物的代谢活动将其降解转化。在去除重金属污染方面，利用土壤中的某些微生物对重金属发挥吸收、沉淀、氧化和还原等作用从而降低土壤中重金属的毒性。据报道，日本发现了一种嗜重金属菌，能有效地吸收土壤中的重金属，但存在土壤与细菌分离这个比较棘手的问题。如果此问题得到妥善解决，用嗜重金属病菌吸收土壤中的重金属将是一种有很大发展前景的处理方法。

4.4 湿地土壤生态修复与治理

随着人口增长、工业化发展，以及农药、化肥的大量使用，过量的营养盐、重金属、有机污染物等土壤污染物引发的农田土壤污染，是当今全球面临的重大环境问题之一。健康的湿地生态系统具有对过剩营养盐和污染物吸收、转化和截留的"净化"功能，为解决农田污染问题提供了有效的途径。湿地生态系统作为农田与河流之间的缓冲带，对氮、磷、硫等营养盐，以及重金属、有机污染物等土壤污染物具有吸收、截留作用。

有关湿地是营养盐的"源"还是"汇"这一问题，普遍的观点是湿地有较高的污染自净能力，能有效地吸收固定氮、磷等营养元素，是天然的营养元素截留场地。但这一答案不是绝对的，而是相对的。受人为扰动的影响、随湿地本身形态与功能的变化，湿地可能变成营养盐和污染物的"源"。近几十年来，围垦、围堤、水利、航运等人为活动不断对湿地的形态结构造成深刻影响，湿地的净化功能退化或丧失的现象十分普遍，因此湿地的生态培育与恢复问题已成为湿地生态学的研究热点。湿地生态修复的主要目标是通过适度的调节手段修复湿地生态系统的特有功能。根据影响湿地净化能力的主要因素，针对以恢复湿地污染物净化功能为主要目标的生态恢复应遵循如下原则：

①恢复湿地的面积。随着湿地与流域面积之比减小，或水在湿地滞留时间减少，湿地对农业面源污染的净化能力相对减弱，湿地生态系统健康亦受到影响。一些研究表明：湿地与流域面积之比应为 1 : (45~100)，最好为 1 : (5.2~11)，而 1 : (333~5000) 是改善水质的最低线。

②恢复湿地的位置。为了达到改善整个流域水质的目的，湿地应处于有效拦截流域径流的位置，湿地与河岸缓冲林带相结合是消除农田污染最好的方法。

③恢复湿地植物和微生物。Hammer(1992)强调：湿地净化水的功能取决于植物、根层及微生物数量。因此，湿地生态恢复的关键是寻找到能够适应湿地环境并且能耐受和净化各种污染的湿地植物和微生物，同时可在大量试验和风险评价的基础上，引进耐污、去污能力强的外来物种。

4.4.1 湿地土壤污染的来源

湿地是地球上水陆相互作用形成的自然综合体。因地势低洼，人类活动产生的重金属可通过地表(下)径流、大气降尘等多种途径进入湿地，受水动力、沉积物吸附等因素影响，最终由水相转入固相，沉淀在泥土中或固结在植物体内，从而使湿地成为重金属的汇聚地。当水文环境发生变化或土壤重金属富集量超过限定值时，土壤中的重金属会通过动植物吸附、渗入地下水和地表水、吸附在细小颗粒物上漂移等途径，再次进入环境中产生二次污染，并可能通过食物链等途径威胁人体健康。重金属在湿地土壤中累积会破坏湿地生态环境，威胁生态系统平衡。

世界上很多重要湿地中都有油田分布，如美国的路易斯安那油田、乌克兰黑海油田，我国的胜利油田、大庆油田、辽河油田和大港油田，都位于湿地内。这些湿地土壤面临着石油污染加剧的严重威胁，一些油井口周围由于原油和油泥散落，也成为高污染范围区。石油在开采、冶炼过程中会产生大量的含油废弃物，这类物质主要包括含油岩屑、含油泥浆等，它们往往被堆放在厂矿周围，在堆放期间，经过雨水的冲刷、淋洗它们向周围环境中侵入相当数量的油，致使周围环境土壤中的石油烃类含量比非堆放区高出数倍。湿地污染的来源还有石油开发过程中的落地油、漏油和溢油，以及钻井泥浆和洗井废水等的排放。另外，油类经常被用作各种杀虫剂、防腐剂和除草剂的溶剂或乳化剂等成分，当使用这些农药时，油类就一同进入土壤，增大了土壤中石油烃含量，造成土壤污染。

4.4.2 湿地土壤污染的危害

重金属作为一类非降解性的有毒有害物质，进入河流或湖泊后经过一段时间的絮凝沉淀，大部分沉积于河流或湖泊底泥中，并在水生态环境改变时，通过一系列物理、化学反应再次释放到河流水体中，造成水环境的二次污染。大多数重金属在土壤中相对稳定，但是大量的重金属进入土壤后，就很难在生物物质循环和能量交换过程中被分解，更难以从土壤中迁出，逐渐对土壤的理化性质、生物特性和微生物群落结构产生严重不良影响，进而影响土壤生态结构和功能的稳定。这些重金属污染物还可以通过食物链的生物放大作用成倍富集，最终对人体健康和城市环境造成巨大威胁。

石油等有机化合物进入土壤后，会对土壤、植物、生物和水体等产生直接或间接的危害，进入湿地土壤的石油会附着在植物根系表面，影响植物根系的呼吸和吸水作用，从而抑制植物生长；石油中富含反应基，能与土壤无机氮、磷结合并限制其进行硝化作用和脱磷酸作用，从而使土壤中的有效氮、磷含量减少，影响植物对养分的吸收。土壤中的石油污染物还会对土壤动物和微生物造成毒害作用，特是其浓度较高时，对湿地土壤微生态环境的破坏容易引起土壤微生物群落、区系的变化。同时，进入湿地土壤的石油污染物还会通过渗透作用污染浅层地下水。石油中的某些苯系物质和多环芳烃具有致癌、致病变和致畸等作用，这些污染土壤的物质，经食物链的传递进入人体，在人体中逐渐积累，当积累的量达到人体所能承受的最大限度时，就会严重危及人体的健康，甚至危及生命。

4.4.3 湿地污染土壤的生态修复

湿地土壤是构成湿地生态系统的重要环境因子之一，在湿地特殊的水温和植被条件下，湿地土壤具有独特的形成和发育过程，表现出不同于一般陆地土壤的特殊的理化性质和生态功能，这些性质和功能对于湿地生态系统平衡的维持和演替具有重要作用。因此，在湿地的诸多定义中，有很多都将湿地土壤作为界定湿地的一条重要标准。

根据目前国内外对各类湿地恢复项目研究的进展，可以概括出以下几类湿地恢复技术：①废水处理技术，包括物理处理技术、化学处理技术、氧化塘技术；②点源、非点源控制技术；③土地处理（包括湿地处理）技术；④光化学处理技术；⑤沉积物抽取技术；⑥先锋物种引入技术；⑦土壤种子库引入技术；⑧生物技术，包括生物操纵、生物控制和生物收获等技术；⑨种群动态调控与行为控制技术；⑩物种保护技术，等等。这些技术中有的已经建立起一套比较完整的理论体系，有的正在发展。在许多湿地恢复的实践中，常常综合应用几种技术，并取得了显著效果。

湿地的再造及恢复首先要考虑方案的可行性；然后要确定恢复的目标，选择站点，查明湿地恢复的限制性因素和有利条件，进行选择区的评价；确定具体的恢复措施，拟订实施计划；最后，对再造及恢复湿地进行监测，通过综合评价对恢复的目标进行调整。在恢复和承建过程中，必须做好水分管理工作，任何湿地的自然水分状况都应在重建工作开始前进行测定，在有可能重建湿地水位时，就应尽可能重现自然水分条件。在对研究区进行选择和评估的时候，要把它放在一个景观尺度上给予考虑，保持恢复后湿地生态系统完整性，在考虑结构完整的同时，更要保证关键生态过程的修复。要充分考虑周边社区的经济活动及其利益，最大限度协调好与当地政府、周边居民的关系，以保证湿地恢复的可持续。

4.4.3.1 石油污染湿地土壤的生态修复

现阶段，石油污染湿地土壤生态修复方法主要有物理、化学和生物方法。物理和化学方法虽然见效快，但从经济和环境的角度来看成本较高，并且可能对土壤的物理、化学和生物学特征造成潜在的破坏。而生物修复是一种经济有效的方法，特别是在降低单一或混合的可生物降解物质的浓度方面，能取得理想效果。污染土壤生物修复技术的主要特点为：①成本低于热处理及物理和化学方法；②不破坏植物生长需要的土壤环境；③处理效果好，经过生化治理，污染物残留量可以达到很低水平；④对环境的影响小，无二次污染，生化治理最终产物为 CO_2、水和脂肪酸，对人无害；⑤可以就地处理，避免了集输过程的二次污染，节约了处理费用。与传统方法相比，生物修复对生态环境的破坏作用小，这对一些脆弱生态系统（如滨海湿地生态系统）的污染修复来说是尤为重要。

(1) 植物修复

所谓植物修复，狭义的定义是指利用植物生长来修复污染土壤。广义的植物修复指利用植物提取、吸收、分解、转化或固定土壤、沉积物、污泥及地表水、地下水中有毒、有害污染物的技术总称，具体包括植物萃取、根际过滤、植物固定等技术。

湿地植物通过根系生长疏松土壤结构，为微生物提供氧气，从而刺激了根际中的微生物降解作用。同时，植物根系分泌物能够为微生物生长提供养分，有很多研究发现植物能够明显增加石油烃类化合物污染湿地土壤中异样微生物和污染物降解菌的数量，除了能分泌用于维持根际微生物生长和活性的有机化合物促进微生物降解，从而间接进行植物修复以外，还有一些植物降解作用是植物通过向环境中分泌大量的酶（如过氧化物酶和脱氢酶等),将一些有机污染物直接降解或完全矿化。为了优化湿地植物修复,必须选择合适的植物品种,即所选植物要适应特定地点的条件,对特定的污染物有耐受性,并且有可能提升土壤微生物群落的数量和降解能力,这些是植物修复成功的关键。

(2) 微生物修复

石油污染湿地微生物修复主要通过投加外源微生物和改变环境因素或施加营养元素以刺激土著微生物的方式进行。由于湿地土壤环境与普通土壤环境存在较大差异,越来越多的研究表明,石油污染湿地微生物修复效果与环境因素密切相关,如风化过程、温度、可利用的氧浓度、可利用的营养基质浓度、pH 值和盐度。微生物降解作用由土壤和水生微生物进行的自然过程,许多细菌能够降解和转化石油中的化学物质。进行污染土壤修复时,最有效的方法之一是在生物修复过程中利用能够降解那些有毒化合物的微生物。细菌是迄今为止最普遍的湿地土壤微生物类型,这可能是由于细菌在环境中具有生长迅速的特点,并且具有将范围较广的底物作为碳源或氮源进行利用的能力。

(3) 植物-微生物联合修复

植物-微生物联合修复主要分为植物与污染物专性降解菌的联合修复、植物与菌根真菌的联合修复以及植物与根际促生菌的联合修复。在植物与污染物专性降解菌的联合修复中,大部分具有生物降解作用的细菌能有效地结合到植物根部,利用根系分泌物作为自身代谢的能源发挥对特定污染物的降解作用。在植物菌根真菌的联合修复中,菌根作为真菌与植物的结合体,有着独特的酶途径,可以降解不能被细菌单独转化的有机物,不仅能从微生物修复角度影响有机物降解,还能从植物修复角度影响有机物的降解。植物和根际促生菌的联合修复近年来也有较大发展,在这种联合修复作用中主要是微生物通过自身作用促进植物生长,从而增强植物吸收、降解污染物的能力。

4.4.3.2 重金属污染湿地土壤生态修复

(1) 植物修复

重金属污染的特点是不能被降解,而需要通过植物进行富集或通过微生物将其转移或降低其毒性,只能从一种形态转化为另一种形态,从高浓度变为低浓度,在生物体内积累富集。湿地生物修复技术是利用湿地植物根系改变根区的环境,湿地植物是微生物附着和形成菌落的场所,并促进微生物群落的发育,从而达到治理目的。植物修复技术是指以植物忍耐和富集某种或某些有机或无机污染物为基础,利用湿地植物或植物与微生物的共生体系,运用改良剂和生物学技术,来清除环境中污染物的一种环境污染治理技术;其中,针对重金属污染土壤的植物修复技术主要包括植物稳定技术和植物萃取技术。

①植物稳定技术:是指利用耐性植物将重金属吸收、累积到根部或迁移到根际,从而固定重金属的一种方法,这一过程削弱了重金属的流动性,也降低了其生物有效性并且能够防止其进入地下水和食物链,减少其对环境和人类健康的环境危害。植物可以通过根部直接吸收水溶性重金属,重金属在土壤中向植物根部迁移的途径有两种:一是质体流作用,在植物吸收水分时,重金属随土壤溶液向根系流动到根部;二是扩散作用,由于根际表面吸收离子,降低了根系周围土壤溶液离子浓度,引起离子向根部扩散。到达植物根系表面的重金属离子被植物吸收、浓缩,其生理过程可能为两种

方式：一种是细胞壁质外空间对中重金属的吸收；另一种是重金属透过细胞质膜进入植物细胞。超富集植物可以活化土壤中不溶态的重金属，植物的根系可以分泌质子，从而促进植物对土壤中重金属元素的活化和吸收。

②植物萃取技术：也称植物富集技术，指利用专性植物根系吸收一种或几种重金属，并将其转移、贮存到地上部分，然后收获茎叶，离地处理。金属离子进入根部以后，可以通过木质部转运至地表部分，也可以通过韧皮部使金属在体内重新分配。对某些金属积累的植物的木质部液体分析表明：有机酸参与了重金属的转运。超富集植物体内的有机酸可降低重金属的毒性，促进重金属的运输。

(2) 微生物修复技术

①微生物对重金属的生物积累和修复：采用微生物系统除去污水中的重金属离子，比传统方法更有潜力，可取得较高的效能，并降低成本。微生物与重金属具有很强的亲和性，能富集许多重金属。有毒金属被贮存在细胞的不同部位或被结合到细胞外基质上，通过代谢过程，这些离子可被沉淀，或被轻度螯合在可溶或不可溶性生物多聚物上。细胞对重金属盐具有适应性，通过平衡或降低细胞活性得到衡定条件；微生物积累重金属也与金属结合蛋白、肽以及特异性大分子结合有关。

②微生物对重金属的生物转化及修复：微生物能够改变金属离子存在的氧化还原形态，如某些细菌对 As^{5+}、Fe^{2+}、Hg^+、Se^{4+} 等元素有还原作用，而另一些细菌对 As^{3+}、Fe^{2+} 和 Fe 等元素有氧化作用。随着金属价态的改变，金属的稳定性也随之变化。有些微生物的分泌物可与金属离子发生络合作用，产 H_2S 细菌，又可使许多金属离子转化为难溶的硫化物被固定。微生物可对重金属进行甲基化和脱甲基化，其结果往往会增强该金属的挥发性，改变其毒性。甲基汞的毒性大于 Hg^{2+}，三甲基砷盐的毒性大于亚砷酸盐，有机锡毒性大于无机锡，但甲基硒的毒性比无机硒化物要低。

4.5　林地土壤生态修复与治理

森林是地球上最后一片"净土"，其面积占陆地面积的30%左右，是人类生存的基础。它提供诸如木材、食品、药物和其他工农业生产原料等，更重要的是，它能支撑与维持地球的生命支持系统，维持生命物质的生物地化循环与水文循环，维持生物物种与遗传多样性，净化环境，维持大气化学的平衡与稳定。然而人类的生产活动（采伐、毁林）、全球气候变化、酸雨、生物入侵、大气污染、森林土壤污染等使得森林受害的类型不断增加和发展，导致森林面积减少，生态系统多样性降低，自然灾害频频发生，等等。森林健康和环境污染压力问题日益引起人们的关注。

森林土壤是在气候、生物、母质、地形和时间等外在因素综合作用和影响下形成的历史自然体。它是森林生态系统的重要组成部分，并与其系统内其他生态因子如太阳辐射、降水、温度、森林植物、微生物、动物等进行不间断的物质和能量交换，促进森林生态系统的发展演变。土壤具有生产植物产品和净化污染物质的双重特殊功能。土壤中存在着大量有机、无机胶体，活的微生物和土壤动物，进入土壤的污染物质，通过土壤物理、化学和生物等过程，可不断被吸附、分解转化和迁移，从而使土壤有一定的净化能力，是一个良好的"活性过滤器"。但土壤环境的净化能力是有限的，当进入土壤环境的污染物质数量和速度超过它的净化能力或环境容量时，土壤遭受污染的同时亦失去"净化器"的作用，并将影响植物产品的质量和数量。

4.5.1 林地土壤污染来源

我国森林覆盖率远低于全球31%的平均水平，人均森林面积仅为世界人均水平的1/4，人均森林蓄积只有世界人均水平的1/7。到2020年，全国林地面积有$3.12108hm^2$（占国土面积的32.5%），森林面积$2.2×10^8hm^2$，森林覆盖率22.96%，天然林面积$19773×10^4hm^2$，占全国森林面积的64%。

林地包括郁闭度0.2以上的乔木林地、竹林地、灌木林地、疏林地、采伐迹地、火烧迹地、未成林造林地、苗圃地和县级以上人民政府规划的宜林地。在我国的林地上，有人工林面积$7984×10^4hm^2$，包括防护林、特用林、用材林、经济林、能源林。

林地土壤的污染主要来自人工林中用材林与经济林的林地，其他人工林中也有一些林地存在使用化学合成物质的污染的问题。此外，在一些林地中，也包括天然林中，进行了人工种植与养殖活动，也对林地土壤造成了污染。

4.5.2 林地土壤污染危害

酸沉降是造成土壤酸化的重要原因。酸沉降包括湿沉降和干沉降。湿沉降是指pH值小于5.6的雨、雪、雾等气象过程；干沉降是指大气中的硫氧化物、氮氧化物等酸性化学组分以及包含它们的微小颗粒或液滴沉降到陆地和水生生态系统的过程。因降雨是降水的主要形式，所以狭义上常把酸性降水称为酸雨。

酸沉降的产生与工业化的发展有着密切的关系。随着社会的发展，化石燃料能源的消耗量日益增加，燃烧过程中排放的硫氧化物(SO_2)和氮氧化物(NO_x)等酸性气体越来越多，使得酸沉降成为全球性的重大区域环境问题。酸沉降首先影响植被，然后经土壤和地下水影响水生生态系统。酸沉降对陆地生态系统中的生产者——绿色植物的影响大致可分为直接影响和间接影响。直接影响一般是指酸性物质沉降在植物表面积最大的植冠或林冠部分的叶子部位而引起的形态结构变化以及生理生化过程变化，导致植物生长量减少和生产率下降。间接影响则包括酸沉降通过对土壤化学性质的改变，如土壤pH下降、土壤盐基淋失、盐基饱和度下降和铝的活性增强等导致植物营养不良、生产率下降，或者通过对土壤微生物区系和活性的改变，如抑制土壤微生物的硝化、氨化和固氮作用等，改变土壤氮素水平和土壤养分循环，从而抑制植物的生长。在造成植被损害方面，通常认为间接影响更严重。

总之，酸沉降在我国已造成了极大的生态破坏和经济损失，每年仅森林损失一项就已经超过几百亿元。此外，土壤酸化还会导致硝酸根和重金属等离子的淋溶，从而污染地下水和地表水，对人类健康产生潜在的威胁。近年来，虽然我国实施了酸沉降控制战略，二氧化硫排放高速增长的势头已得到明显遏制，但是氮氧化物排放增长的趋势还会长期持续下去，因此我国的酸沉降危害，特别是土壤酸化问题，还将日益严重。

污染土壤的重金属主要有生物毒性显著的汞、镉、铅和类金属砷等元素，以及有一定毒性的铜、锌等元素。重金属对土壤的污染是不可逆的，而且短时间内很难被发现。重金属对土壤的污染会导致土壤中动物患病甚至死亡，还会导致土壤中微生物生物量下降、微生物生理活性下降及微生物群落结构发生变化。重金属随着化肥、农药、除草剂等化学合成物质进入土壤。

4.5.3 林地土壤生态修复

4.5.3.1 酸化林地土壤生态修复

酸化森林土壤的修复方法主要包括生态方法和化学方法两种。

(1) 生态方法

生态方法是指应用生态工程原理,采用适于当地生长的常绿阔叶抗酸树种,结合林地酸化土壤改良的生态系统恢复技术。选择适合当地生长的乡土抗酸树种作为构建群落的优势种,以增强植物抵御酸雨危害的能力。在生态恢复的幼林阶段,利用林分郁闭度低的特点,人工栽种豆科绿肥,并加施 N、P 等速效肥,采用这种生物技术加化学措施的办法,实现对林地土壤表层酸化的改良和促进林木生长。生态修复方法可以减少盐基阳离子的迁移,但是无法阻止强酸阴离子进入土壤溶液和径流。再者这种方法不但造价较高、见效慢,操作较为困难,而且对原有生态系统的影响存在很大的不确定性。

(2) 化学方法

目前普遍采用的是化学方法,即通过投加碱性物质来中和降水中的酸性成分,以实现对酸化土壤修复的目的,包括投加单一化学品、矿石、市政废物、脱硫副产物、炉渣等。国外关于酸沉降对生态系统的研究已有较长历史,同时为了抵消酸沉降引起的诸多负面效应及修复被酸化的土壤,也开展了很多在土壤中投加化学修复剂(如石灰石、菱镁矿、草木灰等)的研究及实践。在中欧(以及中国等其他地区),通过向土壤中投加石灰来改变土壤的营养状况的做法已经实行超过 100 年,早在大气酸沉降被人们认识到之前就已经开始。"十五"期间,杨永森等(2005)开始对酸化森林土壤的化学修复进行研究。以重庆铁山坪马尾松林下典型的酸化土壤为修复介质,将土壤溶液 pH 值和主要阴阳离子浓度作为测试指标,对石灰石和菱镁矿这两种化学修复剂的修复效果进行了为期一年的野外实验研究。观测结果验证了国外已有研究的结果,如投加石灰石或菱镁矿,均能有效提高土壤溶液的 pH 值和相应营养元素的含量,并降低了 Al^{3+} 的浓度,同时也会增加 NO_3^- 和 SO_4^{2-} 的淋溶等。但也发现了一些特别的现象,如投加石灰石和菱镁矿具有明显不同的效应,即投加菱镁矿的效果可能会更好,这无疑与森林的营养状况有关。特别是研究中还发现,修复剂的使用并未导致矿质土层中土壤溶液 DOC 浓度的升高,尽管原因尚不清楚,但这无疑对修复剂的大规模使用是极其有利的。

4.5.3.2 重金属污染林地土壤生态修复

(1) 植物修复技术

植物修复是指将在重金属污染土壤上种植某种特定的植物,该种植物对土壤中污染元素具有特殊的吸收富集能力,将植物收获并妥善处理(如灰化回收)后即可将该种重金属移出土体,达到污染治理与生态修复的目的。根据其作用过程和机理,可将其分为 3 种类型,即植物稳定技术、植物挥发技术、植物提取技术。

①植物稳定技术:是指利用耐重金属植物或超积累植物降低重金属的活性,通过金属在根部的积累、沉淀或根表吸收来加强土壤中重金属的固化,从而减少重金属被淋洗到地下水或通过空气扩散进一步污染环境的可能性。如:植物根系分泌物能够改

变土壤根际环境，改变多价态 Cr、As 的化合价态和形态，影响其毒性效应；植物的根毛可以直接从土壤交换吸附重金属，以增加根表固定。

②植物挥发技术：是利用植物的吸收、积累和挥发而减少土壤挥发性污染物的一种方法，即植物将污染物吸收到体内后将其转化为气态物质释放到大气中。目前，对该方法研究较多的是对 Hg 和 Se 的污染修复。例如，自然界 Se 的单质态占 75%，挥发态占 20%~25%，湿地上的某些植物通过植物体 ATP 硫化酶的作用，将土壤中的挥发态 Se 还原为可挥发的 CH、SeCH 和 $CH_3SeSeCH_3$，由此达到消除土壤挥发 Se 的目的。

③植物提取技术：即利用重金属超积累植物从土壤中吸取一种或几种重金属，并将其转移、贮存到地上部分，随后收割地上部分并集中处理，连续种植这种植物，可使土壤中重金属含量降低到可接受水平，其概念最早由 Chaney(1993) 和 Bakeretall(1994) 提出。目前，研究发现有 700 多种重金属超积累植物，一般对 Cr、Co、Ni、Cu、Pb 的积累量在 0.1% 以上，对 Mn、Zn 的积累量可达 1% 以上。

(2) 微生物修复技术

微生物修复技术即利用微生物自身的一些特性，通过其吸附能力，降低土壤中重金属的毒性，改变作物根际微环境，由此提高植物对重金属的吸收、挥发或固定效率。在重金属污染防治技术中，微生物修复技术具有独特的作用。如：Macaskie 等（2002）分离的柠檬酸菌，可分解有机质产生的 HPO_4^{2-} 与 Cd 形成 $CdHPO_4$ 沉淀；耿春女等利用菌根吸收和固定重金属 Fe、Mn、Zn、Cu 取得了良好的效果；硫酸还原菌、蓝细菌、动胶菌及某些藻类，能够产生胞外聚合物与重金属离子形成络合物；Frankenber 等以 Se 的微生物甲基化作为基础进行原位生物修复。

思 考 题

1. 简述我国土壤类型及其分布。
2. 土壤污染的基本特点和基本方式有哪些？
3. 简述不同土壤污染类型及其修复方式。
4. 简述污染物在土壤环境中的迁移方式和转化途径。
5. 简述土壤环境污染的生物检测技术。

推荐阅读

1. 环境污染与生态恢复. 黄铭洪. 科学出版社, 2003.
2. 土壤环境科学与工程. 赵烨. 北京师范大学出版社, 2012.
3. 环境土壤学. 第 2 版. 陈怀满. 科学出版社, 2010.

第5章
大气生态环境工程

[**本章提要**] 大气是人类和一切生物生存必不可少的环境要素之一,其重要性仅次于或近似等同于阳光对生命的意义。空气的质量直接影响我们接受阳光的量和类型,从而直接或间接地影响人类生活。植物绿化是防治大气污染的一种有效持久的方法。许多植物能够吸收空气中的有毒有害物质,并将这些物质在体内进行分解,转化为无毒物质。本章介绍了城市及工业大气污染现状及存在的问题,植物吸收净化大气污染物的过程及机理,并提出了植物绿化的生物防治工程设计措施。

5.1 大气环境存在的问题与风险

5.1.1 大气的组成

大气是由多种气体混合而成的,其组成可以分成三部分:干洁空气、水蒸气和各种杂质。干洁空气的主要成分是氮气、氧气、氩气和二氧化碳,其体积分数占全部干洁空气的 99.996%;氖气、氦气、氪气、甲烷等次要成分只占 0.004% 左右。

大气的垂直运动、水平运动、湍流运动及分子扩散,使不同高度、不同地区的大气得以交换和混合。因而从地面到 90km 的高度,干洁空气的组成基本保持不变,称为均质层。均质层以上的大气层中,以分子扩散为主,气体组成随高度而变化,称为非均质层。干洁空气的平均相对分子质量为 28.966,在标准状态下(273.15K,101325Pa),密度为 1.293kg/m³。二氧化碳和臭氧是干洁空气中的可变成分,对大气的温度分布影响较大。

二氧化碳来源于大气底层染料的燃烧、动物的呼吸和有机物的腐败分解等,因此它主要集中在 20km 以下的大气层内,其含量因时空而异,夏季多于冬季,陆地多于海洋,城市多于农村。

臭氧是大气中的微量成分之一,总质量约为 3.29×10^9t,占大气质量的四百万分之一。它的含量随时空变化很大:在 10km 以下含量甚微;在 10km 以上含量随高度增高而增加;到 20~25km 高空处,含量达到最大值,称为臭氧层;再向上又减少。臭氧层能大量吸收太阳辐射中波长小于 0.32μm 的紫外线,从而保护地球上有机体的生命活动。

大气中的水蒸气来源于地表水的蒸发,其平均体积分数不到0.5%,随时间、空间和气象条件而变化,其变化范围可达0.01%~4%。例如,在热带地区,其体积分数为4%;在沙漠或两极地区,其体积分数可小于0.01%。一般低纬度地区大于高纬度地区,夏季高于冬季,下层高于上层。观测表明,在1.5~2.0km高度上,空气中的水蒸气已减少到地面的1/2,在5km高度上则减少到1/10,再往上就更低了。

大气中水蒸气含量虽然很低,但却导致了各种复杂的天气现象,如云、雾、雨、雪、霜、露等。这些现象不仅引起大气中湿度的变化,而且还导致大气中热能的输送和交换。水蒸气和二氧化碳对地面和大气长波辐射的能量吸收较强,对地球起到保温作用。

大气中的各种杂质是由自然过程和人类活动排放到大气中的各种悬浮微粒和气态物质形成的。大气中的悬浮微粒有固体和液体两类。固体悬浮微粒由有机微粒和无机微粒组成,有机微粒较少,主要是微生物和植物的孢子、花粉等。无机微粒数量较多,主要有岩石或土壤风化后的尘粒,流星在大气层中燃烧后产生的灰烬,火山喷发后留在空气中的火山灰,海洋中浪花溅起在空中蒸发留下的盐粒,以及地面上燃料燃烧和人类活动产生的烟尘,等等。液体悬浮微粒指悬浮于大气中的雾滴等水蒸气凝结物。

大气中的各种气态物质,也是由自然过程和人类活动产生的,主要有硫氧化物、氮氧化物、一氧化碳、二氧化碳、硫化氢、氨气、甲烷、甲醛等。

在大气中的各种悬浮微粒和气态物质中,有许多是引起大气污染的物质。它们的分布是随时间、地点和气象条件的变化而变化的。通常是陆地多于海上,城市多于乡村,冬季多于夏季。它们的存在,对辐射的吸收和散射,对云、雾和降水的形成,对大气中的各种光学现象,皆具有重要影响,因而对大气污染也具有重要影响。

5.1.2 大气污染

国际标准化组织对大气污染的定义为:"大气污染通常是指由于人类活动和自然过程引起的某些物质进入大气中,呈现出足够的浓度,达到了足够的时间,并因此而危害了人体的舒适、健康和福利,或危害了生态环境。"对人体舒适、健康的危害,包括对人体正常生理机能的影响,急性病、慢性病,甚至死亡等;而福利,则包括与人类协调并共存的生物、自然资源,以及财产、器物等。

所谓人类活动,不仅包括生产活动,也包括生活活动,如做饭、取暖、交通等。自然过程,包括火山活动、森林火灾、海啸、土壤和岩石的风化、雷电、动植物尸体腐烂及大气圈空气的运动等。但是,由自然过程引起的空气污染,通过自然环境的自净化作用(如稀释、沉降、雨水冲刷、地面吸附、植物吸收等物理、化学及生物机能),一般经过一段时间后会自动消除(即使生态平衡自动恢复)。因此可以说,大气污染主要是由人类生产和生活活动造成的。

按照污染范围,大气污染可以分为以下4类:

①局部地区污染:局限于小范围的大气污染,如受到某些烟囱排气的直接影响。

②地区性污染:涉及一个地区的大气污染,如工业区及其附近或整个城市大气受到污染。

③广域污染:涉及比一个地区或大城市更广泛地区的大气污染。

④全球性污染：涉及全球范围的大气污染，如大气中硫氧化物、氮氧化物、二氧化碳和飘尘的不断增加和输送所造成的酸雨污染和大气的暖化效应。

按照能源性质和污染物的种类，可将大气污染分为以下4类：

①煤烟型：由煤炭燃烧放出的烟尘、一氧化硫等造成的污染，以及由这些污染物发生化学反应而生成的硫酸及盐类所构成的气溶胶污染。

②石油型：由石油开采、炼制，石油化工厂的排气，汽车尾气的碳氢化合物、氮氧化物等造成的污染，以及这些物质经过光化学反应形成的光化学烟雾污染。

③混合型：同时具有煤烟型和石油型的污染特点。

④特殊型：由工厂排放的某些特定污染物所造成的局部污染或地区性污染，其污染特征由所排污染物决定。

5.1.3 大气污染物及其来源

5.1.3.1 大气污染物

大气污染物是指由人类活动或自然过程排入大气的，并对人和环境产生有害影响的物质。大气污染物的种类很多，按其存在状态可概括为两大类：气溶胶状态污染物和气体状态污染物。

(1) 气溶胶状态污染物

气溶胶是指气体介质和悬浮在其中的分散粒子所组成的分散体系。在大气污染中，气溶胶粒子是指沉降速度可以忽略的小固体粒子、液体粒子或固液混合粒子。从大气污染控制的角度，按照气溶胶的来源和物理性质，可将其分为如下几种：

①粉尘：是指悬浮于气体介质中的小固体颗粒，受重力作用能发生沉降，但在一段时间内能保持悬浮状态。它通常是由固体物质的破损、研磨、分级、输送等机械过程，或土壤、岩石的风化等自然过程形成的。通常，又将粒径大于$10\mu m$的悬浮固体粒子称为落尘，它们在空气中能靠重力在较短时间内沉降到地面；将粒径小于$10\mu m$的悬浮固体粒子称为飘尘，它们能长期飘浮在空气中；将粒径小于$1\mu m$的粉尘称为亚微粉尘。

②烟：是指熔融物质经高温挥发并伴随一些化学反应而生成的气态物质经冷却凝结而成的固体粒子，粒径一般小于$1\mu m$。产生烟是一种较为普遍的现象，如有色金属冶炼过程中产生的氧化铅烟、氧化锌烟，在核燃料后处理厂中产生的氧化钙烟等。

③飞灰：是指随固体燃料燃烧产生的烟气排出的分散得较细的灰分。

④黑烟：一般是指由燃料燃烧产生的可见气溶胶。

⑤霾(或灰霾)：霾天气是大气中悬浮的大量微小尘粒使空气浑浊，能见度降低到$10\mu m$以下的天气现象，易出现在逆温、静风、相对湿度较大等气相条件下。

⑥雾：是气体中液滴悬浮体的总称。在气象中，雾是指造成能见度小于$1km$的小水滴悬浮体。

在某些情况下，粉尘、烟、飞灰、黑烟等小固体颗粒的界限，很难明显区分开，在各种文献特别是工程中，使用得较混乱。根据我国的习惯，一般可将冶金过程和化学过程形成的固体颗粒称为烟尘；将燃料燃烧过程产生的飞灰和黑烟，在不需要仔细区分时，也称为烟尘；在其他情况下，或泛指小固体颗粒时，则通称为粉尘。

在我国的《环境空气质量标准》中，还根据粉尘颗粒的大小，将其分为总悬浮颗粒物(total suspend particles，TSP)和可吸入颗粒物(inhalable particles，PM_{10})。总悬浮颗粒物指能悬浮在空气中，空气动力学当量直径$\leqslant 100\mu m$的颗粒物。可吸入颗粒物指能悬浮在空气中，空气动力学当量直径$\leqslant 10\mu m$的颗粒物。

2012年2月，新修订的《环境空气质量标准》中增加了PM 2.5监测指标。PM 2.5是指大气中直径小于或等于$2.5\mu m$的颗粒物，其直径还不到人的头发丝粗细的1/20，也称为可入肺颗粒物。与较粗的大气颗粒物相比，PM 2.5粒径小，富含大量的有毒、有害物质且在大气中停留的时间长，输送距离远，因而对人体健康和大气环境质量的影响更大。

(2) 气态污染物

气态污染物包括无机物和有机物两类。

①无机气态污染物：包括硫化物(SO_2、SO_3、H_2S等)、含氮化合物(NO、NO_2、NHS等)、卤化物(Cl_2、HCl、HF、SiF_4等)、碳氧化物(CO、CO_2)及臭氧、过氧化物等。

②有机气态污染物：包括碳氢化合物(烃、芳烃、稠环芳烃等)、含氧有机物(醛、酮、酚等)、含氟有机物(芳香胺类化合物、腈等)、含硫有机物(硫醇、噻吩、二硫化碳等)、含氯有机物(氯化烃、氯醇、有机氯农药等)。挥发性有机物(volatile organic compounds，VOCs)是易挥发的一类含碳有机物的总称，近年来VOCs引起的大气污染已受到广泛的关注。

气态污染物又可分为一次污染物和二次污染物。一次污染物是指直接从污染源排到大气中的原始污染物质；二次污染物是指由一次污染物与大气中已有组分或几种一次污染物之间经过一系列化学或光化学反应而生成的与一次污染物性质不同的新污染物质。在大气污染中受到普遍重视的一次污染物主要有硫氧化物(SO_x)、氮氧化物(NO_x)、碳氧化物(CO、CO_2)及有机化合物($C_1 \sim C_{10}$化合物)等；二次污染物主要有硫酸烟雾、光化学烟雾和酸雨。

5.1.3.2 大气污染源

大气污染物的来源包括自然过程和人类活动两个方面。人类活动排放的大气污染物主要来自3个方面：燃料燃烧、工业生产过程和交通运输。前两者称为固定源，后者(如汽车、火车、飞机等)则称为流动源。此外，在污染源的调查与评价中，还常按污染物的来源分为工业污染源、农业污染源和生活污染源三类。

根据大气污染源的几何形状和排放方式，污染源可分为点源、线源和面源；按离地面的高度可分为地面源和高架源；按排放污染物的持续时间可分为瞬时源、间断源和连续源。通常将工厂烟囱的排放当作高架连续点源；将成直线排列的烟囱、分级沿直线飞行喷洒的农药、汽车流量较大的高速公路等作为线源；将稠密居民区中家庭的炉灶和大楼的取暖排放当作面源。大城市和工业区各种不同类型的污染源都有，则称为复合源。

5.1.4 大气污染对植物的危害

很多植物对大气污染敏感，容易受到伤害。这是因为植物有庞大的叶面积，不断与空气接触并进行活跃的气体交换。而且，植物不像高等动物那样具有循环系统，可以缓冲外界的影响，为细胞和组织提供比较稳定的内环境。此外，植物根植于土壤之中，固定不动，不能躲避污染物的侵入，一旦大气污染物浓度超过植物的忍耐限度，植物便从外表形态、内部结构，尤其是化学成分上表现出一系列的反应特征，如细胞和组织器官受到伤害，生理功能和生长发育受阻，群落组成发生变化，甚至植物个体死亡、种群消失。

植物受大气污染物的伤害一般可分为可见伤害和不可见伤害（即隐性伤害）两大类型，可见伤害又可分为急性伤害、慢性伤害和混合性伤害。急性伤害指经高浓度大气污染物暴露后几个小时至几天内植物组织产生肉眼可见的坏死症状。慢性伤害指长期与低浓度污染物接触，因而生长受阻，发育不良，几天以至几年才呈现肉眼可见的失绿、早衰等现象。而隐性伤害是指在不产生肉眼可见症状的情况下产生可测生理或生化变化、植物生长量或产量的降低。大气污染物中对植物影响较大的是二氧化硫、氟化物、氧化剂和乙烯，氮氧化物也会伤害植物，但毒性较小。氯、氨和氯化氢等虽会对植物产生毒害，但一般是由于事故性泄漏引起的，危害范围不大。

5.1.4.1 SO_2对植物的影响

硫是植物必需的营养元素。空气中少量SO_2经叶片吸收后可进入植物体内，参与体内硫代谢过程。在土壤缺硫条件下，大气中含少量SO_2对植物生长有利。但如果大气中SO_2浓度超过了植物的耐受上限值，就会引起伤害，这一极限值称为伤害阈值，它因植物种类和环境条件而异。综合大多数已发表的数据，SO_2对植物慢性伤害阈值的范围在$25\sim150\mu g/m^3$。

典型的SO_2伤害症状出现在植物叶片的脉间，呈不规则的点状、条状或块状坏死区，坏死区和健康组织之间的界限比较分明，坏死区颜色以灰白色和黄褐色居多，有些植物叶片的坏死区在叶子边缘或前端。SO_2伤害和叶子年龄很有关系，在大多数情况下同一株植物上刚完成伸展的嫩叶最易受害，尚未伸展或未完全伸展的嫩叶抗性较强；较老叶子的抗性也较强，但如果已进入衰老期，有的植物则表现为加速黄化和提早落叶。

SO_2经过气孔进入叶组织后，溶于浸润细胞壁的水分中成为SO_3^{2-}或HSO_3^-，并产生H^+，H^+会降低细胞pH值，干扰代谢过程；SO_3^{2-}或HSO_3^-会破坏蛋白质的结构，使酶失活。因此，SO_2对植物细胞的毒性与这3种离子有关。SO_3^{2-}或HSO_3^-可以被细胞氧化成SO_4^{2-}，SO_4^{2-}的毒性远比SO_3^{2-}或HSO_3^-小，而且可以被植物作为硫源利用，所以这种氧化过程被认为是解毒过程。如果SO_2进入的速度超过了细胞对它的氧化速度，SO_3^{2-}或HSO_3^-积累起来，便会引起急性伤害。在继续不断地吸收并氧化SO_3^{2-}的情况下，SO_4^{2-}的积累量超过了细胞耐受的程度，就会造成慢性伤害。此外，在SO_3^{2-}氧化为SO_4^{2-}的过程中可能产生自由基，这些自由基引起膜类脂的过氧化，从而伤害膜系统。

5.1.4.2 氟化物对植物的影响

大气的污染物主要为HF、F_2、SiF_4（四氟化硅）、H_2SiF_6（氟硅酸）等，其中排放量最大、毒性最强的是HF。大气氟化物的排放量远比SO_2小，影响范围也小些，一般只在污染源周围地区，但氟化物中的主要成分HF对植物的毒性很强。空中HF含量接触数十天可使敏感植物受害。氟是积累性毒物，植物叶子能连续不断地吸收空气中极微量的氟，吸收的氟化物沿导管向叶片的尖端和叶缘部分移动，因而叶尖和叶缘的氟化物含量较高。进入叶片的氟化物与叶片内的钙发生反应，生成难溶性的氟化钙化合物，沉积于叶尖及叶缘的细胞间，当浓度积累到一定程度时即表现症状。

植物受氟伤害的典型症状是叶尖和叶缘坏死，受害叶组织和正常叶组织之间常形成明显的界限，有时两者之间会产生一条红棕色带。氟污染容易危害正在扩展中的未成熟叶片，因而常常使植物枝梢顶端枯死。此外，氟伤害还常伴有失绿和过早落叶现象，使植物生长受抑制，对结实过程也有不良影响。实验证明，氟化物对花粉粒发芽和花粉管伸长有抑制作用。氟污染可使桃、杏等果实在沿缝合线处的果肉过早成熟，呈现红色、软化，使果实品质下降。

氟在组织内能和金属离子如钙、镁、铜、锌、铁或铅等结合，可以对氟起解毒作用，但这些对植物代谢有重要作用的阳离子被氟结合，容易引起元素缺乏症，如缺钙症等。

HF 对植物可产生酸型烧灼状伤害。F^- 是烯醇化酶的强烈抑制剂，使糖酵解受到抑制后，此时 G-6-P 脱氧酶被活化，使五碳糖途径畅通，这可能对植物适应一定浓度氟具有实际意义。实验表明，唐菖蒲敏感品种的呼吸主要依赖糖酵解途径，而抗性品种则较多地依赖五碳糖途径。F^- 还能够抑制同纤维素合成有关的葡萄糖磷酸变位酶的活性，因而阻碍燕麦胚芽鞘的伸长。

5.1.4.3 氧化剂对植物的影响

氧化剂以 O_3 为主，占总氧化剂的 85%～90%，其次为过氧乙酰硝酸酯（PAN），此外还有一些醛类等。

O_3 通过气孔进入植物叶片，首先破坏表皮细胞和栅栏组织。色素沉着是落叶树、灌林和草本植物最普遍出现的 O_3 伤害形态，导致叶片的上表面出现轮廓清晰的斑点，根据植物种类的不同，这些斑点可分为暗红色、黑色、红色或紫色。此外，随污染程度不同，部分植物还可能发生失绿、斑块和褪色，针叶树还会出现顶部坏死现象。对 O_3 污染，中龄叶敏感，未伸展幼叶和老叶有抗性，这与 SO_2 的伤害症状相似。

PAN 的叶伤害症状比较特殊，双子叶植物（如菠菜、糖用甜菜和叶用甜菜）的伤害特征是叶片下表面出现玻璃质状或青铜色。显微镜镜检表明，受 PAN 伤害的叶片，其叶肉海绵组织，尤其是气孔区附近的海绵组织原生质体会皱折收缩，由此产生的空隙呈玻璃质状等外观形态构成典型的 PAN 伤害形态，表皮不直接受害。当 PAN 浓度增加时，栅栏组织也会受到影响，产生玻璃质状镶边的棕色坏死斑，其结果为叶片出现双面坏死。一般而言，单子叶植物比双子叶植物更容易出现双面坏死现象。

与 SO_2 伤害不同，氧化剂伤害在不出现可见症状的情况下也会使植物生长明显受阻，这是由于质体破坏，一些酶活性受抑制，从而降低了光合能力造成的。O_3 和 PAN 还使希尔反应和光合磷酸化受阻，也抑制氧化磷酸化过程，使细胞膜的选择透性发生变化，严重时会使细胞分隔作用解体，引起代谢紊乱。细胞膜透性被破坏的后果使得谷氨酸从线粒体和叶绿体中进入细胞质，进而使之脱羧变成 γ-氨基丁酸，γ-氨基丁酸的积累意味着细胞分隔作用解体。被破坏植物受 PAN 伤害的一个特点是：植物如果在暴露PAN前处在黑暗中则其抗性强，如果其受光照2~3h后再暴露，就变得敏感。研究表明，这与植物叶绿体中具有含双硫键的蛋白有关，该类蛋白在光合作用下硫基增加，导致含硫基的酶易受PAN氧化而失去活性。

5.1.4.4 乙烯对植物的影响

乙烯是植物的一种内源激素，对植物生长发育起极其重要的调控作用，很低浓度的乙烯即能对植物产生显著的生理影响，调节其生长和发育，如脱叶和果实成熟等。天然气、煤、石油以及植物体和垃圾等的不完全燃烧都会产生乙烯，汽车排出的废气中含有乙烯。当环境空气受乙烯污染时，就会干扰植物的正常生长发育，当空气中乙烯体积分数为 $10 \sim 100 \mu L/m^3$ 时就能引起许多植物生长异常，落花落果，造成农林业损失。乙烯对植物的影响不像其他污染物那样破坏植物组织，而是影响植物生长、繁殖的各个过程，影响作用表现于多方面。

偏上反应是植物在乙烯胁迫下的一种典型反应，即在乙烯影响下，叶柄上下两侧细胞的相对生长速率发生改变，上侧细胞比下侧细胞生长快，致使叶柄向下弯曲，叶片下垂。一般来说，幼嫩叶子容易发生偏上反应，老叶反应不敏感。偏上反应是可逆的，当脱离乙烯接触后，叶柄能逐渐恢复正常。乙烯的另一个作用是引起植物叶子、花蕾、花和果实的脱落，影响某些农作物产量和花卉的观赏效果。如棉花、芝麻、油菜、番茄、胡椒等作物易受乙烯影响而落花落蕾，乙烯污染源附近的大叶黄杨、苦楝、女贞、香樟、夹竹桃等易出现不同程度的异常落叶现象。

有一些植物因接触乙烯而产生不正常的生长反应，如茎变粗、节间变短、顶端优势消失、侧枝丛生等。乙烯能使一些植物的繁殖器官发生各种异常反应。例如，香石竹、紫花苜蓿、夹竹桃等正在开放的花在暴露乙烯下发生闭花现象(又称"睡眠"效应)；使荷花玉兰的花瓣和花萼脱水枯萎，使菊花、美人蕉、木槿花朵畸形、花期缩短；使向日葵、蓖麻、小麦等结实不良，空秕率上升，使西瓜、桃等产生畸形果和开裂果，坐果率降低。

叶片和果实失绿也是乙烯的常见效应，这与脱落和提早成熟有关，是衰老加速的表象。失绿是由乙烯使植物的叶绿素酶活力提高和叶绿素的分解加速所造成的。

5.1.5 全球性大气污染问题与风险

全球性大气污染问题目前主要包括温室效应、臭氧层破坏和酸雨三大问题。

5.1.5.1 温室效应与全球气候变暖

(1) 温室气体和温室效应

大气中的二氧化碳和其他微量气体(如甲烷、一氧化二氮、臭氧、氟氯烃、水蒸气等)，虽然可以使太阳短波辐射几乎无衰减地通过，但却能吸收地表的长波辐射，由此引起全球气温升高的现象，称为"温室效应"。二氧化碳和上述那些微量气体，则称为"温室气体"。在这些温室气体中，CO_2 是最重要的温室气体，它对温室效应的贡献率达50%~60%，其次是氯氟烃、甲烷和氧化亚氮，对温室效应的贡献率各占24%、15%和6%。因此，大气中二氧化碳浓度上升是造成温室效应与全球气候变暖的主要原因。

目前，气溶胶的制冷作用也逐渐显现。大气气溶胶是悬浮在大气中的悬浮颗粒，包括沙尘、烟尘、扬尘、硫酸盐颗粒、硝酸盐颗粒、火山尘和其他有机颗粒物等。尽管气溶胶在大气中含量较低，但它们通过对太阳辐射和地面长波辐射的散射和吸收，影响着大气的加热或冷却，进而影响整个地气系统的辐射平衡。同时，它们通过改变云的微物理结构进而影响云的辐射特性。在地球能量平衡中，气溶胶和云能吸收和放射红外线，但也反射太阳辐射。因此，它们的总体效果是使地球表面变冷。目前的研究表明，气溶胶的冷却效应与温室气体的加热效应在同一个数量级上，在局部地区，气溶胶的冷却效应甚至可能超过温室气体的加热效应。根据联合国政府间气候变化专门委员会(IPCC)的报告，气溶胶在过去几个世纪里已经减轻了预期的全球变暖程度。气溶胶在大气中的停留时间较短，一般只有几天，因此气溶胶的制冷效应和污染物排放量的变化密切相关。

(2) 温室效应对全球气候的影响

据监测，1850 年以来，人类活动使大气中 CO_2 的体积分数由 280×10^{-6} 增加到 1990 年的 354×10^{-6} 左右。预计到 21 世纪中叶，大气中 CO_2 的体积分数将达 $540\times10^{-6}\sim970\times10^{-6}$。

除 CO_2 外，大气中其他温室气体的含量也在不断增加。200 多年前大气中 CH_4 的体积分数为 800×10^{-9}，1992 年增加到 1720×10^{-9}；18 世纪 60 年代前，大气中 N_2O 的体积分数为 285×10^{-9}，现在已升至 310×10^{-9}，每年以 0.2%~0.3%的比例增加。

根据 IPCC 在 1990 年第一次气候变化评估报告中指出，过去的 10 多年中，全球平均地面气温已升高 0.3~0.6℃，地球上的冰川大部分后退，海平面上升了 14~25cm。1997 年，IPCC 发表的第四次全球气候变化评估报告指出，气候变暖已经是毫无争议的事实，人类活动很可能是导致气候变暖的主要原因。

(3) 气候变化对生态系统的影响

如果气温升高幅度超过 1.5℃，全球 20%~30%的动植物物种面临灭绝的威胁；如果升高幅度超过 3.5℃，全球 40%~70%的动植物物种面临灭绝的威胁。

(4) 温室效应的防治对策

①控制温室气体的排放：控制温室气体排放的途径是大力发展清洁型能源（核能、太阳能、水能、风能等），提高能源转换率和利用率，减少能耗，控制污染型能源（煤、石油、天然气）的使用量，减少对森林植被的破坏，控制水田和垃圾填埋场的甲烷排放等。

②增加温室气体的消耗：其主要途径有植树造林、发展 CO_2 化工和采用固碳技术等。树木可以吸收 CO_2 等温室气体，发展 CO_2 化工可将 CO_2 作为化工原料加以利用。固碳技术指把燃气中的 CO_2 分离回收，然后注入深海或地下，或通过化学、物理、生物方法固定。

5.1.5.2 臭氧层破坏

(1) 消耗臭氧层物质

臭氧层是由氧吸收太阳紫外线辐射而生成的臭氧在 10~50km 的高层大气中弥漫形成的保护层。它极其稀薄，还不到空气的千万分之一。但就是这一点点臭氧，对人类的作用必不可少，它能吸收 220~330nm 范围内的紫外光，调节紫外线强度，从而保护地球上各种生命的存在、繁殖和发展。20 世纪 70 年代中期，科学家发现南极上空的臭氧层有变薄现象。80年代观测发现，南极极地上空臭氧层中心地带近90%的臭氧被破坏，与周围相比形成了一个直径达上千千米的臭氧洞。2000年，南极上空臭氧洞面积首次超过 $2800\times10^4 km^2$，相当于4个澳大利亚的面积。2005年9月9~10日，南极上空臭氧洞面积创纪录的达到 $3000\times10^4 km^2$。与20世纪70年代相比，现在北半球中纬度地区冬、春季臭氧层减少了6%，夏、秋季减少了3%；南半球中纬度地区全年平均减少了5%；南、北极春季分别减少了50%和15%。

研究发现，破坏臭氧层的主要物质是氮氧化物和氟利昂。前者主要是由于火箭和超音速飞机在平流层飞行时释放的和核爆炸后浮升的；后者是空调、冰箱的制冷剂和喷雾剂的载体泄漏之后上升至臭氧层。氟氯烃的化学稳定性好，在对流层不易被分解而进入平流层，受到紫外线的照射被分解为氯自由基，参与臭氧的消耗。氯自由基在反应中并不损耗，可在平流层中存在数十年甚至上千年，一个氯自由基可消耗数十万个臭氧分子。它们都能在光的作用下和臭氧发生链式反应，把臭氧变成氧。

(2) 臭氧层破坏对生态系统的影响

地球上的生物经历了漫长岁月的进化已能承受正常条件下(即受臭氧层保护的条件下)抵达地球表面的紫外线辐射量。生物利用保护覆盖层和色素沉着、避开阳光的行为适应等途径保护自己免受紫外线辐射的伤害。借助这些途径，生物可以适应一定程度的紫外线暴露的变动，但是紫外线辐射显著增加可能会干扰现有的生态平衡。

人们发现不同种类的植物在室内受到强的UV-B辐射时，反应具有明显差异。豌豆和小麦等作物显示出一定的抗性，而莴苣、番茄、大豆、棉花等作物则相当敏感。一般而言，幼苗对紫外辐射要更敏感一些。将UV-B辐射强度增大到模拟平流层中臭氧减少30%~50%的程度，所研究的野生植物种和作物种中有1/2左右可以观察到叶片出现解剖学变化，光合作用遭到破坏，生长速率降低。一个品种的大豆在模拟平流层中臭氧减少25%时的UV-B辐射下暴露后，产量降低25%以上。UV-B辐射能够改变某些植物的繁殖能力，还会改变收获物的品质。

(3) 臭氧层破坏的应对措施

开发消耗臭氧层物质的替代技术和物质是减少臭氧层破坏的主要措施。目前，许多国家都在开发氟利昂类物质的替代物质和方法，如水清洗技术、氨制冷技术等。发达国家以更快的速度和更低的成本停止了氟利昂的使用。为了推动氟利昂替代物质和技术的开发和使用，许多国家都采取了一系列政策措施。

保护臭氧层受到了国际社会的关注。1985年，28个国家通过了保护臭氧层的《维也纳公约》。1987年，46个国家联合签署了《关于消耗臭氧层物质的蒙特利尔议定书》，提出了8种受控物质消减使用时间的要求。1990年、1992年和1995年的3次议定书缔约国国际会议扩大了受控物质的范围，现包括氟利昂(CFCs)、哈龙(CFCB)、四氯化碳(CCl_4)、甲基氯仿(CH_3CCl_3)、氟氯烃(HCFC)和甲基溴(CH_3Br)等，并提前了停止使用的时间。修改后的议定书规定：发达国家于1994年1月停止使用哈龙，于1996年1月停止使用氟利昂、四氯化碳、甲基氯仿；发展中国家于2010年全部停止使用者4种ODSs。我国于1990年加入了《蒙特利尔议定书》。到1995年，发达国家已停止使用大部分受控物质，但发展中国家的使用量仍有增长。

目前，向大气中排放的ODSs总量已开始减少，对流层中ODSs含量开始下降，但前些年排放的长寿命 CFCs 还在上升进入平流层，故平流层中的 ODSs 含量还在增加，预计未来几年平流层中 ODSs 含量会开始下降。但由于氟利昂相当稳定，即使《蒙特利尔议定书》得到完全履行，预计臭氧层要在 2050 年后才可能完全复原。

5.1.5.3 酸雨

(1) 酸雨的形成

酸雨是指 pH<5.6 的酸性降水，但现在泛指以湿沉降或干沉降形式从大气转移到地面的酸性物质。湿沉降包括降落到地面的酸性雨、雪，干沉降则指降落到地面的酸性颗粒物。

酸雨的形成是一个复杂的大气化学和大气物理过程。SO_4^{2-} 和 NO_3^- 是酸雨的主要成分，它们主要由废气中的硫氧化物(SO_x)和氮氧化物(NO_x)转化而来。其中 SO_2 可以通过催化氧化作用、光氧化作用以及与光化学作用形成的自由基结合，形成三氧化硫。NO_x 转化为硝酸的机理与 SO_2 类似。大气中形成的硫酸和硝酸可与漂浮在大气中的颗粒物形成硫酸盐和硝酸盐气溶胶，它们粒径很小，有更长的生命周期以进行远距离迁移。水蒸气凝结在硫酸盐、硝酸盐等微粒形成的凝结核上形成液滴，液滴吸收 SO_x、NO_x 和气溶胶粒子，并相互碰撞、絮凝而组合在一起形成云和雨滴，而云下的酸性物质则会被雨滴从大气中捕获、吸收、冲刷带走。

20 世纪六七十年代，酸雨最早发生在挪威、瑞典等北欧国家，随后扩散至整个欧洲。80 年代，整个欧洲的降水的 pH 为 4.0~5.0。美国和加拿大东部地区是世界第二大酸雨区，其中加拿大有 1/2 的酸雨来自美国。这是由于酸雨污染可以发生在距其排放地 500~2000km 的范围内，酸雨的长距离传输会造成典型的越境污染问题。我国南方是世界第三大酸雨区。

(2) 酸雨对生态系统的影响

①使淡水湖泊、河流酸化，鱼类和其他水生生物减少：当湖水、河水的 pH<5.0 时，鱼的繁殖和发育受到严重影响；土壤和底泥中的金属可被溶解到水中，毒害鱼类和其他水生生物。

②影响森林生长：酸雨损害植物的新生叶芽，从而影响其生长发育，导致森林生态系统退化。据报道，欧洲有 15 个国家的约 $680×10^3 km^2$ 的森林受到酸雨的破坏。酸雨对中国森林的危害主要发生在长江以南的省份。据统计，四川盐地受酸雨危害的森林面积最大，约 $28×10^4 hm^2$，占林地面积的 32%；贵州受害森林面积约 $14×10^4 hm^2$。根据某些研究结果，仅西南地区，酸雨造成森林生产力下降，共损失木材 $630×10^4 m^3$，直接经济损失 30 亿元(按 1988 年市场价计算)。

③影响土壤特性：酸雨可使土壤释放某些有害的化学成分(如 Al^{3+})，危害植物根系的生长；酸雨抑制土壤中有机物的分解和氮的固定。淋洗土壤中 Ca、Mg 和 K 等营养元素，使土壤贫瘠化。

④影响农作物生长：导致农作物大幅度减产。如酸雨可使小麦减产 13%~34%，大豆、蔬菜也容易受到酸雨危害，使蛋白质含量和产量下降。

(3) 酸雨的应对措施

控制二氧化硫和氮氧化物的排放是控制酸雨的主要措施。主要包括以下具体几个方面：①对原煤进行洗选加工，减少煤炭的硫含量；②优先开发和使用各种低硫燃料，如低硫煤和天然气；③改进燃烧技术，减少燃烧过程中二氧化硫和氮氧化物的产生量；④采用烟气脱硫装置，脱除烟气中的二氧化硫和氮氧化物。

控制酸雨污染是大气污染防治法律和政策的一个重要领域，它包括两方面措施：一种是政策手段，即通过制定法律和空气质量标准、实行排放许可制度等途径，要求采用最佳可用技术进行治理，以降低污染物的排放量；另一种是经济手段，即通过征收环境税、发放排污许可证和排污权交易等多种途径，刺激和鼓励削减二氧化硫排放量。

在国际方面，1972年以来，欧洲、美国、加拿大等国家和地区召开了一系列国际会议，研讨控制酸雨的对策，提出了消减SO_2和NO_x排放的协定。20世纪80年代，我国政府组织了较大规模的研究和监测，其后制定了SO_2排放标准和SO_2排污收费政策等一系列政策法规。1998年，国务院批复了国家环保局上报的酸雨控制区和SO_2污染控制区(两控区)方案。目前，我国正在大规模开展包括燃料脱硫、燃烧过程脱硫和烟气脱硫在内的各种减排SO_2工作。为了控制NO_x对酸雨的贡献，我国从2004年开始实行了NO_x排污收费制度，并将制定其他减排的NO_x措施。

5.2 大气污染的植物修复(植物对大气污染的净化)

5.2.1 植物对大气污染的抗性

植物长期生活于一定的生态环境中，与环境不断地相互作用和相互影响而保持相对稳定的动态平衡。外界出现不良条件，植物可通过本身的调节作用迅速适应，以求得生存和发展。因此，任何植物对外界的不良条件都有一定的抵抗能力。植物对有害气体表现抗性，是在大气污染区应用植物净化空气的先决条件。

植物对有害物质的抗性包括避性和耐性。避性是植物体抗御有害物质入侵和伤害的能力。当大气污染物超过其在正常环境中的含量时，植物可通过形态解剖学、生理学和生态学特性保护机体，避免伤害，或者少吸收、不吸收有害物质；或者吸收一定数量的有害物质，再通过生理生化作用进行降解或排出体外。耐性是植物对进入体内并积累于一定器官内的有害物质的忍耐能力。在污染环境中，一些植物能吸收和积累较多的有害物质而不受害或受害轻，具有较大的容忍量。植物对有害物质一般既有避性，也有耐性。但有些植物以避性为主，有些植物以耐性为主。中国特有的孑遗植物银杏对大气氟污染有较强的抗性，因为其叶片有蜡层保护，对氟的吸收积累量很低，它对氟的抗性以避性为主。榆树对大气氟污染也有较强的抗性，因为其叶片对氟污染具有较高的吸收积累量，它的抗性以耐性为主。

植物的抗性指标有形态解剖指标、生理生化指标和生态学指标。形态解剖指标包括气孔构造、栅栏和海绵组织的比例、角质层和木栓层的厚度及根套的有无等。比如夹竹桃，叶片厚，革质，有复表皮层，表皮细胞壁厚，角质层厚，气孔分布在气孔窝内，并有表皮毛覆盖，栅栏组织不发达，机械组织发达。这些综合的形态特征，使夹竹桃对各种有害气体都具抗性。生理生化指标包括细胞膜透性、细胞质含水量、酶系统活性或细胞内结合物质(如谷胱甘肽、类金属硫蛋白等)的含量等，比如植物体内存在清除自由基的机制，可减少自由基造成的对植物的伤害。其中最主要的是超氧化物歧化酶，可以通过催化氧化反应，清除由于 SO_2 污染产生的超氧离子（O_2^-），从而避免对细胞的伤害。生态学指标包括根的分布特性、根际效应状况等。

5.2.2 城市大气污染的植物修复过程与机理

植物修复大气污染的主要过程是持留和去除。持留过程涉及植物截获、吸附、滞留等，去除过程包括植物吸附与吸收、代谢降解、转化、同化和超同化等。有的植物有超同化的功能，有的植物具有多过程的作用机制。

(1) 吸附与吸收

植物对于污染物的吸附与吸收主要发生在地上部分的表面及叶片的气孔。植物的枝干表面可以吸附吸收气体分子、固体颗粒及溶液中的离子。在很大程度上，吸附是一种物理性过程，其与植物表面的结构如叶片形态、粗糙程度、叶片着生角度和表面的分泌物有关。植物可以有效地吸附空气中的浮尘、雾滴等悬浮物及其吸附着的污染物。如 O_3、SO_2 等可以被吸附在植物叶面、枝干上的灰尘中，尤其是对污染物不敏感的植物均可吸附大量污染物。已有研究表明，植物表面可以吸附亲脂性的有机污染物，其中包括多氯联苯（PCBs）和多环芳烃（PAHs），其吸附效率取决于污染物的辛醇-水分配系数。

植物可以吸收大气中的多种化学物质，包括 SO_2、Cl_2、HF、重金属（Pb）等。植物吸收大气中污染物主要是通过气孔，并经由植物维管系统进行运输和分布。对于可溶性的污染物包括 SO_2、Cl_2 和 HF 等，随着污染物在水中溶解性提升，植物对其吸收的速率也会相应提升。湿润的植物表面可以显著增加对水溶性污染物的吸收。光照条件由于可以显著地影响植物生理活动，尤其是控制叶片气孔的开闭，因而对植物吸收污染物有较大的影响。对于挥发或半挥发性的有机污染物，污染物本身的物理化学性质，包括分子量、溶解性、蒸气压和辛醇-水分配系数等，都直接地影响到植物的吸收。气候条件也是影响植物吸收污染物的关键因素。有研究认为，大气中约44%的PAHs被植物吸收。另外，研究发现植物还可以吸收空气中的苯、三氯乙烯和甲苯。

由于植物的形态生理等形状不同，各种植物对污染物的吸收量不尽相同。北京市园林绿化局调查表明，对二氧化硫的吸收能力以阔叶树最强，为 $12.0kg/hm^2$，柏类为 $34.3kg/hm^2$，杉类、松类为 $9.8kg/hm^2$。对氟化物的吸收能力也以阔叶树最强，最高可达 $4.68kg/hm^2$，果树其次，侧柏、油松等最弱。不同植物对不同污染物的吸收能力有较大的差异，因此，选择合适的植物种类是取得植物修复成功的一个关键环节。

(2) 代谢降解

植物可以通过代谢过程降解污染物或通过酶等物质分解体内的污染物。据研究，在生长季植物树冠的吸收作用可使大气中的 H^+、NO_3^- 和 NH_4^+ 减少 50%~70%，NH_3 几乎被全部吸收。研究表明，植物含有代谢异生素的专性同工酶及相应基因，以束缚保存代谢产物，如过氧化物酶、脱卤酶、硝基还原酶等可直接降解大气中的有机污染物。同位素标记实验证明，植物中的酶可以降解三氯乙烯，最终形成二氧化碳和氯气。

(3) 植物转化

植物通过生理过程可将污染物转化为其他形态以降低其对自身的毒性，如将空气中的氮氧化物转化为氮气或植物体内的氮素；利用专性植物体内的超氧化物歧化酶、过氧化物酶等吸收并转化臭氧。

植物转化过程与植物降解过程有一定的区别,因为转化后的污染物分子结构不一定比转化前的更简单。转化后的产物有可能比转化前物质具有更高或更低的生物毒性,但一般对植物本身无毒或低毒。对于这两种不同的转化结果,毒性提高的可称之为植物增毒作用,毒性降低的称之为植物解毒作用。如何防止植物增毒和如何强化植物解毒是利用植物转化修复大气污染物的关键。使植物将有毒有害的污染物转化为低毒低害或完全无毒无害的物质应是主攻方向。例如,利用基因工程技术使植物将空气中的NO_x大量地转化为N_2或生物体内的氮素。利用专性植物有效地吸收空气中的臭氧(包括其他的光氧化物),并利用其体内的一系列的酶如超氧化物歧化酶(SOD)、过氧化物酶、过氧化氢酶等和一些非酶抗氧化剂(如维生素C、维生素E、谷胱甘肽等)进行转化清除。

(4)植物同化和超同化修复

植物同化是指植物对含有植物营养元素的污染物的吸收,并同化到自身物质组成中,促进植物体自身生长的现象。除了以上所提到的CO_2外,含有植物营养元素的污染物主要指气态的含硫化合物和含氮化合物。植物可以有效地吸收空气中的SO_2,并迅速将其转化为亚硫酸盐至硫酸盐,再加以同化利用。植物体内与NO_2代谢有关的酶和基因的研究已比较清楚,所涉及的酶类主要为硝酸盐还原酶(NR)、亚硝酸还原酶(NiR)和谷氨酰胺合成酶(GS)。这几种酶的基因都已经被成功地转入了受体植株中,并随着转入基因的表达和相应酶活性的提高,转基因植株同化NO_2的能力都有了不同程度的提高。这些研究成果不仅为培育高效修复大气污染的植物提供了快捷的途径,同时也为修复植物的生理基础研究提供了新的实验工具。

5.2.3 植物的滞尘效应

植物因其冠层结构和叶面特性对大气颗粒物有一定的滞留作用。植物叶子表面粗糙不平、多绒毛,有些植物还能分泌油脂和黏性物质,可吸附、滞留一部分粉尘。植物滞留颗粒物的过程复杂,影响因素包括树种(叶面积指数 *LAI*、树木空间结构、表面形态)和气象条件(空气温度、太阳辐射、表面湿度)。树木冠层是光合作用和吸收CO_2生物进化的结果,它提供了比树木本身所占面积大 2~10 倍的叶面积,有很大的表面粗糙度,增加了湍流沉降和碰撞频率。因此,树木比其他植物能更有效地捕获颗粒物。

植物之间吸滞粉尘的能力差别很大,这主要与植物的叶片表面粗糙度以及叶片着生角等有关。例如,榆树、朴树、木槿叶面粗糙,女贞、大叶黄杨叶面硬挺,风吹不易抖动,因此,吸附粉尘的能力较强。而加拿大白杨等叶面比较光滑,叶片下倾,叶柄细长,风吹易抖动,吸滞能力较低。此外,云杉、侧柏、油松等枝叶能分泌树脂、黏液,具有很强的吸附粉尘的能力。

叶面积特性和微观粗糙度的变化影响颗粒物沉降模式。表面黏性有利于粗颗粒物的滞留,而表面粗糙性有利于细颗粒物的滞留。风洞实验发现,针叶树叶片气孔周围滞留较多的细颗粒物,这是因为针叶树比阔叶树有更小的叶子和更复杂的枝茎,能够滞留更多的大气颗粒物,由此也使自己处于高浓度有毒物质的威胁下。速生针叶林能够通过快速生长弥补颗粒物潜在的负面影响。在当前城市大气污染状况下,针叶树能够正常生长，因此许多人提出在城市绿化中应适当提高针叶树的栽种比例。在高污染地区，阔叶树虽然通过落叶减少了对有毒物质的负荷，但却导致污染物在土壤中的积累，造成其他生理损害，污染物在土壤中不容易被淋溶和转移，更加剧了这种现象。

5.2.4 植物对 SO_2 的净化

硫是植物生长必需的生命元素，是构建植物必需氨基酸(如蛋氨酸)，以及一些非必需氨基酸(如半胱氨胶和胱氨酸)的重要组成成分。因此，植物为了保证正常生长发育就必须从外界环境中吸收适量的硫。其吸收主要有两种途径：一是通过根从土壤中以 SOF 的形态获得；二是从空气中吸收气态的 SO_2 作为硫源。植物吸收 SO_2 的作用机理是：通过叶片上的气孔、枝条上的皮孔，将 SO_2 吸入体内，其中一部分用来形成如蛋白质、肽氨酸、蛋氨酸以及硫辛酸等含硫有机化合物成为植物的组成成分，或者被转化为营养物以硫酸盐的形式存在于细胞内，而另一部分会通过根系排出体外。有实验证明，大气中的 SO_2 被植物叶片吸收后，有 92.5%的 SO_2 被转化成硫胺盐积存在叶片中，还有 7.5%被利用形成氨基酸和蛋白质。由此可见，植物对 SO_2 的吸收、积累、排出，对大气起到了净化作用。

(1) 不同树种对 SO_2 的吸收能力

植物叶片吸收 SO_2 以后，叶内 SO_2 的含量将增加。一般将受 SO_2 污染树木叶片含硫量的增加值作为树木的吸收量。不同树种叶片的吸收量不同，有些树种之间的差异很大。例如，有实验测得相同 SO_2 浓度下的构树对 SO_2 吸收量为干叶重的 6.12%，云杉为 0.52%，前者为后者的 12 倍。由于树木吸收了空气中的 SO_2 以后，大部分 SO_2 以无机硫的形式在树叶中积累，因而可以认为，树叶在受污染后，其含硫量的增加值大小在很大程度上反映了树木净化 SO_2 的能力。以下为部分树种吸收 SO_2 的能力：

①吸收量大于 1.5%以上的树：构树、白蜡、馒头柳、海棠、新疆杨。
②吸收量中等(1.08%~1.38%)的树：合欢、丁香、连翘、侧柏、黄栌、元宝枫、白玉兰、木槿、加杨、国槐、臭椿、洋槐、杠柳。
③吸收量较小(0.52%~0.84%)的树：圆柏、云杉、柿、泡桐、黄刺玫、桃、白皮松、华山松。

(2) SO_2 在植物体内的转移与同化

采用放射性原子示踪的方法证明，植物叶片中硫的积累最多，其顺序是叶>叶柄>主茎>主根>侧根。从这个顺序可以看出，植物体内大量的硫是从叶部气孔吸入体内的，还有一部分是通过嫩枝皮孔进入体内的。当大气中硫含量高时，通过根部进入植物体内的硫含量几乎很少；相反，硫却可通过根被排入土壤中。空气中 SO_2 被树木吸收后虽然大部分在叶内以水溶性无机硫的形式积累，但其中的部分以较快的速度通过茎的韧皮部被运送到根部，从而使无机硫分布到整个植物体内。有的树种还可以通过根系将 SO_2 排出根外，有时这部分数量还占相当大的比例。植物体内的硫部分被转化为营养物，以硫酸盐的形式存在于细胞内，或用来形成如蛋白质、肽氨酸、蛋氨酸之类正常的含硫代谢物。实验发现，苗木从 SO_2 污染区移入清洁区后，一般树木的含硫量显著下降。这是由于清洁区内空气中 SO_2 浓度很低，叶片中无机硫不再增加或是增加甚微，原积累在叶内的无机硫又不断地转移和被同化的缘故。在含硫量下降快的树种里，SO_2在其体内转移、同化较快，因而其净化能力也较强，这些树种包括国槐、银杏、臭椿。

5.2.5 植物对氟的吸收

氟的化学性质非常活泼，绝大部分都以化合物的形态存在。各种植物都能从大气中吸收积累氟。当氟的浓度不高时，不会影响植物生长，且低浓度的氟有刺激树木生长的作用。在大气氟污染区，以叶片吸收大气中的氟为主；正常情况下，植物根系也可从土壤中吸收氟，但数量有限。在污染环境中，当氟的浓度不太高时，植物通过叶片的气孔进行气体交换，不断地吸收与积累氟化物，从而降低空气中的氟浓度，达到净化空气的效果。但与硫污染不同，氟进入叶片后，不能转移到茎和根部，也不能转化为其他化合物，只能在叶片中积累下来。因此，污染区叶片氟的含量高出清洁区叶片氟的含量的值代表植物对氟的吸收量。

不同植物对氟的吸收累积有明显差异，如氟在茶树叶片中的生物积累效率非常高，为土壤可溶性氟的1000倍，为土壤总氟含量的2~7倍，97%的氟积累在叶片中，而其他部位只有3%。氟积累量与叶龄有关，老叶和落叶中氟积累量较高。氟化物在植物体内积累分布的显著特征是：在叶片中的积累量最高，且叶内氟化物极少向外输送。从不同叶位来看，氟化物的分布特征是基部叶>顶部叶>中上部叶；在不同器官中，氟分布的规律一般是叶>茎>根，但当土壤污染严重时，会出现根叶倒置情况。张德强等（2003）研究了32种盆栽于佛山市污染区的城市园林绿化植物对大气氟化物的净化能力，发现竹节树，桑科的小叶榕、傅园榕、菩提榕、环榕，山茶科的大头茶、红花油茶，苏木科的仪花，紫金牛科的密花树，山矾科的光叶山矾等14种植物对氟化物不但有较强的抗性，而且具有较高的吸收净化能力，叶片平均含氟量达3725.9mg/kg干重（DW）（1954.9~5331.7mg/kgDW），约为清洁区（170.3mg/kgDW）的21倍。由此表明，这些植物对大气氟污染具有很好的净化能力和修复功能。此外，污染严重区域植物叶片氟含量与大气污染物浓度密切相关，大气氟化物浓度越高，污染区域植物叶片氟含量越高。

5.2.6 植物对NO_2的净化

关于植物净化大气NO_2的研究相对较少。大气中的NO_2可以通过植物叶片直接进入植物体内，也可以通过雨水或土壤沉降而间接进入植物体内。许多因素，包括植物体表绒毛、表皮活性、叶片光合作用等都会影响大气氮氧化物在植物叶片上的沉降。叶片上的NO_2可以通过开放的气孔转移到植物体内，植物类型、年龄、NO_2浓度、多种环境和营养条件等都对该过程产生影响。

通过^{15}N同位素标记实验，人们发现在3h内，被植物吸收的NO_2中约有65%转化为有机氮。在土壤氮素不足的区域生长的植物中，大气中的NO_2对有机氮的贡献显著，而且只要NO_2浓度不是太大，则有机氮含量随着NO_2浓度的增高而增高，证实了植物对NO_2的吸收净化作用。但大气NO_2超过一定浓度，植物体内有机氮含量会下降。例如，浓度为3×10^{-4}mL/L的NO_2对于氮素不足的土壤上生长的向日葵有营养作用，但如果NO_2浓度达到20×10^{-4}mL/L，则会表现出毒害作用。以实验室得到的植物对NO_2的同化量为依据，可以估计出在城市大气 NO_2 浓度下，每年每公顷树冠约能吸收 $0.08\sim1.9$ kg NO_2，比正常的氮素需求量高出约 10%。

通过对相应酶的测定表明，NO_2 在植物体内的同化作用与无机氮的同化途径一致，溶于植物体液中的 NO_2 首先转化为硝酸或亚硝酸盐，随后在硝酸和亚硝酸还原酶的作用下生成 NH_4^+，然后合成谷氨酸。不同研究已经证实，NO_2 污染暴露下的植物体内硝酸和亚硝酸还原酶的活性增强。

日本学者测定了不同树种在 NO_2 熏气实验下叶片中还原性氮的含量变化，以此评价不同树种同化 NO_2 的能力，并通过比较不同 NO_2 熏气浓度下同一树种同化能力的差异，评估树种对 NO_2 污染的抗性。在测试的 70 种行道树中，刺槐、国槐、黑杨和日本晚樱等为净化大气 NO_2 的最优选择。以刺槐为例，1km 长的路旁种 100 棵刺槐，如果大气 NO_2 体积浓度为 7×10^{-4} mL/L，每年可同化约 9.4kg NO_2。

5.3 城市大气生态环境工程

城市是人们生产生活集中的场所，利用和消耗着大量自然资源，同时产生许多污染物质。当污染物超过城市环境自身的净化能力时，则使城市的生态环境受到严重的破坏和污染。城市大气污染日渐严重，城市面临着更大的环境压力，在工业社会中这是全球性的普遍现象。

我国城市大气污染时空分布特征明显，大气污染冬季最严重，其次为春秋季节，夏季最好；污染总体上北方重于南方。城市大气污染由人类活动及当地特殊的地理位置综合影响形成，沙尘天气加重了北方大气污染。

5.3.1 城市大气污染问题及成因

城市大气污染是指因城市特殊的下垫面条件和边界层结构以及污染源集中而造成的空气污染。在城市的生产和生活中，人们向自然界排放了各种空气污染物，超出了自然环境的自净能力，导致了城市大气污染。近年来，随着城市化、工业化进程的加快，城市能源消耗量日益增加，加之一些城市工业布局和企业结构发展不合理，工业减排投入相对不足，以及机动车保有量的快速上升导致机动车尾气排放量的持续增加，进一步加剧了城市大气污染。另外，城市中越来越多的高层建筑群的建设，形成了密集的高层建筑，导致地表粗糙度增加，热岛效应显著，局地环流增加，空气扩散能力减弱，在一定程度上加重了空气污染。

(1) 工业废气的排放

近年来，随着工业生产量的加大，使得工业污染物排放成为城市空气污染的主要源头，工业生产的锅炉、工业窑炉是主要污染源，污染物成分主要以二氧化硫和烟尘为主。其次，城市空气污染的来源为燃煤小锅炉，特别在我国北方地区，冬季主要依靠燃煤锅炉来供暖，城市燃煤小锅炉的使用具有一定的普遍性，而且呈低空排放的状态，对城市的空气质量有着直接的影响。

(2) 机动车尾气

机动车尾气成为大气污染物的重要贡献者。近年来，城市机动车数量正在不断增加，但由于城市道路建设发展缓慢及制度建设不规范，道路日常拥堵问题较为严重。机动车在行驶和怠速的过程中排放了大量的尾气，成为城市大气污染的重要因素。机动车尾气中含有大量的有害气体，比如一氧化碳（CO）、二氧化碳（CO_2）、氮氧化合物（NO_x）、碳氢化合物（HC）、铅（Pb）、碳烟等，这些物质都是城市大气中的重要污染物。调查显示，城区道路附近大气中氮氧化物浓度普遍超过国家标准限值。氮氧化合物（NO_x）、碳氢化合物（HC）在适当的气候条件下还会形成光化学烟雾。机动车在行驶过程中，大量的碳氧化合物的排放聚集在城市的中心地带，形成"热岛效应"，影响城市中心的气候。据调查分析，机动车尾气约占城市大气总污染物的20%。90%～95%的铅、碳化合物，以及60%～70%的氮氢化合物均来自城市交通，因此减少机动车尾气排放是治理大气污染的重点也是难点。

(3) 大气颗粒物污染

据调查，颗粒物已经成为我国城市大气污染的首要污染物，城市大气中颗粒物主要来源于燃煤烟尘、机动车尾气、地面扬尘和工业粉尘。其中，燃煤烟尘以及工业粉尘污染危害最大。20世纪80年代，城区大气中总悬浮颗粒物主要来源于燃煤烟尘和工业粉尘。随着治理措施的广泛实施，近年来，燃煤烟尘和工业粉尘的数量在逐年减少，地面扬尘和机动车尾气对大气中总悬浮颗粒物的贡献率增大，成为造成城市颗粒物污染的首要因素。

5.3.2 城市扬尘

城市扬尘是暴露于城市环境空气中的某些载尘体上的降尘，是各单一源类排放的初始态颗粒物沉降部分的混合物。根据2017年《中国生态环境状况公报》，338个城市发生重度污染2311天次、严重污染802天次，以PM2.5为首要污染物的天数占重度及以上污染天数的74.2%，以PM10为首要污染物的占20.4%，以O_3为首要污染物的占5.9%。说明大多数城市的首要污染物是颗粒物。部分城市的颗粒物来源解析研究结果表明，扬尘是造成城市颗粒物污染严重的主要因素。

(1) 城市扬尘的来源和类型

城市扬尘通常处于无组织排放状态，也被称为无组织尘。引起城市扬尘污染的来源有自然尘、建筑工地尘、城市裸地扬尘、道路和堆场扬尘等。

无植被覆盖裸露地表在干燥大风的气候条件下，各种沉降在地面的颗粒物、气溶胶离子会进入空气，形成裸地扬尘。建筑扬尘是在建筑施工或者市政和道路施工过程中产生的无组织扬尘。当前，我国大多数城市正处于建设高峰期，建筑、拆迁、道路施工、运输遗撒等施工过程产生的建筑尘不断增多。现代城市机动车辆数量增长迅速，交通车辆排放的尾气成为PM2.5的主要来源。另外，交通运输过程中撒落在道路上的煤灰、煤矸石、沙土等各种固体，以及沉积在道路上的其他排放源排放的颗粒物，经来往车辆的碾压后形成粒径较小的颗粒物进入空气，和尾气一起形成道路交通尘。各种工业料堆、建筑料堆、工业固体废弃物等由于堆积和装卸操作以及风蚀作用等会形成堆场扬尘。

上述各类型的扬尘污染源都对城市扬尘污染有一定的贡献。其中，交通和道路扬尘、施工建筑尘、自然尘是城市扬尘的主要来源。

(2)我国城市扬尘污染现状

我国的扬尘污染呈现南低北高状态。南方地区由于湿润的气候条件以及丰沛的降雨量,空气中的扬尘大部分都能聚集沉降在地面,不易被风扬起,并且在下雨时被雨水冲走,积尘量较低;北方地区由于气候干旱,年平均降水量较小,常年分散在空气中的大量扬尘沉积在地面、建筑物、植物表面并长期滞留,当有外界机械扰动和风力扰动的条件下,扬尘又重新回到空气中,形成扬尘污染。另外,北方部分地区受沙尘暴的影响,大量的沙尘沉积滞留,加剧了扬尘污染。因此,控制该类型的颗粒物污染成为我国大气污染防治工作的重点和难点。

5.3.3 城市绿化的生态效应

城市绿化是防治城市大气污染的重要的生物措施。人们发现,城市中植物分布较多的地方污染物浓度低,说明绿化植物可以起到滞尘、杀菌、吸收有毒气体、调节二氧化碳和氧气比例的作用,从而减轻城市大气污染,提高城市空气质量。因此,可以在污染区利用植物来修复大气污染。利用植物净化大气成本低、废物量小,不易造成"二次污染",还具有保持水土、美化环境的作用。

5.3.3.1 维持城市大气组分的平衡

城市中人口密集、工厂集中,因此燃烧和呼吸产生的 CO_2 特别多,其含量有时可达到 0.05%~0.07%,局部地区高达 0.2%(通常情况下,大气中 CO_2 含量在 0.03% 左右)。当 CO_2 含量为 0.05% 时,人呼吸时就会感到不适;到 0.2% 时,人就会头晕耳鸣、心悸、血压升高;达到 10% 时,人甚至会呼吸停止。植物可以通过光合作用,每吸收 1mol 的 CO_2 就放出 1mol 的 O_2,调节大气中两者的比例平衡。一般城市如果平均每人拥有 $10m^2$ 树木或 $25m^2$ 草坪,就能够自动维持空气中的 CO_2 和 O_2 比例平衡,使空气永久保持新鲜清爽。有调查研究表明,绿化覆盖率低的地区 CO_2 浓度较大(图 5-1)。

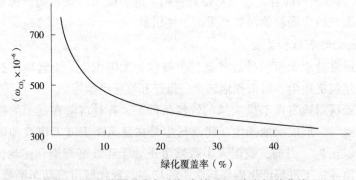

图 5-1 绿化覆盖率与空气中的 CO_2 浓度相关曲线

5.3.3.2 吸收净化大气中的污染物

城市大气污染物中含有各种有毒、有害的气态、液态物质,如二氧化硫、二氧化碳、氮氧化物、一氧化碳、臭氧、氟化氢、氯气、光化学烟雾、放射性物质,以及 Hg 和 Pb 的蒸气等。这些有害气体对植物生长不利,但在一定条件下,许多植物对它们具有吸收和净化作用。研究表明,植物叶片吸收 SO_2 能力最强,煤烟经过绿地后 60% 的 SO_2 被滞留。臭椿吸收 SO_2 的能力特别强,超过一般树木的 20 倍。另外夹竹桃、罗汉松、龙柏、银杏和广玉兰等也有极强的吸收 SO_2 能力。经实验观测，阔叶树比针叶树能吸收更多的二氧化硫。不少园林植物对于 Cl_2、HF、NH_3 以及 Hg 和含 Pb 蒸汽分别具有不同的吸收能力，如夹竹桃、桑树能吸收汞的气体而减少空气中 Hg 的含量；榆树、刺槐等能吸收一定量的 Pb 蒸汽。因此，种植对化学物质富集能力强的植物有利于吸收大气污染物，而配置敏感性植物有利于对大气污染进行监测，以及时采取措施控制污染物的排放。

5.3.3.3 滞纳烟尘和粉尘

绿色植物特别是树木，对烟尘和粉尘有明显的阻挡、过滤和吸附作用：一方面由于树木枝叶繁茂，因此其具有强大的减低风速的作用；另一方面由于叶子表面粗糙、有绒毛或黏性分泌物，可吸附大量粉尘。此外，树木枝干上的裂纹缝隙也可吸纳粉尘。当空气中尘埃经过树木时便附着于叶面及枝干上，经过雨水的冲洗又能恢复吸滞能力。例如，榆树每天的吸尘量为 $3.03g/m^2$，夹竹桃为 $5g/m^2$ 以上，松林为 $96t/hm^2$。据南京市园林处测定，绿化树木可使降尘减少 23%~25%；北京市测定夏季林地的减尘率可达 61.1%，冬季亦有 20% 左右，街道绿带减尘率为 22.5%~85.4%。不同种类的树木滞尘能力有所不同，滞尘量的大小与树冠的高低、总叶面积、叶片大小、着生角度、叶面表面粗糙程度有关。一般而言，叶片较多、叶面积较大、表面粗糙有绒毛、分泌黏性物质的树木滞尘能力较强，如核桃、板栗、臭椿、侧柏等可被选为滞尘树种，用于防尘林带的建立。有的树种如悬铃木，虽然单位面积滞尘能力不算很强，但其树冠高大、枝叶茂盛、总叶面积很大，所以全树的滞尘能力很强。孔国辉（1988）曾对部分树木的滞尘量进行了测定，见表 5-1。

草地不仅和树木一样具有吸附灰尘的作用，还可以固定地面的尘土，避免大风扬

表 6-1 部分树叶叶片滞尘量　　　　　　　　　　　　　　单位：g/m^2

树种	滞尘量	树种	滞尘量
刺楸	14.53	夹竹桃	5.28
榆树	12.27	丝棉木	4.77
朴树	9.37	紫薇	4.42
木槿	8.13	悬铃木	3.73
广玉兰	7.10	泡桐	3.53
重阳木	6.81	五角枫	3.45
女贞	6.63	乌桕	3.39
大叶黄杨	6.63	樱花	2.75
刺槐	6.37	蜡梅	2.42
楝树	5.89	加杨	2.06
臭椿	5.88	黄金树	2.05
构树	5.87	桂花	2.02
三角枫	5.52	栀子	1.47
桑树	5.39	绣球	0.63

尘漫天飞舞的情况发生。据测定，草地足球场比裸地足球场上空的含尘量减少 2/3～5/6。

5.3.3.4 减少空气中含菌量

空气中的微生物，包括放线菌、酵母菌和真菌等，及一些病原性微生物，附着在尘埃或飞沫上随气流运动，林冠能够阻挡气流运动、滞尘以减少病原体的传播，从而间接地减少周围空气中的菌落数量。同时，树木本身具有分泌杀菌素的能力。有些树木的叶、花、果、皮等产生一种挥发性物质，称为"杀菌素"，能杀死伤寒、副伤寒病原菌，痢疾杆菌、链球菌、葡萄球菌等。研究表明，桦、栎、松等树种所产生的杀菌素可以杀死白喉、结核、霍乱和痢疾的病原菌。$1hm^2$ 的圆柏林 24h 内能分泌出 30kg 杀菌素；景天科植物汁液能杀死感冒病毒；松林放出臭氧能抑制和杀死结核菌。研究表明，全世界森林每年大约散发 $1.77×10^8$t 的挥发性物质，可有效杀灭空气中的微生物。植物的杀菌能力使有森林的地方与无林木的地方，其空气中的含菌量差别极大，森林内的空气含菌量与闹市区的空气含菌量相差几万倍。研究表明，城市中绿化区域的空气含菌量比非绿化区域空气中含菌量减少 85% 以上，最大的除菌量可比无林处减少 40 倍以上。每立方米空气中细菌含量绿化区的医院庭院低于远离绿化区的医院庭院。而车站、街道等闹区上每立方米空气中细菌数比绿化区多 5 倍多。具有很强杀菌力的绿化树种有黑胡桃、紫薇、悬铃木、圆柏、白皮松、雪松等。因此，多种树种的配置以及丰富的绿量有助于城市植物发挥杀菌作用。

5.3.3.5 缓解城市热岛效应

绿地是城市温度的调节器。树木花草叶面的蒸腾作用能降低气温、调节湿度、吸收太阳辐射热，从而改善城市小气候，缓解城市热岛效应的作用。调查表明，绿地周边地区的气温或者地表温度能够比周围低 1～7℃，而相对湿度增加 3%～12%，最高可达到 33%。研究表明，绿地的生物量越大，叶面积指数越高，生理活动越强，绿地的调节效应就越高。据对广州市观测，无论是日平均气温、日最高气温或是高温持续日数，绿化区均低于未绿化街区，城市中公园绿地林区日平均气温比未绿化居民区低 2.1℃，日最高气温低 4.2℃。有学者通过研究不同的植被带布局、植被带宽度和植被区面积对区域气候的具体影响，得出在植被带总面积相同的情况下，合理的植被带的布局能够造成更强的气流上升运动和更多降水；存在最佳的"植被带宽度"，在合适的植被带宽度下，引起的降水量最高。

5.3.4 城市大气污染防治的生态绿化工程

城市绿化是防治城市大气污染的重要生物措施。

5.3.4.1 城市绿化工程设计原则

一般而言，生态绿化工程要求达到以下目的：降低大气有毒有害气体浓度；吸滞粉尘；衰减噪声，改善小环境气候；减少空气含菌量及放射性物质含量；满足绿化的主要功能要求。

为达到上述目的，在工程规划设计时，需遵循以下原则：

①协调原则：城市绿化设计要与所在地区(工厂、城市等)的园林绿化总体规划相协调。规划设计时，既要有长远考虑，又要有近期安排，要与所在地区园林绿化的分

期建设相协调。

②合理原则：规划设计布局要合理，以保证生产与交通安全，绿地不能影响地下地上管线、地面交通、车间生产采光等。

③多样性原则：树种选择原则是，既考虑树种抗污染的特性，又兼顾其观赏性；既考虑适地适树，又考虑人工群落的生态稳定性，避免树种单一。

④乡土化原则：植物种类的选择尽可能选用本地植物种类，这样不但可以减少资源、能源的消耗，提高植物群落培植的成功率，而且可以塑造出具有地域特色的城市景观。

5.3.4.2 城市绿化植物选择与配置

(1) 城市绿化植物选择

植物对污染物的抗性不是绝对的，而是相对的。污染物浓度增高，超过植物的耐受限度，抗性强的植物也会出现严重的症状，生理功能失调或者遭到破坏，甚至枯萎死亡。在同样的生态条件下，各种植物对同一污染物的反应是不同的。有些植物对大气污染物的抗性较强，在污染环境中受害较轻；有些植物则十分敏感，在污染物浓度不高时就出现受害症状，甚至整个植株死亡。因此，选择抗性强和吸收净化有害气体能力强的绿化植物，从而建立不同类型的人工绿化生态工程体系，可作为防治大气环境污染的重要途径之一。

抗性强的植物在污染较重的环境中仍能长期生长，或在一个生长季节内经受1~2次浓度较高的有害气体的急性危害后仍能恢复生长。叶片基本上能达到经常全绿，或虽出现较严重的落叶、落花、半枯死等现象，但生活能力很强，在较短时间内能再度萌发新芽、新叶，继续生长发育。在人工模拟熏气条件下，植物接触适当剂量(浓度、时间)的有害气体后叶片不受害或受害较轻。当然，人工熏气必须根据各种有害气体的毒性，选择适当的剂量。如果有害气体浓度过高，任何植物都会受到较重的危害而达不到抗性鉴定的目的。

抗性中等的植物在污染较重的环境中能生活一定时间，在一个生长季节内经受一两次浓度较高的有害气体急性危害后出现较重的受害症状。叶片上往往伤斑较多，叶形变小并有落叶现象，树冠发育较差，经常发生枯梢。在人工模拟熏气条件下，植物接触适当剂量的有害气体后，叶片受害中等。

敏感植物在污染较重的环境中很难生活。木本植物常常在栽植1~2年内枯萎死亡；幸存者长势衰弱，最多只能维持2~3年，但叶片变形，伤斑严重。在生长季节内，经受一次浓度较高的有害气体急性危害后，敏感植物大量落叶、落花、芽枯死，很难恢复生长，植株在短期内枯萎死亡。在人工模拟熏气条件下，植物接触适当剂量的有害气体后，叶片受害严重。

抗大气污染植物选择的原则为：既要考虑抗污染、吸收毒气、净化空气、隔声降噪等不同功能的要求，又要考虑具有一定观赏价值，以及对当地气候、土壤条件的适应性及卫生要求等。作为优良的防污树种应具备下列条件：①具有较强的抗污能力；②具有净化空气的能力；③具有对当地自然条件及城市工矿区的适应能力；④容易繁殖、移栽和管理。

(2) 城市绿化植物种类

①吸收大气化学污染物的绿化植物。目前研究对 SO_2、Cl_2、HF、Pb 吸收量较高的树种有以下类型。

吸收 SO_2 的树种：对 SO_2 的吸收量高的树种包括加杨、花曲柳、臭椿、刺槐、卫矛、丁香、旱柳、枣、玫瑰、水曲柳、新疆杨、水榆；吸硫量中等的包括沙松、赤杨、白桦、枫杨、暴马丁香、连翘。在 SO_2 严重污染的地区，通过植物吸收达到绿化降硫，可以依次考虑的植物类型包括杠柳、茜草、榆、构树、黄栌、国槐、白莲蒿、油松、洋槐、臭椿、荆条、多花胡枝子、侧柏、狗尾草、酸枣、河朔尧花、孩儿拳头、毛胡枝子。

吸收氯的树种：吸氯量高的树种京桃、山杏、糖槭、家榆、紫椴、暴马丁香、山梨、水榆、山楂、白桦；吸氯量中等的树种包括花曲柳、糖椴、桂香柳、皂角、枣、枫杨、文冠果、连翘、落叶松（针叶树中落叶松为吸氯量高的树种）。

吸收氟的树种：吸氟量高的树种包括枣、榆树、桑树、山杏；吸氟量中等的树种包括臭椿、旱柳、茶条槭、圆柏、侧柏、紫丁香、卫矛、京桃、加杨、皂角、紫椴、雪柳、云杉、白皮松、沙松、毛樱桃、落叶松。

吸收铅的树种：桑树、黄金树、榆树、旱树、锌树。

②有滞尘能力的绿化植物。根据滞尘目的需要，选用滞尘能力强、适于当地条件的品种，主要包括以下类型。

大乔木类：刺槐、国槐、榆、构树、桑树、梧桐、毛泡桐（或引种其他泡桐品种）、悬铃木、臭椿、毛白杨、加杨等。

小乔木、灌木类：木槿、女贞、紫薇、大叶黄杨、丝棉木、沙枣等。

藤本类：五叶地锦、凌霄、紫藤、金银花等。

地被类：沙地柏、铺地柏、常春藤及各类草坪。

③对有机污染物抗性较强的树种。主要包括以下类型。

对芳烃类污染物抗性较强的树种：侧柏、龙柏、圆柏、毛白杨、山桃、臭椿、紫穗槐、刺槐、银杏、垂柳、泡桐、大叶女贞、新疆杨等。

对烯烃类污染物抗性较强的树种：侧柏、云杉、臭椿、垂柳、紫穗槐、毛白杨、新疆杨、刺槐、大叶黄杨等。

(3) 绿化植物的配置

①丰富配置形式，保持生物多样化：在绿化建设中坚持以生态学原理为依据，建立多层次绿化，植物配置以乔灌藤草结合，多层种植为主，尤其增加垂直结构绿量，如墙面、斜坡可考虑栽植藤本植物，形成多层次全方位的绿化系统，更有效地发挥生态效益，增加景观的变化，靓化城市。依自然式与规则式相结合的手法，在树种搭配上，采用针、阔叶树相结合，常绿、落叶树相结合，使植物在各个季节都能起到净化作用；绿叶树与色叶树相结合，观叶与观果相结合，尽量做到树种多样化。

②因地制宜，科学地选择绿化树种：充分利用树木吸收有害气体及杀死细菌等功能，选择修复能力强、生长旺盛、繁殖迅速、抗旱耐贫瘠、抗病虫害、适应性强、易于管护的树种。同时结合地区大气环境污染特点和主要大气污染物种类，选择具有很强吸收净化能力的绿化物种。据研究，各植物含硫量的顺序为：苔藓植物＞阔叶乔木＞

针叶乔木,因此 SO_2 污染严重地区植物可以配置阔叶乔木,如棕榈、臭椿、木槿、女贞、木麻黄等以吸收 SO_2。在车站、路口等怠速行驶区附近种植耐 Pb 污染的植物,从而缓解因汽车尾气排放而造成的大气中 Pb 尘量增加的情况。在医院和传染病院附近大量种植杀菌能力较强的树种,以减少周围空气中的细菌含量。有些植物对有毒气体比较敏感、抗性弱、易受伤害,可以选择这类植物作为指示植物,以监测大气污染情况,及时防治污染。

5.3.4.3 城市绿化工程措施

(1) 加强立体绿化

利用多种边角土地和空间建设立体绿化,弥补局部地区平面绿化的不足。目前,城市开展的立体绿化有高架道路悬挂绿化、围墙绿化、破墙透绿、桥柱绿化、窗台绿化、阳台绿化、挂壁绿化、交通护栏绿化、电线杆装饰绿化等,甚至已有城市充分利用楼房屋顶的空间,创建绿色景观。并对公路两侧边坡和中央隔离带等地方及时绿化。

(2) 完善大环境绿化

城郊绿化对于改善城市生态环境质量具有重大作用,规划安排城郊经济林、防护林结合,营造针阔混交林以减少虫灾,确保生态效应的发挥和景观的稳定性,并且可将其作为市内绿地取材的苗圃,为城市绿化提供苗木。城郊大面积的林地与城市中心林地共同发挥作用,控制城市大气污染。

(3) 建立环城绿带

分别在内环与外环建立环城绿带,似城市的绿色围墙,起到天然保护屏的作用。它与城市内的街路绿带相连,形成环状绿地与放射状绿地结合的最理想的城市绿地系统。

(4) 沿河布绿

一些城市中有河流经过,应充分利用堤面沿河布绿,避免黄土裸露,既保持了水土、节约了土地,又增加了绿地面积。

(5) 增加生态公园建设

加强城市公园建设,发展生态城市。

5.4 工业废气治理工程

5.4.1 工业废气的来源与种类

工业废气主要包括火力发电厂、钢铁厂、水泥厂和化工厂等耗能较多的企业燃料燃烧排放的污染物,各生产过程中的排气以及生产过程中排放的粉尘等。

根据我国《环境空气质量标准》(GB 3095—2012)的规定,大气中的主要污染物有:颗粒物、二氧化硫(SO_2)、氮氧化物(NO_x)、一氧化碳(CO)、铅(Pb)、氟化物、苯并芘及臭氧(O_3)等。按照污染源的存在形式,可以分为颗粒污染物和气态污染物。

5.4.2 工业废气成因及存在的问题

工业废气是工业污染的重要组成之一,与大气空气质量息息相关。虽然现在的环保标准对废气污染物的排放标准越来越严格,但是目前工业废气污染仍然比较严重。工业废气污染防治一方面要从源头治理,通过清洁生产,节能降耗,解决或减少污染物的排放;另一方面,要做好末端治理,对工业废气进行有针对性的治理,使污染物能够达标排放,减少对环境的影响。

5.4.3 工业废气治理技术现状

5.4.3.1 颗粒污染物的治理技术

大气中的烟尘(主要由颗粒污染物组成)大部分是由固体燃料(煤)燃烧产生的。去除大气中颗粒污染物的方法根据其作用和原理,可以分为以下几种类型:一是干法除尘(机械除尘)。采用机械力(重力、离心力等)将气体中所含尘粒沉降,如重力除尘、惯性除尘、离心除尘能。常用的设备有重力沉降室、惯性除尘器和旋风除尘器等,其中最简单、廉价、易于操作维修的是沉降室,能将直径大于 $40\mu m$ 的大颗粒沉降下来。二是湿法除尘。其原理是用水或其他液体将尘粒润湿,然后对粉尘和雾滴进行捕集,如气体洗涤、泡沫除尘等。常用的设备有喷雾塔、填料塔、泡沫除尘器、文丘里洗涤器等。这种方法能除去直径大于 $10\mu m$ 的颗粒。三是过滤除尘。原理是使含尘气体通过具有很多毛细孔的过滤介质,将污染物颗粒截留下来,如填充层过滤、布袋过滤等。常用的设备有颗粒层过滤器和袋式过滤器。其中常用的袋式除尘器对直径 $1\mu m$ 颗粒的去除率接近100%,效率高,操作简单,但是只适用于含尘浓度低的气体,且维修费高,不耐高温高湿气流。四是静电除尘。即使含尘气体通过高压电场,在静电力作用下使其得到净化的过程。常用的设备有干式静电除尘器和湿式静电除尘器。优点是对于粒径很小的尘粒具有较高的去除效率,且不受含尘浓度和烟气流量的影响,但设备投资费用和技术要求较高。

上述各种除尘方法原理不同,性能各异,在选择时需考虑环保与经济成本,即在满足环保排放标准的前提下,选择投资较小、运行和保养费用较低的除尘器。从技术上来说,主要考虑尘粒的浓度、直径、腐蚀性等,一般情况下,粒径较大宜用干法,细小颗粒则采用过滤法和静电法为宜。

5.4.3.2 气态污染物的治理技术

(1) SO_2 的治理技术

含硫化合物主要有 SO_2,是目前大气污染中数量较大、影响范围广的一种气态污染物。大气中的 SO_2 来源很广,几乎所有工业企业都能产生。它主要来自化石燃料的燃烧过程,以及硫化物的焙烧、冶炼等热过程。SO_2 不仅能在大气中形成酸雨,造成空气污染,而且会严重腐蚀锅炉尾部设备,影响生产和运行安全。烟气脱硫方法很多,一般按脱硫剂的形式可分为干法、湿法和半干法3种。湿法烟气脱硫是指应用液体吸收剂(如水或碱性溶液等)洗涤烟气,脱除烟气中的 SO_2。它的优点是脱硫效率高、设备简单、操作容易、投资节省且占地面积小,并且脱硫后的氨水、碱以及石膏等物质可以被有效回收并二次利用;缺点是易造成二次污染,存在废水后处理问题,能耗高,特别是脱硫后烟气温度较低,不利于烟囱的扩散,易产生"白烟",腐蚀严重,等等。目前较为常用的湿法脱硫技术有石灰石-石膏法、钠法、镁法、氨法、磷铵复肥法等。干法脱硫是指使用粉状、粒状吸收剂、吸附剂或催化剂去除废气。它最大的优点是治理中无废水、废液排出,减少了二次污染,能耗低;缺点是脱硫效率较低,设备庞大,操作要求高。常见的脱硫技术有吸着剂喷射法、接触氧化法和电子束辐照法。

(2) NO_x 的治理技术

氮氧化物中污染大气的主要是 NO 和 NO_2。目前,对于燃烧产生的 NO_x 污染的控制主要有3种方法:燃烧前燃料脱氮、燃烧中改进燃烧方式和生产工艺脱氮、锅炉烟气脱氮。由于技术和经济原因,目前应用最多最广泛的是烟气脱硝。现阶段烟气脱硝技术主要分为干法脱硝和湿法脱硝两种技术。干法脱硝包括选择性催化氧化法(SCR)和非选择性催化氧化法(SNCR)、炭还原法、吸附法和等离子法等;湿法脱硝是指用可以溶解氮氧化物或可以与它发生反应的溶液吸收废气中的 NO_x 的办法,包括酸吸收法、碱吸收法、氧化吸收法和配合吸收法等。由于 NO 在低浓度下相对稳定,缺乏化学活性,难以被水溶液吸收,所以目前湿法脱硫应用较少,干法依然占主流地位。

选择性催化氧化法(SCR)于20世纪70年代由日本研究开发,目前已经广泛用于燃煤电厂的烟气脱硝中。此法是指 O_2 和非均相催化剂存在条件下,用还原剂 NH_3 将烟气中的 NO_x 还原成 N_2 和水的工艺。此法对大气环境质量的影响不大,是目前脱硝效率较高、最为成熟且应用最广的脱硝技术。但是催化剂活性温度较高,能耗和运行费用较高,投资较大。

非选择性催化氧化法(SNCR)是指在 900~1100℃ 温度范围内,无催化剂作用下,通过注入氨、尿素等化学还原剂把烟气中的 NO_x 还原为 N_2 和水。但是此法还原剂耗量大,且脱硫效率受锅炉设计、锅炉负荷等因素的影响较大,脱硫效率较低。

(3) 挥发性有机污染物控制技术

挥发性有机废气(VOCs)通常指沸点 50~260℃、室温下饱和蒸汽压超过 133.132kPa 的有机化合物,包括烃类、卤代烃、芳香烃、多环芳香烃等。化工厂排出的工艺尾气、废弃物焚烧的烟气中含有多种 VOCs。它与大气中的 NO_2 反应形成 O_3,可形成光化学烟雾,并随着异味、恶臭散发到空气中,对人体造成危害。

有机废气的治理方法很多,有吸收法、吸附法、直接燃烧法、催化燃烧法、吸附+催化燃烧法、生物法等。目前应用较为广泛的是活性炭吸附法。它的优点是去除率高、设计简单、占地面积小、一次投资费用低和运行耗能低等。但是活性炭吸附法适合处理 40℃ 以下的大风量、低浓度的有机废气,且再生或更换费用高。高温度、高温的有机废气一般采用直接燃烧法或催化燃烧法。生物法是通过微生物降解的方式,筛选能够降解工业有机废气的微生物,然后将这些微生物固定在一定的降解介质上,让废气缓慢通过这些介质的时候被生物分解。这种方法目前正在被大力推广,市场前景广阔。

(4) 卤化物气体控制技术

在大气污染治理方面,卤化物主要包括无机卤化物气体和有机卤化物气体,主要有 HF、Cl_2、SiF_4 等。基本处理技术有物理化学类方法,如固相(干法)吸附法、液相(湿法)吸收法和化学氧化脱卤法,生物学方法有生物过滤法、生物吸收法和生物滴滤法。在对无机卤化物进行处理时,优先考虑其回收利用价值,如 HCl 气体可以回收制盐酸,含氟废气能产生无机氟化物和白炭黑等。吸收和吸附等物理化学方法在资源回收利用和卤化物深度处理上工艺技术相对比较成熟,应优先考虑物理化学方法处理卤化物气体。用吸收法治理含氯或 HCl(盐酸酸雾)废气时,宜采用碱液吸收法;垃圾焚烧尾气中的含氯废气宜采用碱液或碳酸钠溶液吸收；用吸收法治理含氟废气时，宜采用水、碱液或硅酸钠；电解铝行业治理含氟废气，宜采用氧化铝粉吸附法。

5.4.4 工业废气的生物处理工艺

生物法是通过微生物降解的方式，通过筛选能够降解工业废气的微生物，然后将这些微生物固定在填料上，废气缓慢通过填料时被生物分解。生物法具有降解效率高、适应性强、投资及运行费用低、无二次污染、易于管理等优点。

5.4.4.1 基本原理

生物净化是一种氧化分解过程：填料上的活性微生物以废气中的有机组分作为能源或养分，转化成简单的无机物或细胞组成物质。根据生物膜理论，生物法处理废气一般要经历以下步骤：①废气中的污染物同水接触并溶解于水中（即由气相进入液膜）；②溶解于液膜中的污染物在浓度差的推动下进一步扩散到生物膜，然后被其中的微生物捕获并吸收；③进入微生物体内的污染物在其自身的代谢过程中作为能源和营养物质被分解，产生的代谢物一部分重回液相，另一部分气态物质脱离生物膜扩散到大气中。即生物法处理废气主要包括传质和降解两个过程，使废气中的污染物不断减少，达到净化的效果。

5.4.4.2 处理工艺

目前常用的生物法处理废气的工艺有生物滤池工艺、生物洗涤工艺和生物滴滤工艺。

(1) 生物滤池工艺

生物滤池是研究最早的生物法净化废气工艺，工艺设备相对成熟。生物滤池由敞开或封闭容器中一层层的多孔填料床组成，一般为天然有机填料，如堆肥、土壤、泥煤、骨壳、木片、树皮等，也可以是多种填料按一定的比例混合而成。填料一般具有良好的透气性、适度的通水性和持水性等优点，含污染物的废气首先经过滤器除去颗粒物质后，再经过调温调湿，从滤池底部进入，通过附着微生物的填料时，污染物被微生物降解利用。在生物滤池中，液相是静止的或以很慢速度流动。运行过程中可根据工艺需要来补水，并保证连续的气体通过。

生物滤池最大的优点就是设备少、操作简单、投资和运行费用低，适合处理大流量低浓度的废气污染物，在运行期间也不需要外加营养物。但滤池的占地面积大，长期的微生物新陈代谢会使填料矿化分解，再加上基质的累积，会影响传质效果，一般在几年后就要更换填料。此外，操作过程不易控制，pH值控制主要通过在装滤料时投配适当的固体缓冲剂，一旦缓冲剂用完，则需要更新。

(2) 生物洗涤工艺

生物洗涤塔是一个活性污泥处理系统，由洗涤塔和再生池组成，它不需要填料，因此完全不同于生物滤池和生物滴滤塔。在洗涤塔中，废气从底部进入，通过鼓泡或者循环液喷淋溶于液相中，随着悬浮液流入再生池，通入空气充氧再生，污染物在再生池中被微生物氧化降解，再生池中的流出液继续循环利用。活性污泥悬浮液是最常用的生物悬浮液，由于吸收和再生的时间不同，一般吸收和再生是两个相对独立的过程。

生物洗涤塔的优点是反应条件易控制，压降小，填料不易堵塞，但设备多，需要外加营养，成本较高。为了再生池的顺利降解，需要曝气设备，并控制温度、pH等，以确保微生物在最佳条件下作用。

(3) 生物滴滤工艺

废气污染物从滴滤床底部进入，无机盐营养液从塔顶喷淋，沿着填料上的生物膜滴流，溶解于水中的有机污染物被以生物膜形式附着在填料上的微生物吸收，进入微生物细胞的有机污染物在微生物体内的代谢过程中作为能源和营养物质被利用或分解。多余的营养液从塔底排出，进行循环喷淋。连续流动的营养液可以冲掉生长过厚的生物膜和代谢物，防止填料堵塞。在生物滴滤塔(BTF)中，填料作为微生物生长的载体，具有大的比表面积和孔隙率、高持水性。生物陶粒、聚氨酯泡沫、活性炭颗粒和复合改性填料等惰性填料是目前最常用的填料。

生物滴滤塔最显著的优点就是反应条件易控制，通过调节喷淋液的pH值、温度，就可以控制反应器的pH值和温度，从而可以更好地保持微生物的活性。其操作简单，运行成本低，净化效率也较高。它只有一个反应器，承受污染负荷大，并有一定的缓冲能力。

生物过滤工艺多用于除臭，对有机废气的处理范围相对较小，而生物滴滤工艺处理有机废气的范围更广，并且降解有机物的能力更强。这3种工艺各有所长，国外应用最普遍的是生物滤池工艺和生物滴滤工艺。在国内，3种工艺都有不同程度的应用，虽然生物滴滤工艺已经有了规模化的应用，但由于反应器扩大后不稳定，仍然有待进一步研究。

5.4.5 工业园区的生态绿化工程

伴随社会经济的不断发展，工业化水平的不断提高，在城市建设过程中形成了一批现代化工业园区，工业园区将各类工厂企业集中在同一区域，有效地缓解了城市中心的工业污染问题。但在工业园区建设和运行过程中，存在着生态破坏、生物多样性丧失、废水、废气、固体废物、噪声、土壤污染等环境问题。而工业区园林绿化可以起到监视污染、净化空气、净化污水、隔绝噪声、降温隔热、愉悦身心和美化环境的作用。从而实现城市绿地生态、社会、经济三大效益的有机结合，对提高城市绿地质量具有重要的现实意义。

5.4.5.1 工业园区绿化布置

(1) 布置原则

工业区的建设，应注意对自然绿地的保护，把大规模建设所造成的自然环境变化控制在最小限度。在工业区内要有面积充分、布局合理以及符合生态要求(适宜的种类、多层次的结构、最大叶面积系数等)的绿地。对于不同性质的工厂防污绿化，应坚持以下原则：①重工业工程的防治绿化树种应以速生高大乔木为主；②轻工业工厂通常在厂区大门内侧布置花坛或绿地，其余一般布置高大乔木，在道路两旁布置灌木和绿篱；③受有害气体危害的工程应设置较宽的隔离林带，在污染物栽种抗毒能力强的植物；④在有粉尘的工厂应设置高大阔叶乔木，以阻挡和吸滞粉尘。植物种类选择上，应适地适时，因厂选树，确保植物生长良好。如选择具较强抗污净化能力、易于栽培、适应性强、具有较好美化效果的树种。在绿化布置的形式上，可以多种形式并举。如孤植、群植、树丛、树林、绿篱、草地、垂直绿化等，改变单一植树造林。

(2) 园区绿化布置分析

①厂前区的绿化布置分析：厂前区一般包括园区的主入口和办公区域。园区主入口通常场地开阔，可以选择树体高大、景观效果好的绿色植物作为标志物以引起人的关注。同时还应考虑主入口车辆来往频繁，种植时应注意合理安排植物的位置和高度，避免遮挡视线。

办公区域是园区的管理中心，通常位于离污染源较远的区域，属无污染或轻污染区域，绿化布置和植物选择的范围较大，既可以规则式布置，也可以自然式布置。树种的选择以三季有花、四季有景为原则，宜选择季相变化丰富的乔灌木。

②园区道路的绿化布置分析：道路的绿化布置要与周边环境相融合。选择适应能力强，具有遮阴、降噪、吸尘等功能的树种，如悬铃木、香樟、栾树等。道路两侧的绿地通过乔灌草等多层次绿化的合理搭配，在道路和厂区建筑之间形成有效隔离。同时道路绿地随道路走向分布，将园区内的绿地连接贯通，形成完整有效的绿地系统。

③生产区的绿化布置分析：生产区是整个园区的核心，绿化布置以满足生产为前提，针对不同生产区的污染程度和污染源，选择相对应适生的植物品种搭配，充分发挥植物杀菌、防尘、遮阳、降噪等功能。在绿化设计初期，首先要明确主要的污染方式和污染物种类，便于选择合适的绿化植物，选择能预报污染和能降低污染程度的植物，进行合理的种植设计。如适用于污染环境绿地，抗污、吸污能力强，以抗污染特性为主要评价指标的植物，可结合光合作用、蒸腾作用、吸收污染物特性等测定指标进行分析，选择适于污染区绿地的园林植物。如对于精密仪器制作，须利用植物杀菌、滞尘、降温增湿作用的工业区，应选择出相适用的园林植物种类，以满足生产精密仪器类型等现代特殊企业的需求。

绿化布置还应配合生产需求，比如需要充足光线的车间周边应避免种植高大乔木，而应选择低矮的花灌木和地被色块（如丁香、榆叶梅、贴梗海棠、棣棠美人蕉等）搭配种植；若生产车间对空气飘浮颗粒有严格要求，其周边绿地应避免种植杨、柳等产生飘絮的植物。

5.4.5.2 防污林带布置

(1) 布置原则

工业园区防污林带的布置应遵循以下原则：

①采取多树种相间分布方法进行栽种，乔木、灌木、草本的空间分布必须遵循自然规律，避免出现单一树种成片栽种的情况。

②对林地生态系统进行人工施肥，增加林地生态系统生长所需要的营养物质；选择天然抗病虫害的树种（如楝树等）与正常树种相间栽种，建立病虫害预警机制，并根据灾情喷洒高效低残留农药。

③成立防护林带管理系统，定期对整个生态防护林带进行检查，并根据检查情况对其进行修整、补充与完善。

④选用抗性强的树种，及时对受伤害的树木的枝叶进行修整，及时补种已经死亡的树木等。

（2）卫生防污林带布置

卫生防护林主要分布于工业区与生活区之间，不同污染程度的工业企业之间，靠近生活居住区的铁路两端和机场周围等处，它可有效减少烟尘和有害气体对附近地区的污染。应根据污染物排放形式的不同（是靠近地面无组织排放，还是通过烟囱集中排放），来合理布局卫生防护林。对于无组织排放的污染区，林带可较近，便于把污染物控制在最小范围；对于烟囱排放的污染，林带应布置于相当于烟囱高度 15~20 倍距离之处。另外，林带布局应充分考虑气象条件，最主要的是风向频率和盛风风速。一般情况下，生活居住区应避开污染源主要风向的下方。

思 考 题

1. 全球大气环境现状及问题。
2. 我国大气污染现状及存在的问题。
3. 谈谈我国大气污染的趋势。
4. 谈谈大气污染防治的生态工程措施。

推荐阅读

1. 环境生态工程. 朱端卫. 化学工业出版社, 2017.
2. 扬尘污染控制. 田刚, 黄玉虎, 樊守彬. 中国环境出版社, 2013.

第6章
生态脆弱区生态环境工程

[**本章提要**]我国脆弱的生态环境条件、长期的开发历史、巨大的资源开发压力加剧了生态系统格局及其演化的复杂性,尤其是近年来庞大的人口数量和高速的经济发展导致的高强度资源开发,对我国森林、草地和湿地等自然生态系统造成了巨大影响,导致生态系统质量低下,水土流失、沙漠化、石漠化、野生动植物生境破坏和流域生态环境恶化等一系列严重的生态问题频发,严重阻碍我国区域生态、社会经济的可持续发展,威胁到我国的生态安全。因此,坚持以科学发展观为指导,积极开展生态脆弱区的生态系统管理,是保护、改造和治理生态脆弱区退化生态系统,合理利用自然资源,实现人与自然和谐发展的重要保障。

6.1 脆弱生态系统退化问题与风险

6.1.1 生态脆弱区的含义与特征

生态脆弱区指生态条件已成为社会经济发展的限制因素或社会按目前模式继续发展时将威胁生态安全的区域,是自然区域、经济区域与行政区域的综合体现。它对各种自然的人为的干扰极为敏感,生态环境稳定性差,生态平衡常遭到破坏,生态环境退化超出了现有社会经济和技术能力长期维持人类利用和发展的水平,朝着不利于人类利用的方向发展,并且在现有的经济条件下,这种逆向发展的趋势不能得到有效的遏制。

我国地域辽阔,自然地理条件复杂,人类活动历史悠久,导致我国生态脆弱区具有类型多、范围大、时空演化快等特点。脆弱生态系统指生态系统对来自外界施加胁迫或干扰的抵抗力较差,生态脆弱指数较低。生态系统各要素之间,食物链和食物网构成了物种间生态系统的结构破坏、功能下降以及演替阶段时间延长有着密切关系。脆弱生态系统有三种理解:一是指正常功能被打乱,发生了不可逆变化,从而失去恢复能力的生态系统;二是指当生态系统发生了变化,以至于影响人类的生存和自然资源利用的生态系统;三是指生态系统退化超过了在现有社会经济和技术水平下能长期维持目前人类利用和发展水平的状况。

生态系统可以承受一定的外界压力,并通过自我调节机制来恢复其相对平衡,但当外界压力超过其调节能力的限度(生态阈值)时,生态系统则遭破坏,导致生态环境恶化,因此,生态环境具有一定的脆弱性。不同生态环境的生态阈值不同,其脆弱程度也多不相同。有明显脆弱性的生态环境,具有下列特征之一或几种特征的组合。

①环境容量低下:表现在生态资源匮乏,土地生产力低,人口承载容量小,物质能量交换在低水平条件下进行。当人口密度超过允许的人口承载量时,极易引起资源量失衡和土地退化,甚至导致环境恶化。如生态阈值较低的森林和草原,其年采伐量和载畜量也相对较低,如果年采伐量和载畜量超过其限定量时,将导致森林退化和草原退化。

②抵御外界干扰能力差:脆弱生态环境犹如健康水平差或体质虚弱的人,既不能肩负重担,也难以抵御病魔的侵扰,在受到外界力量干扰时,较容易发生生态变化甚至环境突变。如陡坡山地,在暴雨时易发生水土流失甚至滑坡、泥石流等;干旱地区更易遭受旱灾威胁和沙尘暴危害等;浅薄贫瘠的土壤,在受到侵蚀时更易于发生土地退化和石漠化。

③敏感性强,稳定性差:生态系统处于不断的变化中,但在变化过程中,有相对的稳定阶段,其生态系统的物质和能量的输入与输出基本平衡,这时生态环境对生物种群生存发展的适宜度较高。但脆弱生态环境由于其调节生态平衡的功能差,对外界干扰表现出较大的敏感性,其生态系统的稳定性易于被破坏。例如,严重流失的侵蚀劣地,对温度和水分的敏感性增强,温度的年振幅和日振幅均较有林地显著增大;土壤水分损耗快,湿润状况较有林地明显降低;对植被重建极为不利。此外,生态系统极其脆弱的侵蚀环境,由于植被稀缺,水土流失严重,对洪涝灾害有强烈的敏感性,暴雨季节,常出现河水暴涨暴落和低流量、高水位、大洪峰等现象。

④自然恢复能力差:此特征为脆弱生态环境的重要特征之一。生态系统一般都潜育着脆弱性和再生性的双重功能,但脆弱生态环境,在遭到外界破坏其生态平衡后,往往失去其生物再生能力,使生态环境不断恶化。在生态环境严重恶化的地段,改造难度极大,要投入巨大的物力、财力、人力和漫长的时间。例如,干旱、半干旱地区因风蚀形成的沙化土地和荒漠化土地,南方地区因水蚀产生的"红色沙漠""白沙岗"等侵蚀劣地,生态环境极为恶劣,自然再生能力极差,成为水土保持和生态环境建设的"硬骨头",对经济建设和可持续发展构成严重阻碍。

6.1.2 我国生态脆弱区的分布

研究表明,我国主要有 5 个典型生态脆弱区,即北方半干旱农牧交错带、北方干旱绿洲边缘带、西南干热河谷地区、南方石灰岩山地地区以及藏南山地地区,共涉及 12 个省(自治区)64 个县约 127km^2。

北方半干旱农牧交错典型生态脆弱区范围东起科尔沁草原,经鄂尔多斯高原南部和黄土高原北部,西至河西走廊东端,主要包括河北、内蒙古、山西、陕西、宁夏等省(自治区)的 52 个县(市),总面积约 25×10^4km^2。该区是耕作业与畜牧业的过渡地区,习惯上称为农牧交错带,是历史上农牧界线变化频繁、波动较大的区域。水分是造成整个系统不稳定的主导因素。以旱作农业而言,年降水量大于 400mm 基本上能够满足春麦的需求,低于 400mm 则收成不稳定。该区 400mm 的年降水保证率不高于

75%，而 350mm 的年降水保证率不低于 50%。由于人口增长过快，粮食保障未得到根本解决，坡地退耕困难，水土流失面积大。土地耕垦、过牧和樵采等不适当的人类活动是造成植被破坏的主要原因（表 6-1）。

表 6-1 我国生态脆弱区分布与主导因素

名称	范围	面积（km^2）	主导因素
北方半干旱农牧交错地区	东起科尔沁草原，经鄂尔多斯高原南部和黄土高原北部，西至河西走廊东端，主要包括河北、内蒙古、山西、陕西、宁夏等省（自治区）的 52 个县（市）	25×10^4	水分短缺
北方干旱绿洲-沙漠过渡地区	主要包括甘肃、新疆等省（自治区）的 61 个县（市）	59×10^4	水分短缺
南方石灰岩山地地区	主要包括贵州、广西等省（自治区）的 76 个县（市）	17×10^4	土层薄、肥力低、水土易流失
西南山地河谷地区	云贵高原和横断山区的南部，主要包括云南、四川的 56 个县（市）	20×10^4	流水侵蚀及干旱导致的环境退化和资源可利用程度降低
藏南山地地区	西藏南部雅鲁藏布江中游的 19 个县（市），包括雅鲁藏布江河谷及其主要支流年楚河、拉萨河中下游地区	6×10^4	气象灾害频繁

北方干旱绿洲-沙漠过渡典型脆弱生态区位于我国西北地区，行政范围主要包括甘肃、新疆等省（自治区）的 61 个县（市），面积约 $59 \times 10^4 km^2$。脆弱生态类型呈环带状分布于干旱绿洲与沙漠过渡的地区，包括塔克拉玛干沙漠、塔里木盆地周边与河西走廊等地区。该区地处欧亚大陆中心，位于我国的内陆腹地，因远离海洋，降水稀少，年降水量多在 300mm 以下。水分短缺是影响环境利用的主导因素。由于人口分布相对集中于绿洲地区，上游过度用水造成的下游水源短缺、土壤次生盐渍化、草场过牧与退化现象均十分严重。

南方石灰岩山地脆弱生态区主要包括贵州、广西等省（自治区）的 76 个县（市），约 $17 \times 10^4 km^2$。生态系统中导致脆弱的主导因素是土层薄、肥力低、水土易流失。几十年来，岩溶地区人口膨胀和经济活动的加剧，乱砍滥伐、毁林毁草和不合理的耕作方式，已导致植被退化和严重的水土流失，使其向荒漠化（石化）方向发展，并有进一步扩大和恶化的趋势。同时，这一地区也是我国贫困问题较集中的区域。

西南山地河谷脆弱生态区位于我国云贵高原和横断山区的南部，主要包括云南、四川的 56 个县（市），面积约 $20 \times 10^4 km^2$。由于热量资源丰富，有河水可供利用，故耕地集中，人口稠密，是西南山区农业发展的中心地域。但该区的主要问题是流水侵蚀及干旱导致的环境退化和资源可利用程度降低。

藏南山地脆弱生态区主要分布于西藏南部雅鲁藏布江中游的 19 个县（市），包括雅鲁藏布江河谷及其主要支流年楚河、拉萨河中下游地区，面积约 $6 \times 10^4 km^2$。该区环境变化的主导因素是气象灾害频繁。

6.1.3 生态脆弱区的限制要素与环境风险

脆弱生态区是自然区域、经济区域与行政区域的综合体现并具有明显的时效性。

表 6-2 重要生态脆弱区限制因素

第一限制因素	生态脆弱区	第一限制因素	生态脆弱区
水资源	塔里木生态脆弱区	水资源	矿山生态脆弱区
	准噶尔生态脆弱区		华北平原生态脆弱区
	柴达木生态脆弱区		东北平原生态脆弱区
	河西生态脆弱区		成都平原生态脆弱区
	蒙西生态脆弱区		河套平原生态脆弱区
	黄土高原生态脆弱区	土壤资源	云贵高原生态脆弱区
	淮河丘陵生态脆弱区		南方丘陵生态脆弱区
	天山生态脆弱区	过牧、鼠害	青藏高原生态脆弱区
	城市生态脆弱区		蒙古高原生态脆弱区

目前,我国脆弱生态区具有类型多、范围广、时空演化快等特点。在所有脆弱生态区中有 3 种重要脆弱生态类型区,见表 6-2。

由于气候、地理条件的影响,我国生态环境脆弱,对人类活动的干扰十分敏感;同时,悠久的历史、巨大的人口数量和高速的经济发展导致的高强度资源开发,对我国森林、草地和湿地等自然生态系统造成了巨大影响,导致生态系统质量低下、水土流失、沙漠化、石漠化、野生动植物生境破坏和流域生态环境恶化等一系列严重的生态问题。我国脆弱生态区主要面临以下的生态、社会经济问题和环境风险。

6.1.3.1 生态环境脆弱,生态系统质量和功能降低

我国生态环境脆弱区面积占国土面积的 60% 以上,西北干旱半干旱区、黄土高原区、西南山地区和青藏高寒区等地区尤为突出。生态系统功能的退化,导致了生态系统生产力和承载力下降,表现为土地生产力下降、牧场载畜能力降低等。全国森林、灌丛与草地质量和服务功能低下,生态系统质量为低等级与差等级的面积比例分别占 3 种类型总面积的 43.7%、60.3% 和 68.2%;质量为优等级的面积比例仅占森林与草地生态系统总面积的 5.8% 和 5.4%。局部地区生态系统质量仍在下降,如有 17.6% 的森林与 34.7% 的草地生态系统质量均有不同程度的下降。加之森林过度砍伐,使得天然林、混交林面积不断减少,人工林增加,林种、树种单一,造成森林生态系统趋于简单化,防风固沙、保土保肥、涵养水分、改善农田小气候及保护生物多样性的能力下降。

6.1.3.2 土地退化问题仍然严重

(1) 水土流失

2020 年全国水土流失面积 $269.27 \times 10^4 \text{km}^2$,占国土面积(未含香港、澳门特别行政区和台湾地区)的 28.15%,较 2019 年减少 $1.81 \times 10^4 \text{km}^2$,减幅 0.67%。各省水土流失面积均呈减小趋势。与 80 年代监测的我国水土流失面积最高值相比,全国水土流失面积减少了 $97.76 \times 10^4 \text{km}^2$。从分布看,我国水土流失呈现"西高东低"格局,东、中、西部水土流失面积均有所减少。西部地区水土流失面积为 $225.92 \times 10^4 \text{km}^2$,占其国土面积的 33.04%,较 2019 年减少 $1.15 \times 10^4 \text{km}^2$,减幅 0.51%。中部地区水土流失面积为

$29.24×10^4 km^2$，占其国土面积的 17.64%，较 2019 年减少 $0.38×10^4 km^2$，减幅 1.3%。东部地区水土流失面积为 $14.11×10^4 km^2$，占其国土面积的 13.19%，较 2019 年减少 $0.28×10^4 km^2$，减幅 1.93%。

(2) 土地沙化

我国沙化土地面积大，以极重度及重度沙化等级为主。2010 年，全国沙化土地面积为 $182.35×10^4 km^2$，占全国国土总面积的 19.0%。其中，沙漠/戈壁面积占沙化土地面积的 51.8%，极重度沙化面积占沙化土地面积的 16.6%，重度沙化面积占沙化土地面积的 22.5%，中度沙化面积占沙化土地面积的 7.6%。沙化土地面积最多的省份是新疆、内蒙古和西藏，三省份的沙化土地面积占全国沙化土地总面积的 82.0%。近年来，全国沙化土地面积整体减少，但仍有部分地区沙化程度加重。沙化土地面积减少 $11.61×10^4 km^2$，减幅为 6.0%。其中极重度沙化区呈减少趋势，轻度沙化面积增加。沙化程度减轻的地区主要分布在内蒙古东北部、黄土高原西北部和新疆北部等地区。

(3) 石漠化

全国石漠化区域主要分布在贵州、云南、广西、四川、湖南、广东、重庆及湖北 8 个省份的喀斯特地区，总面积为 $9.56×10^4 km^2$，占总面积的 17.9%。石漠化程度以中度和轻度为主，中度石漠化面积 $2.60×10^4 km^2$，占石漠化总面积的 27.2%，轻度石漠化面积 $5.98×10^4 km^2$，占 62.6%。重度石漠化的面积为 $0.98×10^4 km^2$，占 10.3%，主要分布在贵州、云南和广西等省份。全国石漠化程度有所改善，主要在贵州大部、云南西南部等区域，面积减少了 4.7%，但部分地区有恶化的趋势。

(4) 水资源短缺趋势加剧

过度的地下水开采、农业节水工作滞后和不合理灌溉，加之全球气候变化，使得区域性和季节性水资源短缺问题突出，水质性缺水现象显著，植被减少，森林生态功能下降。

(5) 环境污染严重、环境容量低，抗干扰能力下降

由于脆弱生态区经济发展水平较低，人口密度大，人们的环保意识较差，加上其大多数产业工艺技术落后，单位产值能耗大，因此这些地区环境遭到严重污染、环境容量下降。

6.1.4 生态脆弱区生态系统保护理念

(1) 基于生态演替理论的生态脆弱群落保护理念

基于生态演替理论探析生态脆弱区各类种群生态位的特征及作用机理有助于找寻出保护生态脆弱区的高效方法及途径。在生态脆弱区所受外部扰动未突破触发逆行生态演替阈值前，植被处于正向生态演替状态。生态脆弱区植被的生态演化方向受制于内生性的植被生理机制所限定的植被生态位及其相互关系的影响。生态演替理论为脆弱生态群落保护提供有益的思想借鉴。

(2) 基于合理生态容量控制的人类生态足迹理念

生态脆弱区的重点扰动源在于周边人类活动，其生态足迹对生态区资源的过度攫取对生态脆弱区构成威胁。合理的生态容量是指在一定期间内维系一定生态区处于稳

定平衡态时区内的资源所能容纳的最大人类活动量。确定合理的生态容量是避免人类活动对资源的掠夺性开采造成生态脆弱区的生态平衡不可逆的塌陷，最终导致生态环境退化，生态资源供给能力下降。因此测度生态容量并将人类活动对其生态资源的攫取控制在合理生态容量水平，有助于促进该生态系统良性演替及维系人类从该生态系统长期获取利益。

(3) 生态脆弱区的生态修复策略

脆弱生态系统退化状态下的生态修复是一项复杂的系统工程，需要考虑所要恢复的退化生态系统的结构多样性及其动态的整体性和长期性。生态修复工程是指通过降低或消除人类活动对脆弱生态区的扰动，利用生态系统内生演替规律以促进生态系统的自生性恢复和生态系统的改善，实现生态系统的连片系统保护的工程。生态修复工程常规手段是依据科学管理方式实施一定期间的生态区封禁措施，限制人类活动，科学育林育草，实现植被的快速恢复和生态环境控制的目标。

(4) 生态脆弱区系统化生态保护的可持续发展理念

应当秉持可持续发展理念来建构生态脆弱区生态保护体系。生态保护是一种社会活动，受人类意识形态、人文道德水平的规范。管理生态脆弱区的复杂系统需以可持续发展理念为基本导向，将其视为实现生态脆弱区人与自然和谐共处的基石。其一，以人地关系理论为构建生态脆弱区可持续发展的理论基础，基于脆弱生态区生态指标各子系统的功能、结构与运作机理研究来进一步探寻特定时间断面上区域内人口、资源、环境及生态胁迫间的相互制衡与优化匹配关系。其二，生态脆弱区的可持续发展并非滞留于生态保护层面，而是追求维系生态平衡前提下的资源合理利用。可持续发展理念要求在生态脆弱区进行适度的经济发展，并以此提升区内社会系统的稳定性及人的生活水平和素质状态，从而更利于保护区内的生态环境。在可持续发展理念下，人口、资源、生态环境与经济发展间的矛盾是可调和的，且相互促进。

(5) 完善生态脆弱区生态保护相关法律制度体系

构建脆弱生态区生态保护的长效机制的核心是构建生态保护相关法律制度体系，以制度化、规范化管理促进脆弱生态区的生态自循环与经济自循环良性发展。其一，革新传统立法模式，提升脆弱生态区的相关生态保护立法主体层级。其二，打破传统生态法律法规的分割状态，逐步构建统一协调的生态保护法律体系，实现对生态脆弱区的系统性管理。鉴于生态脆弱区的保护系统性要求，故亟须实现我国生态保护立法方式从孤立的考虑大气、水资源、海洋、土地、森林等生态诸要素的保护性立法向整合生态系统诸要素的综合性立法模式转变。其三，生态脆弱区的生态保护法制体系应将各类经济活动纳入生态保护范畴，通过将生态经济损益核算以及生态补偿制度，以及生态产业技术创新激励制度纳入生态系统的整体性立法体系中，实现基于生态保护前提下的生态平衡与经济社会发展的可持续发展。

6.2 荒漠生态系统保护与修复

荒漠生态系统是指分布于干旱地区，极端耐旱植物占优势的生态系统。由于缺乏水分，植被极其稀疏，甚至有大片的裸露土地，植物种类稀少，生物量很低，能量流动和物质循环缓慢。荒漠化是全球性的重大环境问题,自20世纪70年代以来,已引起国际社会的广泛关注。1992年联合国环境与发展大会通过的《21世纪议程》,把防治荒漠化列入国际社会优先采取行动的领域,充分体现了当今人类社会保护环境与可持续发展的新思想。1994年签署的《联合国防治荒漠化公约》,是国际社会履行《21世纪议程》的重要行动之一,体现了国际社会对荒漠化防治的高度重视。土地荒漠化所造成的生态环境退化和经济贫困,已成为21世纪人类面临的最大威胁,因为,防治荒漠化不仅关系到人类的生存与发展,而且是影响全球社会稳定的重大问题。

6.2.1 荒漠的概念与类型

荒漠是指气候干燥、降水稀少、蒸发量大、植被贫乏的地区。按地表物质的组成,荒漠分沙漠、砾漠、岩漠、泥漠、盐漠、寒漠。1992年召开的联合国环境与发展大会上,在《21世纪议程》中,明确了"荒漠化"的定义:荒漠化是指包括气候变异和人类活动在内的干旱半干旱和亚湿润地区的土地退化过程和现象。

荒漠生态系统是地球上自然条件极为严酷的生态系统之一,其主要特点包括:①极端干旱,降水量很小而且蒸发量极大;②夏季昼夜温差大,冬季严寒;③植被十分稀疏,以超强耐旱并耐寒的小乔木、灌木和半灌木占优势;④物种多样性极为贫乏,生物量很低,生产力极其低下。

我国的荒漠是发育在降水稀少、蒸发强烈、极端干旱生境下的稀疏生态系统类型,主要分布在我国西北干旱区,荒漠和戈壁面积约 $100\times 10^4 km^2$,占中国国土面积的1/5。新疆有我国最大的荒漠区,其生态系统类型按植被组成可分成4类:小乔木荒漠、灌木荒漠、垫状小半灌木(高寒)荒漠,以及半灌木、小半灌木荒漠。

西部地区的荒漠生态系统集中分布在西北干旱地区,属温带荒漠,其特征为干旱、风沙、盐碱、贫瘠、植被稀疏。其中面积分布最广的是新疆,其次是内蒙古、青海、甘肃、西藏。在西南地区干湿季分明的亚热带和热带,如四川、云南、贵州一带受到焚风作用的干热河谷中,也有零星的非地带新热带荒漠。

我国荒漠生态系统大多分布在老少边贫地区,自然条件差,经济发展较为落后。受到自然条件的制约,居民基本集中在绿洲、河谷、山前平原等地区,不少地区绿洲农耕区人口密度超过全国水平,有的高达 500 人/km^2,而广大的荒漠、戈壁和草原地区却人烟稀少。

荒漠生态系统按气候条件可分为亚热带荒漠和温带典型荒漠,在高山和高原上分布有高寒荒漠,每个地带内又可按土壤基质划分为砾质荒漠(戈壁)、沙质荒漠(沙漠)、干泥漠和龟裂地、盐碱荒漠等。各种类型在荒漠环境的严酷性、生物适应方式、生物群落的稀疏性等方面基本一致,差别主要表现在动植物的组成上。

6.2.2 荒漠化的危害与成因

荒漠化是一项在自然和人为双重因素影响下发生的复合性灾害,其危害程度和危害深度都较其他灾害更为严重。因为它摧毁的是人类赖以生存的生态环境,直接影响着人类的经济等社会各方面的活动,而且荒漠化的发生、发展还可进一步诱发各种毁灭性的自然灾害,所以,荒漠化现在已成为国际社会所关注的全球性环境和资源问题。

6.2.2.1 荒漠化的危害

当今,全世界由于荒漠化造成的经济损失(包括土地退化、生产力下降带来的损失和治理已经荒漠化的土地所需费用),每年达4200万美元。20世纪90年代以来,全世界农业生产发展缓慢,粮食产量增加值降低等。所有现存的问题都反映出,荒漠化正在阻碍着人类的发展,威胁着人类的生存。荒漠化带来的危害主要表现在以下几个方面:

(1) 土地退化

荒漠化造成的土地退化主要表现为:①生态环境破坏,植被覆盖率降低,表层土壤发生退化,水蚀、风蚀作用使植被赖以生存的肥沃表层土壤荒漠化;②沙漠蔓延,吞噬绿洲、农田,直接造成农牧业减产;③洪涝灾害引起大量土体搬运、沉积;④土壤肥力降低;⑤土壤发生次生盐渍化、酸化(使用过多的某种化肥);⑥土壤污染。

(2) 生物群落退化

荒漠化引起植被退化,进而导致土壤退化,反过来又影响植物、动物的生存与发展,这样形成的恶性循环过程,使生物群落的密度、多样性等向着不利的方向演替,如额济纳河两岸的芦苇、芨芨草甸绝大部分枯死,胡杨、沙棘林也大部分死亡,其植被的演替过程为:芦苇、芨芨群落(草甸景观)—胡杨(沙枣)杂类草群落(河岸林景观)—红柳、杂类草群落(灌丛景观)—苏枸杞、盐爪爪群落(盐生植被景观)。再如新疆和田地区,中华人民共和国成立初期,天然胡杨林保存面积 $12\times10^4 \mathrm{hm}^2$,20世纪70年代仅存 $1.8\times10^4 \mathrm{hm}^2$,近 $4\times10^4 \mathrm{hm}^2$ 的柽柳林也遭遇相同的命运。

(3) 气候变化

植被的退化引起地面反射率、CO_2 吸收率的变化,从而对气候的变化产生影响,现在全球气温回升,降水量减少,蒸发量加大,沙尘暴发生次数增多。2018年温室气体浓度创新高,二氧化碳的浓度为百万分之407.8,甲烷为十亿分之1869,氧化亚氮为十亿分之331.1,2020年1月,全球陆地和海洋表面气温比20世纪的1月平均气温(12℃)高1.14℃,超过2016年1月创下的纪录。北极海冰覆盖面积比1981年到2010年的平均水平低5.3%,南极海冰覆盖面积比1981年到2010年的平均水平低9.8%。

(4) 水文状况恶化

水文状况的恶化主要是由植被退化引起的,表现在:①洪峰流量增大,形成洪涝灾害,枯水流量减少,断流时间增加,如黄河近年在中下游出现的断流现象,还有一些湖泊干涸的现象,它们只能随上游来水的丰欠,变成间歇性积水的湖泊,像黑河某端的两个著名湖泊——嘎顺诺尔和索果诺尔;②地上径流增加,地下径流减少,水蚀作用加大,水质变坏,甚至在一些地方,地下水位下降,为土地资源的退化创造了恶性循环的条件,在上面提到的嘎顺诺尔和索果诺尔两地周围,地下水位下降了2~3m,地下水矿化度由原来的1g/L以下增至1~3g/L以上,古日乃湖、扬子湖一带的井水含氟量可达 1.5~4.0mg/L;③一些地区地下水位提高,土壤发生次生盐渍化,有些河湖滩地天然绿洲的沼泽土、草甸土逐渐向盐渍化土壤演变,其演替序列为沼泽土(草甸土)—盐化草甸土—草甸盐土—矿质(结壳)盐土。

(5) 污染环境

土地在沙漠化过程中产生一系列沙尘物质,在风力作用下对环境造成严重污染。以地表蠕移和跃移状态的风沙流,以及细沙以上各种沙质沉积物造成的污染主要限于沙漠化地区;而以悬浮状态运动的沙质物质(主要是部分极细沙及其以下的微沙,特别是粉尘),则可以扩及沙漠化地面以外的广大空间,尤以与大风伴生的沙尘暴的污染最为严重,成为影响我国环境范围最大的严重污染源,波及我国中部、东南部直至沿海大片地区。

目前,在沙区及其周围地区存在大量的风成沙和黄土沉积物,这便是风沙物质长期污染环境形成的地质历史记录,风沙物质不仅妨碍人类的活动,还可对人类身体健康产生直接损害,如沙尘物质进入人的口、眼、鼻、喉及食物中,经常引起精神不快,眼睛、呼吸道和盲肠发炎。而且,沙尘物质一旦进入工厂的机房,就会大大增加仪表和零件的磨损,导致其润滑不良,缩短其使用寿命,甚至造成停机、停产,还可能引起重大事故。同样,水蚀、盐渍化等其他类型的荒漠化都会对环境造成不同程度的污染。

(6) 毁坏生活设施和建设工程

环境破坏,生态平衡失调,自然灾害频繁发生,常常威胁人类的生命、财产安全。例如,河西走廊的重要城镇民勤在古代曾被流沙埋没,城郊20多个村庄近200年来大部分陆续被迫迁移,不得不重新选址建成现在的民勤镇。再如黄河下游地区,河道内泥沙淤积,河床不断抬高,造成河堤多次溃决,泛滥成灾,使两岸人民饱受流离失所之苦。

在工程建设方面,主要是对公路、铁路、矿区,以及一些风蚀、水蚀、盐渍化等防治工程的危害。荒漠化地区的公路、铁路不仅时常线路被破坏,路基桥梁被损害,而且风沙常常干扰行车作业。初步估计,全国受沙埋沙害影响的公路、铁路总长为2000km。包兰铁路的乌吉支线于1967年建成通车,但自1970年以来,线路因沙害造成大的脱轨事故22次,沙埋铁路最深达1.7m,沙埋1m以上的线路约2km,几年中铁路部门用于铁路防沙的投资达200多万元。

在水土流失严重的地区,河流上游土地、植被退化,来水冲刷表土,将其携带到下游地区,淤积河道、水库和灌渠;另外,风成沙直接影响水利工程设施,即受风沙流和沙丘前移的影响,使水库、渠道难以发挥正常效益。例如,青海龙羊峡水库,每年入库的总泥沙量为 $0.313\times10^4m^3$。随着泥沙堆积量增加,库容逐步缩小,给水力发电、防洪、灌溉等方面造成相当大的经济损失。

综上所述,荒漠化的危害是多方面的,由于它不具有突发性,不能立即摧毁人类的生命、财产,因此常常不能引起人们的广泛重视。但是,荒漠化带来的危害,不论是从时间上还是空间上,其影响的深远度及由此带来的损失是非常严重的。所以,加强荒漠化防治,提高人们的环境保护意识,应早日落实在实处,荒漠化防治的各项工作应纳入我国乃至全世界的经济发展轨道。

6.2.2.2 荒漠化的成因

1977年的联合国荒漠化大会对全球荒漠化问题首次进行了全面、综合、科学的分析和总结,逐渐意识到荒漠化过程动力机制研究的重要性。荒漠化是气候和人类活动

共同作用的结果,其主要成因如下:

(1)人为活动

人口增长对土地的压力是土地荒漠化的直接原因。干旱土地的过度放牧、粗放经营、盲目垦荒、水资源的不合理利用、乱樵采、过度砍伐森林、不合理开矿等现象是人类活动加速荒漠化扩展的主要表现。以人口密度与草地退化的关系为例,宁夏、陕西和山西的干旱半干旱地区由于人口密度较高,草地退化比例高达90%~97%;新疆、内蒙古和西藏的干旱半干旱及亚湿润干旱区的人口密度较低,草地退化比例为80%~87%;而人口密度最低的西藏,平均退化比例为23%~77%。

过度放牧是草地退化的主要原因。以内蒙古为例,过牧严重导致 $13.3×10^4 hm^2$ 草场严重退化,迫使4个苏木的175户牧民迁移他乡。目前,干旱、半干旱及亚湿润干旱区许多草场的实际载畜量都远远超过了理论载畜量,成为草场退化的重要原因。

在黄土高原等具起伏的地区,陡坡垦耕是导致耕地退化的主要原因。据观测,小于5°的坡耕地,每年每公顷表土流失量为15t左右,25°的坡耕地每年每公顷表土流失量可达120~150t,而水平梯田则不产生表土流失。据全国沙漠化普查资料,除西藏外,北方12个省份干旱半干旱地区和亚湿润干旱地区的人口密度平均为24人/km^2,超过了该类环境条件的人口承载极限。

樵采、乱挖中药材、毁林等则是直接导致土地荒漠化的人类活动。柴达木盆地原有固沙植被 $200×10^4 hm^2$,到20世纪80年代中期,因樵采已毁掉1/3以上。新疆荒漠化地区每年所需燃料折合成薪柴为 $350×10^4$~$700×10^4 t$,使大面积的荒漠植被遭到破坏。而额济纳绿洲的萎缩,居延海的干涸,民勤绿洲大片人工林的干枯和衰退,都是人为活动的影响导致大面积土地荒漠化的实例。

不合理灌溉方式是造成耕地次生盐渍化的直接原因。河套平原灌区目前耕地面积的半数已发生次生盐渍化,而河北亚湿润干旱区及半干旱区退化耕地中的66%是由于灌溉方式不当而产生盐渍化的。

(2)自然因素

①地理环境因素:我国干旱半干旱及亚湿润干旱地区深居大陆腹地,远离海洋,加上纵横交错的山脉,特别是青藏高原的隆起对水汽的阻隔,使这一地区成为全球同纬度地区降水量最少、蒸发量最大、最为干旱脆弱的环境地带。加之全区处在西伯利亚、蒙古高压反气旋的中心,从西到东、从北到南大范围频繁的强风,为风蚀提供了充分的动力条件。而局部地区的起伏地形,深厚、疏松的沙质土壤和短历时高强度的降水特征,加剧了水蚀的发生,使黄土高原北部与鄂尔多斯高原的过渡地带及黄土高原中西部成为水蚀荒漠化最为集中、程度最为严重的地区。大范围极度干燥、局部地段低洼、排水不畅、降水稀少与强烈的蒸发,在不合理的灌溉措施下又加剧了土地盐渍化。

②气候因素:据资料显示,近年来中国干旱半干旱地区及亚湿润干旱区的部分地区降水呈减少的趋势另一些地区气温则有增高的趋势,导致蒸发力的增大,助长了土壤盐渍化的形成。这些都在一定程度上加剧了荒漠化的扩展。近年来频繁发生于我国西北、华北(北部)地区的沙尘暴,就加剧了这些地区的荒漠化进程,导致了极为严重的后果。

6.2.3 我国荒漠化现状

据第五次全国荒漠化与沙化土地监测结果显示，截至 2014 年，我国荒漠化土地面积 $261.16\times10^4\text{km}^2$，沙化土地面积 $172.12\times10^4\text{km}^2$。与 2009 年相比，5 年间荒漠化土地面积净减少 12120km^2，年均减少 2424km^2；沙化土地面积净减少 9902km^2，年均减少 1980km^2（图 6-1）。监测结果表明，自 2004 年以来，我国荒漠化和沙化状况连续 3 个监测期"双缩减"，呈现整体遏制、持续缩减、功能增强、成效明显的良好态势，但防治形势依然严峻。

6.2.3.1 各省份荒漠化现状

截至 2014 年，全国荒漠化土地总面积 $261.16\times10^4\text{km}^2$，占国土总面积的 27.20%，分布于北京、天津、河北、山西、内蒙古、辽宁、吉林、山东、河南、海南、四川、云南、西藏、陕西、甘肃、青海、宁夏、新疆 18 个省份的 528 个县（旗、市、区）。主要分布在新疆、内蒙古、西藏、甘肃、青海 5 个省份，面积分别为 $107.06\times10^4\text{km}^2$、$60.92\times10^4\text{km}^2$、$43.26\times10^4\text{km}^2$、$19.50\times10^4\text{km}^2$、$19.04\times10^4\text{km}^2$，5 个省份荒漠化土地面积占全国荒漠化土地总面积的 95.64%；其他 13 省份占 4.36%。

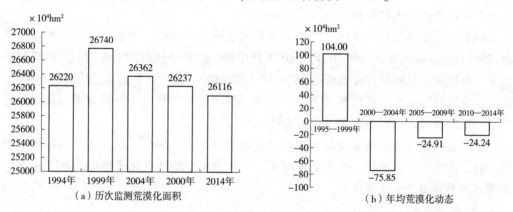

图 6-1 我国荒漠化土地状况

6.2.3.2 各气候类型区荒漠化现状

干旱区荒漠化土地面积为 $117.16\times10^4\text{km}^2$，占全国荒漠化土地总面积的 44.86%；半干旱区荒漠化土地面积为 $93.59\times10^4\text{km}^2$，占 35.84%；亚湿润干旱区荒漠化土地面积为 $50.41\times10^4\text{km}^2$，占 19.30%（图 6-2）。

6.2.3.3 荒漠化类型现状

风蚀荒漠化土地面积 $182.63\times10^4\text{km}^2$，占全国荒漠化土地总面积的 69.93%；水蚀荒漠化土地面积 $25.01\times10^4\text{km}^2$，占 9.58%；盐渍化土地面积 $17.19\times10^4\text{km}^2$，占 6.58%；冻融荒漠化土地面积 $36.33\times10^4\text{km}^2$，占 13.91%（图 6-3）。

6.2.3.4 荒漠化程度现状

轻度荒漠化土地面积 $74.93\times10^4\text{km}^2$，占全国荒漠化土地总面积的 28.69%；中度荒漠化土地面积 $92.55\times10^4\text{km}^2$，占 35.44%；重度荒漠化土地面积 $40.21\times10^4\text{km}^2$，占 15.40%；极重度荒漠化土地面积 $53.47\times10^4\text{km}^2$，占 20.47%（图 6-4）。

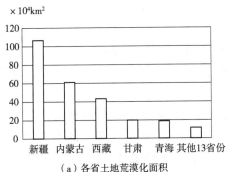
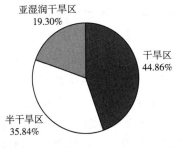

(a)各省土地荒漠化面积

(b)不同气候类型区荒漠化土地面积比例

图 6-2 不同气候类型区荒漠化土地比例

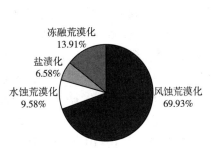
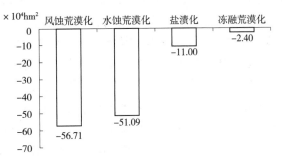

(a)不同荒漠化类型土地面积比例

(b)荒漠化类型动态变化

图 6-3 不同类型荒漠化土地比例

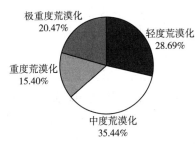

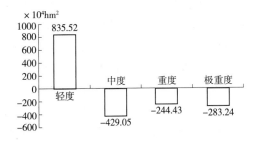

(a)不同程度荒漠化土地面积比例

(b)荒漠化程度动态变化

图 6-4 不同程度荒漠化土地比例

6.2.4 荒漠化治理的生态环境技术

6.2.4.1 植被恢复技术

在荒漠地带由于生态条件更加严酷,一般的植物固沙已不可能,必须在有地下水、地表水可利用的条件下进行有限的植物固沙工作。但是由于我国干旱绿洲(人工与天然)的生命之源是高山冰川融水形成的河流、湖泊与地下水。它们滋养了荒漠植被,如胡杨(*Populus diversifolia*)、梭梭(*Haloxylon ammodendron*)、柽柳(*Tamarix* spp.)成为该地区荒漠海洋中的生命绿岛及人类繁衍与经济活动的中心,它们是无价的生态屏障。在水分极其缺乏的广大荒漠化地区只能通过工程措施(化学、风力、沙障等)进行特别必需的流沙治理。

(1) 封沙育林，育草固沙

在《全国防沙治沙规划（2011—2020年）》（以下简称《规划》）中，有一项重要措施就是封沙育林育草治沙。《规划》要求全国封育治沙面积达 $266.7 \times 10^4 hm^2$，占治沙面积的40%，比人工造林（占20%）和飞机播种（占10%）两项之和还多，可见封育措施已成为重要的治沙方法，并且得到广泛的应用。

在干旱半干旱地区，原有植被遭到破坏或有条件生长植被的地段，实行一定的保护措施（设置围栏），建立必要的保护组织（护林站），把一定面积的地段封禁起来，严禁人畜破坏，给植物以繁衍生息的时间，逐步恢复天然植被。

在我国半干旱风沙地区，封育是常用的措施，在几年内可使流沙地达到固定、半固定状态。以内蒙古为例，20世纪50年代全区封沙育草 $260 \times 10^4 hm^2$，使大面积流沙基本得到固定。在半干旱地区，辽宁的建平、台安、凌海、盖州等地，通过封育使35km长的大凌河两岸沙地长满了各种乔灌草植物，很快覆盖了沙面。内蒙古鄂尔多斯伊金霍洛旗毛乌素盖村从1952年起封沙育草 $17300 \times 10^4 hm^2$，至1960年已由流沙变成以沙蒿为主的固定沙地。据调查，鄂托克旗开垦的荒漠化草原，一经弃耕封禁，天然植被很快繁生，1~2年以星星草（*Puccinellia tenuflora*）、狗尾草（*Setaria viridis*）、灰藜（*Chenopodium album*）、蒺藜（*Tribulus terrestris*）为主，总盖度达70%，3~5年赖草（*Leymus secalinus*）、白草（*Pennisetum flaccidum*）等根茎植物繁生，6~10年恢复到接近当地的稳定植被。

新疆、甘肃、内蒙古通过封育胡杨、梭梭、怪柳等使遭受破坏的林地都取得了大面积恢复植被的效果。敦煌周围通过封育恢复胡杨、怪柳及多种荒漠植被几十万亩，改善了生态环境。封育恢复植被是非常有效又成本最低的措施。据计算，封育成本仅为人工造林的1/40（灌溉）~1/20（旱植），为飞播造林的1/3。敦煌市综合封育成本为 $45 元/hm^2$，可在干旱、半干旱、亚湿润地区推广。封育同时可以人工补种、补植、移植和加强管理，加速生态逆转。植被恢复到一定程度可进行适当利用。封沙育林草的面积大小与位置要考虑需要与可能，封育时间的长短与植被恢复的情况有关。封育要重视时效性，封育区必须存在植物生长的条件，有种子传播、残存植株、幼苗、萌芽、根蘖植物的存在，南疆要有夏季洪水与种子同步的条件等。如确实不具备植物生长条件，则植物难以恢复。在以往植被遭到大面积破坏，或存在植物生长条件，附近有种子传播的广大地区，都可以考虑采取封育恢复植被的措施以改善生态环境。封育不仅可以固定部分流沙地，更可以恢复大面积因植被破坏而衰退的林草地，尤其是因过牧而沙化退化的牧场。因此这一技术在恢复建设植被方面有重要意义。

(2) 飞机播种造林，种草固沙

飞机播种造林种草固沙恢复植被是治理风蚀荒漠化土地的重要措施，也是绿化荒山荒坡的有效手段。具有速度快、用工少、成本低、效果好的特点，尤其对地广人稀、交通不便、偏远的荒沙、荒山地区恢复植被意义更大。一架运-五飞机一天飞播量相当于500人劳动量。我国北方地区自1985年推广飞播技术以来，榆林地区、鄂尔多斯地区、赤峰地区、阿拉善地区及黄土高原大面积推广飞播造林种草治沙，保持水土，建设草场，取得了很好的效益。

我国从1958年开始飞播治沙试验，到1985年取得成功，如今，我国的飞播治沙技术经过不断改进水平已居于世界领先地位。在降水不足 200mm 的荒漠草原飞播沙拐枣（*Calligonum mongolicum*）、花棒（*Hedysarum scoparium*）等均取得了成功。飞播的成功与否受自然条件影响很大，必须掌握飞播规律才能取得成功。

(3) 植物固沙

在荒漠化地区通过植物播种、扦插、植苗造林、种草固定流沙是最基本的措施。流沙治理的重点在沙丘迎风坡。这个部位风蚀严重、条件最差、占地多、最难固定，解决了迎风坡的固定，整个沙丘就基本固定。经过研究与实践，在草原地区的流动沙丘迎风坡可通过不设沙障的直接植物固沙方法来解决。

①直播固沙：直播是用种子作为材料，直接播于沙地建立植被的方法。直播在干旱风沙区有很多的困难，因而成功的概率相对更低。这是由于：一是，种子萌发需要足够的水分，但在干沙地通过播种深度调节土壤水分的作用却很小，覆土过深植物难以出苗，适于出苗的播种深度沙土极易干燥；二是，由于播种覆土浅，风蚀沙埋对种子和幼苗的危害比植苗更严重，且播下的种子也易受鼠虫鸟的危害。然而直播成功的可能性还是存在的，沙漠地区的几百种植物绝大部分是由种子繁殖形成的。一些国家在荒漠、半荒漠直播燕麦（*Avena sativa*）、梭梭成功的事例不少。我国在草原带沙区直播花棒、蒙古山竹子（俗称杨柴，*Carethe rodendron fruticosum* var. *mongolicum*）、锦鸡儿（*Caragana sinica*）、沙蒿（*Artemisia desertorum*），在半荒漠直播沙拐枣、梭梭成功的事例也不少。鸟兽虫病害从技术上也可加以控制。直播也有许多优点，如直播施工远比栽植过程简单，有利于大面积植被建设。直播省去了烦琐的育苗环节，大大降低了成本；直播苗根系未受损伤，发芽生长开始就在沙地上，不存在缓苗期，适应性强。尤其在自然条件较优越的沙地，直播建设植被是一项成本低、收效大的技术措施。从直播技术上讲，选择适宜的植物种、播期、播量、播种方式、覆土厚度，此外采取有效的配合措施，都可以提高播种成功率。就播期来看，春夏秋冬都可进行直播，生产的季节限制性比植苗、扦插小得多。我国西北地区 7~9 月这 3 个月降水集中，风蚀沙埋、鼠兔虫害均较轻，对直播出苗有利。但当年生长量较小，木质化程度低，次年早春抗风力弱，保苗力差。为延长生长季，将直播播期提前至 5 月下旬至 6 月上旬，也有保证播种成功的降水条件，从而能获得好效果。

②植苗固沙：植苗（即栽植）是以苗木为材料进行植被建设的方法。由于苗木种类不同，植苗可分为一般苗木、容器苗、大苗深栽 3 种方法。此处只讨论一般苗木栽植固沙方法。一般苗木多是由苗圃培育的播种苗和营养繁殖苗，有时也用野生苗。由于苗木具完整的根系，有健壮的地上部分，因此适应性和抗性较强，是沙地植被建设应用最广泛的方法。但植苗包括播种育苗、起苗、假植、运输、栽植等环节，工序多，苗根易受损伤或劈裂，也易因风吹日晒使苗木特别是根系失水，栽植后需较长缓苗期，各道工序质量也不易控制，大面积造林更为严重，常常影响成活率、保存率和生长量。因此，要十分重视植苗固沙造林的技术要求。在草原流沙地湿度条件下，采用适当深植、合理密植的方法，争取造林后 1~2 年就接近郁闭，可不扎沙障。如密植密度接近于沙障，一般深度也能成活，且栽后就能起到防风积沙作用。实践证明，栽植固沙成功的植物种有沙蒿、紫穗槐、花棒、杨柴。

③扦插造林固沙：很多植物具营养繁殖能力，可利用营养器官（根、茎、枝等）繁

殖新个体。如插条、插干、埋干、分根、分蘖、地下茎等，在沙区植被建设中，群众采用上述多种培育方法。其中应用较广、效果较好的是插条、插干造林，简称扦插造林。扦插优点是：方法简单，便于推广；生长迅速，固沙作用大；就地取条、干，不必培育苗木。适于扦插造林的植物是营养繁殖力强的植物，沙区主要有杨、柳、黄柳、沙柳、柽柳、花棒、杨柴等植物。尽管植物种不多，但在植被建设中作用很大，沙区大面积黄柳、沙柳、高干造林全是由扦插发展起来的。

(4) 结皮固沙

草原或荒漠草原地带的流动沙丘经草沙障固定和人工植被建立，相当的时间之后，草原地带植被覆盖度能达到50%~70%，荒漠草原地带一般仅能达到20%左右。但是以低等生物藻类等为主形成的沙结皮却有着重要作用。它固定了植物之间的沙表，植丛下面沙结皮往往更厚。

流沙表面这种藻类形成的沙结皮最早由 Varming 和 Groebner 提出。土壤藻类的生态作用在于它是植物演替最初阶段的先锋植物，强调它有助于土壤的形成。秋山优等指出一般沙漠和火山地带演替最初阶段的土壤藻类是蓝藻和地衣构成的土壤皮壳，依靠它固定空气中的氮，使土壤有机化，依靠它分泌的黏液质来保持土壤水分及防止黏土粒子流出，为以后植物演替创造了条件。

陈隆亨等(1980)对沙坡头铁路固沙带的沙结皮理化性质及微生物区系进行了测定，机械组成中黏粒随沙地固定程度提高，结皮中物理性黏粒(粒径小于0.01mm)由0.36%提高到8.24%，而结皮下层从0.15%提高到5.61%，结皮层的黏粒比结皮下层显著增加。有机质、速效养分、易溶性盐类含量也随沙丘固定程度而增加。矿物含量分析结果表明，结皮层SiO_2含量随沙丘固定而减少，流动沙丘为81.87%，固定沙地结皮层(0~0.5cm)为71.16%。三氧化物含量则提高，流沙为11.48%，固定沙地结皮层为14.52%。CaO、MgO 含量的变化也与三氧化物有相同的规律。

土壤微生物区系分析结果是：放线菌、细菌、芽孢菌随沙丘固定程度而增多，结皮下层多于结皮层，这可能是结皮层过于干燥的结果。微生物总量中，以细菌占优势，放线菌次之，真菌最少。随着流沙转变为固定沙丘，沙结皮的发育由薄到厚，颜色由浅到深(浅灰白—灰白—灰黑色—黑色)，由粉末状到薄片状再到块状，由松脆到紧密，抗风能力逐级增强。治理30~40年后的今天，植丛间空隙已形成了黑色坚硬表层，植丛下形成厚块状(5~10cm)结皮。硬壳凹洼处积沙，长出数种大量一年生小禾草(小画眉等)，盖度很高，生态条件发生了很大变化。

结皮形成的重要因素是人工植被作用下的枯落物不断增加，草障多次扎设不断腐烂(沙坡头地段林地最多扎设沙障超过7~8次，每亩用麦草达2500~3000kg以上，若铺在地上有几十厘米厚)，加上几次造林后死亡植株及一年生天然植被形成的有机物。通过植丛降低风速，拦截气流中微粒使其沉积于地表，以及随蒸发带到表层的盐类及有机营养层中微生物及藻类低等植物大量繁衍，才能形成这种沙结皮。

(5) 风沙区防护林体系

风蚀荒漠化地区干旱风沙严重，农牧业生产极不稳定。为此，必须因害设防，因地制宜地建立各种类型的防护林。因风沙区自然条件复杂，必须因地制宜地设计乔灌草种。总体上应是带网片线点相结合，构成完善体系，发挥综合效益。其体系组成主要包括以下内容。

①干旱区绿洲防护林体系：在没有水利就没有农业，没有林业也就没有农业的干旱绿洲，防护体系是其生存与发展的生命线。绿洲防护林体系原则上由3部分组成：一是绿洲外围的封育灌草固沙带；二是骨干防沙林带；三是绿洲内部农田林网及其他有关林种。现实状况要比典型介绍复杂得多，要根据实际情况灵活运用。

封育灌草固沙沉沙带：该部分为绿洲最外防线，它接壤沙漠戈壁，地表疏松，处于风蚀风积都很严重的生态脆弱带。为制止就地起沙和拦截外来流沙，需建立宽阔的抗风蚀、耐干旱的灌草带。其方法为：一靠自然繁殖；二靠人工培养；实际上常是二者兼之。新疆吐鲁番市利用冬闲水灌溉和人工补播栽植形成灌草带。莫索湾封禁3000m被破坏的梭梭林地促其幼林恢复。灌草带必须占有一定空间范围，有一定的高度和盖度才能发挥固沙防蚀、削弱风速的作用。在有条件时，其必要的宽度越宽越好，至少不应少于200m，防护需要与实际条件相结合。灌草带形成后，一般都有很好的生态效益及一定的经济效益，但利用时要格外慎重，不能影响防护作用及正常更新。

防风阻沙带：是干旱区绿洲防护林体系的第二道防线，位于灌草带和农田之间，作用是继续削弱越过灌草带的风速，沉降风沙流中剩余沙粒，进一步减轻风沙危害。此带因条件不同差异很大，勿要强求统一模式。在不需要灌溉的地方，当沙丘带与农田之间有广阔低洼荒滩地可大面积造林时，应用乔灌结合，多树种混交，形成实际上的紧密结构。大沙漠边缘、低矮稀疏沙丘区选用耐沙埋的灌木，其他地方以乔木为主。沙丘前移林带难免遭受沙埋，要选用生长快、耐沙埋的树种（小叶杨、旱柳、黄柳、桎柳等），生长慢的树种不宜采用。为防止背风坡坡脚造林受到过度沙埋，应留出一定的安全距离。

绿洲内部农田林网：是干旱绿洲防护林体系的第三道防线，位于绿洲内部，在绿洲内部建成纵横交错的防护林网格。其目的是改善绿洲近地层小气候条件，形成有利于作物生长发育、提高作物产量质量的生态环境，这些和一般农田防护林的作用是相同的。不同的是它还要控制绿洲内部土地在大风时不起沙。

②沙地农田防护林体系：沙地农田因干旱多风土地易风蚀沙化，即使灌溉，也难以高产，营造沙地农田防护林对制止风蚀、保护农业生产有重要意义，是沙区农田基本建设内容。沙区农田防护林除一般农田防护林作用外，最重要的任务是控制土壤风蚀，保证地表不起沙。这主要取决于主林带间距，即有效防护距离。该范围内大风时风速应减到起沙风速以下。因自然条件和经营条件不同，主林带间距差异很大，根据不起沙的要求和实际观测，主林带间距大致为 $15\sim20H$（H 为成年树高）。林带结构对防护作用有重要影响。乔灌混交或密度大时，透风系数小，林网中农田会积沙，形成驴槽地，极不便耕作。而没有下木和灌木，透风系数 0.6~0.7 的透风结构林带却无风蚀和积沙，为最适结构。林带宽度影响林带结构，过宽必紧密。按透风结构要求无须过宽。小网格窄林带防护效果好。有 3~6 行乔木，5~15m 宽即可。常说的"一路两沟四行树"就是常用格式。

半湿润地区降雨较多，条件较好，可以以乔木为主，主林带间距设置为300m左右。半干旱地区沙地农田分布广、条件差，以雨养旱作为主，本区南侧多农田，北侧多草原，中部为农牧交错区。东部地区条件稍好，西部地区为旱作边缘，条件很差，沙化最严重。沙质草原一般不侵风蚀，但大面积开垦旱作，风蚀发展，极需林带保护。因条件差，林带建设要困难得多。东部树木尚能生长，高可达10m，主林带间距150~200m；西部广大旱作区除条件较好地段可造乔木林，其他地区均以耐旱灌木为主，主林带间距仅50m左右。

③干旱地区农田林网：本区为半荒漠—荒漠绿洲，因条件更严酷，成为灌溉农区。因有灌溉条件，林带营造技术较容易。但本区风沙危害多，采用小网格窄林带。北疆主林带间距170~250m，副林带间距1000m；南疆风沙大，用250m×500m网格；风沙前沿用(120~150)m×500m的网格，可选树种也多，以乔木为主。

6.2.4.2 工程防沙技术

(1) 风蚀工程防治技术

①机械沙障固沙：机械沙障指采用柴、草、树枝、黏土、卵石、板条等材料，在沙面上设置各种形式的障碍物，以此控制风沙流动的方向、速度、结构，改变蚀积状况，达到防风阻沙，改变风的作用力及地貌状况等目的。机械沙障在治沙中的地位和作用是极其重要的，是植物措施无法替代的。在自然条件恶劣地区，机械沙障是治沙的主要措施；在自然条件较好的地区，机械沙障是植物治沙的前提和必要条件。通过多年来我国治沙生产实践的总结表明，机械沙障和植物治沙处于相辅相成、缺一不可的平等地位，发挥着同等重要的作用。

机械沙障按防沙原理和设置方式方法的不同划分为两大类：平铺式沙障和直立式沙障。平铺式沙障按设置方法不同又分为带状铺设式和全面铺设式。直立式沙障按高矮不同又分为：高立式沙障，高出沙面50~100cm；低立式沙障，高出沙面20~50cm（此类也称半隐蔽式沙障）；隐蔽式沙障，几乎全部埋入与沙面平齐，或稍露障顶。直立式沙障按透风度不同分为：透风式、紧密式、不透风式3种结构类型。

②化学固沙：化学固沙属于工程治沙措施之一，其作用和机械沙障一样是一种治标措施，也是植物治沙的辅助、过渡和补充措施。化学固沙利用稀释了的具有一定胶结性的化学物质喷洒于松散的流沙沙地表面，水分迅速渗入到沙层以下，而那些化学胶结物质则滞留于一定厚度(1~5mm)的沙层间隙中，将单粒的沙子胶结成一层保护壳，以此来隔开气流与松散沙面的直接接触，从而起到防止风蚀的作用。这种作用是属于固沙型的，只能将沙地就地固定不动，而对过境风沙流中所携带的沙粒却没有防治效果。常用的化学固沙物质的种类和组成如下：

a. 沥青乳液固沙：由石油沥青、乳化剂（用硫酸处理过的造纸废液或油酸钠）、水组成。

b. 沥青化合物固沙：由30%~50%的沥青或黏油、30%~50%的矿石粉、30%~35%的水组成。

c. 涅罗森固沙：由0.3%含氮物质、0.3%石炭酸、21.4%酚类化合物、0.7%沥青质酸、13.3%中性沥青质、中性油、烃和64%中性氧化物组成。

d. 油-胶乳固沙：主要由橡胶乳组成。

e. 沙粒结块固沙：在沙中加黏结剂，增加沙粒团聚成分，同时栽植固沙植物，以此来达到固定流沙的目的。

③风力治沙：风力治沙是以风的动力为基础，人为地干扰控制风沙的蚀积搬运，

因势利导，变害为利的一种治沙方法。从风沙运动规律认识风力治沙可以得出以下结论：风力治沙是指应用空气动力学原理，采用各种措施，降低粗糙度，使风力变强，减少沙量，使风沙流非饱和，造成沙粒走动或地表风蚀的一种治沙方法。变害为利是风力治沙的指导思想。在害转利的过程中，风与沙是基础，那就必须考虑风的强弱、风沙流的饱和与非饱和、沙粒的停走、地表的蚀积、措施的固输，这5对矛盾10个方面的辩证统一规律。

风力治沙要本着以固促输、断源输沙、以输促固、开源固沙的方针，在辩证统一规律的指导下，利用和创造各种条件，使5对矛盾各自向其对立面转化，达到除害兴利的目的。风力治沙的基本措施是以输为主，兼有固，固输结合，则效果更佳。

④水力拉沙：水力拉沙是以水为动力，按照需要将沙子输移，消除沙害，以改造利用沙漠的一种方法。其实质是利用水力定向控制蚀积搬运，达到除害兴利的目的。

水力拉沙运用水土流失的基本规律，以水力为动力，通过人为控制影响流速的坡度、坡长、流量及地面粗糙度的各项因子，使水流大量集中形成股流，造成一个水的流速（侵蚀力）大于土体的抵抗力（抗蚀力）；同时，沙粒由于具有较大渗透力，水量超出渗透速度后，水分饱和形成浑水泥浆后，水流继续冲刷，即形成径流，水和泥沙顺坡流走。由于沙粒本身是无结构的，机械组成较粗，又极松散，经水力冲刷后很快形成侵蚀沟，此时侧蚀加强，向两侧冲蚀严重，沙丘本身落沙坡面的自由安息角被破坏，沟坡大量崩塌，塌下的泥沙又大量随水流走，这样继续扩展冲蚀，沙随水走，使丘体破碎，慢慢被水输移到下游平坦及低洼地上因流速变缓而沉积下来。最后达到拉平沙丘，改变沙丘地貌，建造成大面积基本农田和林、牧业基地的目的。水力拉沙主要分为引水拉沙修渠、引水拉沙造田和引水拉沙筑坝。拉沙修渠利用沙区河流、海水、水库等水源，自流引水或机械抽水，按规划的路线引水开渠，以水冲沙，边引水边开渠，逐步疏通和延伸引水渠道。引水拉沙造田是利用水的冲力，把起伏不平、不断移动的沙丘改变为地面平坦、风蚀较轻的固定农田。引水拉沙筑坝即利用水力冲击沙土，形成砂浆输入坝面，经过脱水固结，逐层淤填，形成均质坝体。用这种方法进行筑坝建库，称为引水拉沙筑坝，俗称水坠筑坝。

(2) 水蚀工程防治技术

水蚀工程防治技术即水土保持工程，指应用工程的原理，防治山区、丘陵区、风沙区水土流失，保护、改良与合理利用水土资源，以利于充分发挥水土资源经济效益和社会效益，建立良好生态环境的一项重要措施。它对于水土流失区的生产建设、国土整治、江河治理、生态环境平衡都具有重要的意义。

水蚀工程防治技术的研究对象是斜坡及沟道中的水土流失机理，即在水力、风力、重力等外营力作用下，水土资源损失和破坏过程及其工程防治措施。水土流失的形式包括水的损失及土体的损失。水的损失主要指坡面径流的损失；土体的损失除包括雨滴溅蚀、片蚀、细沟侵蚀、浅沟侵蚀、切沟侵蚀与典型的土壤侵蚀外，还包括河岸侵蚀、山洪、泥石流及滑坡等侵蚀形式。主要分为：山坡防护工程、田间工程、沟床固定工程、山洪排导工程和小型水利工程。

①山坡防护工程：该类工程可分为以下类型。斜坡固定工程：斜坡是指向一个方向倾斜的地段，包括坡面、坡顶及其下部有一定深度的坡体。按物质组成可将斜坡分

为岩质斜坡、土质斜坡；按人为改造程度分为自然斜坡和人工斜坡；按稳定性可分为稳定斜坡、失稳斜坡和可能失稳斜坡，后两者又称病害斜坡；若按地貌部位又可分为山坡、梁峁坡、沟坡等。

斜坡固定工程是指为防止斜坡岩土体（组成斜坡的岩体和土体）的运动、保证斜坡稳定而布设的工程措施，包括挡墙、抗滑桩、排水工程、护坡工程、植物固坡措施等。斜坡固定工程主要用于防治重力侵蚀，在防治滑坡、崩塌和滑塌等块体运动方面起着重要作用。

山坡截流沟：山坡截流沟是为拦截径流而在斜坡上每隔一定距离横坡修筑的水平的或具有一定坡度的沟道。山坡截流沟能截短坡长、阻截径流、减弱径流冲刷，将分散的坡面径流集中起来，输送到田间地头。山坡截流沟与梯田、涝池等田间工程及沟头防护等措施相配合，可保护田地，防止沟头前进，防治滑坡，等等。

山坡截流沟通常修筑在坡度40%以下（小于21.8°）的坡面上，与纵向布置的排水沟相连，把径流排走。一般来说，截水沟在坡面上均匀布置，间距随坡度增大而减小。为防止滑坡，在滑坡可能发生的边界以外5m处可设置一条截水沟，若坡面面积大，径流流速也大，可设置多条。如有公路或多级削坡平台马道，则应充分利用其内侧设置截水沟。在一些雨季常发生集中暴雨径流的地段，可在适当地点修土石坝或柳桩坝等壅水建筑物，再挖截流沟截引山洪。

沟头防护工程：黄土区侵蚀沟沟头侵蚀的几种主要形式也是斜坡块体运动。由于黄土入渗力强、多孔疏松、湿陷性大，经暴雨径流冲刷，沟蚀剧烈，沟头溯源侵蚀速度很快。沟头侵蚀危害工农业生产，其危害主要表现为：造成大量土壤流失，大大增加沟道输沙量；毁坏农田，减少耕地，切断交通。沟头侵蚀的防治应按流量的大小和地形条件采取不同的沟头防护工程。根据沟头防护工程的作用，可将其分为蓄水式沟头防护工程和泄水式沟头防护工程两类。

②田间工程：该工程可分为以下类型。

梯田：是山区、丘陵区常见的一种基本农田，它是在坡地上沿等高线修成台阶式或坡式断面的田地，由于地块顺坡按等高线排列呈阶梯状而得名。梯田是一种基本的水土保持工程措施，对于改变地形、拦蓄雨水、减洪减沙、改良土壤、增加土壤水分、防治水土流失、增加产量、改善生态环境等都有很大作用。梯田切断了坡面径流，减小了坡面径流汇集面积和径流量，因此梯田是根治坡地水流失的主要措施。梯田可实现保水、保肥、保土、高产、稳产的目的；因此，实现坡地梯田化，是贫困山区陡坡退耕、种草种树、促进农林牧副业全面发展、可持续发展的道路，也是改造坡地，保持水土，全面发展山区、丘陵区农业生产的一项重要措施。我国规定，25°以下的坡地一般可修成梯田以种植农作物；25°以上的则应退耕植树种草。

坡面蓄水工程：在干旱且雨量集中的水土流失地区，常修筑坡面蓄水工程，用来拦截坡面径流，充分利用降雨满足人畜用水与农作物、林木等的需水量。常见的坡面蓄水工程有水窖（又名旱井）、涝池（又名蓄水池）。

水窖按其形式可分井窖和窑窖两种。井窖主要分布在黄河中游地区，由窖筒、旱窖、散盘、水窖、窖底等几部分组成。在黏土地区，窖筒直径可控制为 $0.8 \sim 1.0m$，在疏松的黄土上，一般为 $0.5 \sim 0.7m$；窖筒深度在黏土上 $1 \sim 2m$ 即可，在疏松黄土上需

3m 左右。旱窖指窖筒下口到散盘这一段，一般不上胶泥，也不能存水。水窖与西北地区群众居住的窑洞相似，其特点是：容积大、占地少、施工安全、取土方便、省工省料。水窖的容积一般为 300~500m³，窖高 2m 以上，窖长 6~25m，上宽 2.0~3.5m，底宽 0.5~2.5m。根据其修筑方法的不同可分为挖窑式、屋顶式两种。

涝池又称蓄水池或堰塘，可以拦蓄地表径流，防止水土流失，也是山区抗旱和满足人畜用水的一种有效措施。涝池一般为圆形和椭圆形。涝池一般都修在乡村附近、路边、梁峁坡和沟头上部。池址土质坚实，用土最好是黏土或黏壤土，硬性大的土壤容易渗水和造成陷穴，都不适于修涝池。此外，涝池位置的选择还应注意以下几点：有足够的来水量；涝池池底稍高于被灌溉的农田地面，以便自流灌溉；不能离沟头、沟边太近，以防渗水引起坍塌。

③沟床固定工程：沟床固定工程是为固定沟床、拦蓄泥沙、防止或减轻山洪及泥石流灾害而在山区沟道中修筑的各种工程措施，包括谷坊、拦沙坝、淤地坝、护岸工程、治滩造田工程等。沟床固定工程的主要作用在于防止沟道底部下切，固定并抬高侵蚀基准面，减缓沟道纵坡，减缓山洪流速。沟床的固定对于沟坡及山坡的稳定也具有重要意义。

谷坊：是山区沟道内为防止沟床冲刷及泥沙灾害而修筑在侵蚀沟道上游的横向挡水拦沙建筑物，又名防冲坝、沙土坝等，高度一般小于 3m。谷坊的主要作用有：一是固定与抬高侵蚀基准面，防止沟床下切；二是抬高沟床，稳定山坡坡脚，防止沟岸扩张及滑坡；三是减缓沟道纵坡，减小山洪流速，减轻山洪或泥石流灾害；四是使沟道逐渐淤平，形成坝阶地，为农林业生产发展创造条件。谷坊的种类划分由于所选依据不同，划分的类型也不同。根据所用建筑材料来分，大致可分为：土谷坊、石谷坊、枝梢谷坊、插柳谷坊、浆砌石谷坊、竹笼装石谷坊、木材谷坊、混凝土谷坊、钢筋混凝土谷坊和钢料谷坊。根据使用年限可分为永久性谷坊和临时性谷坊。混凝土谷坊、钢筋混凝土谷坊和浆砌石谷坊均为永久性谷坊，其余基本上属于临时性谷坊。按谷坊的透水性质可分为透水性谷坊和不透水性谷坊。

拦沙坝：是布置在沟道中游，以拦截山洪及泥石流中的固体物质的拦挡建筑物。它是荒溪治理主要的沟道工程措施，坝高一般为 3~15m。在水土流失区沟道内修筑拦沙坝，具有以下几方面功能：一是拦蓄泥沙（包括块石），以避免泥沙对下游的危害，便于下游河道的整治；二是提高坝址处的侵蚀基准，减缓了坝上游淤积段河床比降，加宽了河床，并使流速和流深减小，从而大大削弱了水流的侵蚀能力；三是淤积物淤埋上游两岸坡脚，由于坡面比高降低，坡长减小，坡面冲刷作用和岸坡崩塌减弱，最终趋于稳定；四是拦沙坝在减少泥沙来源和拦蓄泥沙方面能起重大作用。

淤地坝：是修在沟道中下游地段，以拦泥淤地发展生产为目的的拦挡建筑，一般由坝体、溢洪道、放水建筑物 3 个部分组成，其作用为拦泥淤地、发展生产、使荒沟变良田；稳定和抬高侵蚀基准，稳定两侧沟坡；蓄洪、拦泥、削峰、减轻下游的压力。淤地坝的分类方式有多种，按筑坝材料可分为土坝、石坝、土石混合坝等；按坝的用途可分为缓洪骨干坝、拦泥生产坝等；按建筑材料和施工方法可分为夯碾坝、水力冲填坝、定向爆破坝、堆石坝、干砌石坝、浆砌石坝等。淤地坝一般根据库容、坝高、淤地面积、控制流域面积等因素分级，参考水库分级标准，可分为大、中、小 3 级，

表 6-3 淤地坝的分级标准

分级标准($\times 10^4 m^3$)	库容($\times 10^4 m^3$)	坝高(m)	单坝淤地面积(hm^2)	控制流域面积(hm^2)
大型	500~100	>30	>10	>15
中型	100~10	30~15	10~2	15~1
小型	<10	<15	<2	<1

具体标准见表6-3。

护岸工程：沟道中护岸工程的作用为防止滑坡及横向侵蚀、避免山坡崩塌的威胁、保护谷坊和拦沙坝等建筑物等。护岸工程一般分为护坡工程与护基(或护脚)工程。枯水位以下称为护基(脚)工程，其特点是常潜没于水中，时刻都受到水流的冲击和侵蚀作用。因此，在材料和结构上要求具有抗御水流冲刷和推移质磨损的能力；富有弹性、易于恢复和补充，以适应河床变形；耐水性能好、便于水下施工。常用的护脚工程有抛石、石笼、沉枕等。在枯水位以上的称护坡工程，又叫护岸堤。其作用是：防止山洪的横向侵蚀，发挥挡土墙的作用，稳固坡脚。护岸堤可采用砌石结构，也可采用生物护坡。砌石护岸堤又可分为单层干砌块石、双层干砌块石和浆砌石3种。

治滩造田工程：是指通过工程措施，将河床缩窄、改道、裁弯取直，在治好的河滩上，用引洪放淤的办法，淤垫出能耕种的土地，以防止河道冲刷，变滩地为良田。治滩造田主要有以下几种类型：束河造田、改河造田、裁弯造田、堵叉造田和箍洞造田。在宽阔的河滩上，修筑顺河堤等治河工程束窄河床，用腾出的地方造田称束河造田；而利用新挖河道将原河改道而在老河上造田的方法为改河造田；将过分弯曲的河道取直后在老河弯内造田的方法为裁弯造田；在河道分叉处堵塞某一叉造田的称堵叉造田；而在小流域内顺河道方向砌筑涵洞且填土造田的称箍洞造田。

④山洪排导工程：山洪排导工程是指在荒溪冲积扇上，为防止山洪及泥石流冲刷与淤积灾害而修筑的排洪沟或导洪堤等建筑物。其目的在于保护居民生命及建筑物等财产安全。山洪及泥石流排导沟是开发利用荒溪冲积扇，防止泥沙灾害，发展农业生产的重要工程措施之一。

⑤小型水利工程：水库由挡水坝、溢洪道、放水建筑物3部分组成，三者通常被称为水库的"三大件"。按国家标准规定，库容$100 \times 10^4 \sim 1000 \times 10^4 m^3$的称为"小Ⅰ型水库"，库容$10 \times 10^4 \sim 100 \times 10^4 m^3$的称为"小Ⅱ型水库"。

库址选择是水库工程中有关全局的问题，应从经济、安全、合理几方面考虑。根据经验应注重以下几个方面的问题：地形要口小肚大；有适宜的集水面积；坝址和库址地质良好；库址要靠近灌区且比灌区高；坝址附近要有足够和适用的建材；坝址附近要有适宜开挖溢洪道的山垭；水库上游宜草木丰茂，且淹没损失小。除此以外，库址还要考虑施工、交通运输等条件。

(3)盐渍荒漠化的工程防治技术

①水利措施治理盐碱化：可采取的水利措施包括排水防治土壤盐渍化、冲洗改良盐碱地、灌溉淋盐。

a. 排水防治土壤盐渍化：排水措施可起到排水排盐、控制地下水位、调节土壤和地下水的水盐动态的作用。

排水排盐：排水措施不但可以排除灌溉退水、降雨所产生的地表径流，而且可以排除田间灌溉渗漏水、淋盐入渗水和部分地下水，在排水的同时，也排走了溶解在水中的大量盐分。

控制地下水位：无人工排水工程地区，地下水动态受自然降雨、蒸发、河流渠系补给、田间灌溉渗水及自然地表径流、地下径流等因素影响，对地下水位无控制。采取排水工程措施则可人工控制地下水位，以满足防治土壤盐渍化的要求。

调节土壤和地下水的水盐动态：由于排水措施具有排水排盐、控制地下水位的作用，因此运用排水措施可以人为地调节土壤及地下水的水盐动态，使土壤逐渐脱盐，地下水逐渐淡化，防止土壤返盐。总的来说，排水措施一般可划分为水平排水及垂直排水两大类。水平排水按工程措施来分又可以分为明沟排水和暗管排水；按控制水盐动态的作用来分又可分为深沟排水和浅沟排水；按排水方式可分为自流排水和扬水排水。垂直排水主要是指竖井排水，可分为深井和浅井。

b. 冲洗改良盐碱地：为了改良盐碱地而大量灌水，以淋洗土壤中过多的盐分，使土壤根系活动层中的盐分减少到一般植物能正常生长的程度时，即可开始种植植物。尤其是在人少地多盐碱荒地大面积分布的地区（如我国滨海和西北干旱地区），开垦盐碱地，首先要进行排水冲洗，以消除土壤中过多的盐分，才能进行农业利用。冲洗盐碱地要具备两个基本条件：首先要具有充足的淡水资源，在淡水资源缺乏的情况下，可先用咸水冲洗后再用淡水冲洗；其次要有良好的排水系统和通畅的出路。重盐碱地一般多处在地势低洼，自然排水不畅的地区，因此冲洗改良必须结合人工排水措施。无排水冲洗只能把盐分压至土壤底层或临近地段，而不能将盐分排出区外。采取人工排水措施进行冲洗改良，排水沟必须保持通畅，而且一定要选择好适当的排水出路，以防盐分从改良地区排至另外的地区，使另一地区的土壤变坏，或污染水源和环境。

c. 灌溉淋盐：在干旱半干旱和半湿润的盐渍荒漠化地区，由于蒸发量大于降雨量，土壤中所含盐分不能被充分淋溶，即使是经过冲洗改良的盐碱地，土壤的潜水中仍含有数量较多的盐分。因此在耕地中，特别是在底土和潜水含盐量较高的干旱地区和滨海地区，土壤往往出现季节性返盐现象。返盐时盐分多集中在土壤表层，而且总含盐量并不太高。为了保证作物的正常生长，一般无须专门的冲洗，只需在灌溉时，在原有作物需水量的灌溉定额中，适当增加一部分灌溉水量，使这部分水量通过土层下渗淋洗土壤盐分，达到降低盐分的目的，这种方法称为灌溉淋盐。为了淋洗调节土壤盐分所需加大的灌溉水量为灌溉淋洗需水量。如果所用灌溉淋洗水量过大，则会使潜水位抬高，加重灌溉后土壤的返盐出现；如果水量过少，则起不到淋洗盐分的作用。因此，研究确定适当的灌溉淋洗需要量是十分重要的。目前我国对灌溉淋洗需要量的研究还较少，多是根据经验而定。

②农业生物措施：农业生物措施是调节土壤水、肥、气、热，保证作物正常生长的重要手段，在盐碱地区，具有调节土壤水盐动态的作用。研究和实践证明，在合理的水利工程措施和农业生物措施结合的情况下，农业生物措施能取得综合防治土壤盐渍化的显著效果。我国改良利用盐碱地的农业生物措施主要有以下几种方式：

a. 种稻改良盐碱：种稻改良盐渍土，并不是因为水稻本身能忍耐很高的土壤盐分浓度，而是由于水稻需水量大，可通过生长期淹灌和排水换水作用，使土壤中盐分向下方和旁侧运动，淋洗和排走土壤中的盐分。当土壤盐分减少到一定程度后，由于灌溉水的继续下渗和排水系统的作用，就会使地下水质淡化，地下水位得到控制，逐步达到改良盐碱地作用。

b. 水旱轮作：在盐碱地上种植水稻是改良和利用盐碱地的有效措施，但在连年种植水稻且有机肥的施用量不足的情况下，易发生土壤板结现象，而且会滋生杂草和感染病虫害，影响水稻高产。因此，除地势特别低洼，排水又极差的地区长期种稻外，绝大部分地区在改种水稻的同时，还应进行各种形式的水旱轮作。这是因为进行合理的水旱轮作，不仅可以合理地利用水资源，扩大改良盐碱地的面积，而且可以提高土壤肥力和作物产量，调节劳力，有助于消灭杂草和病虫害，提高单位面积产量。

c. 培肥抑盐改土：我国在改良土壤盐渍化过程中，总结了这样的经验，即在排水排盐的基础上，采取加强地面覆盖、培肥熟化表土的措施，从而提高土壤肥力，抑制土壤返盐，变无收为有收，变低产为高产。适宜盐碱地栽培的绿肥品种及提高绿肥产量的主要措施为：在盐碱地上种植绿肥，应该选择具有耐盐碱、耐旱、耐瘠薄、耐涝、耐寒等生物学特性的品种。目前我国盐碱地栽培的一年生冬绿肥有光叶苕子、毛叶苕子、箭舌豌豆、黑麦草、金花菜等；夏绿肥有田菁、柽麻、绿豆等；多年生绿肥有紫花苜蓿、斜茎黄耆（俗称沙打旺）、草木樨、紫穗槐等。

6.3 石漠生态系统保护与修复

我国境内岩溶地貌分布广、面积大，总面积约 $344.4 \times 10^4 km^2$，占国土面积的36%，裸露面积约 $90.7 \times 10^4 km^2$，接近国土面积的1/10，其中以广西、贵州及云南东部面积最大、岩溶发育最强烈，它们是世界三大岩溶集中连片分布区之一。岩溶生态系统稳定性差、抗干扰能力弱，与黄土、沙漠和寒漠被并列为我国四大生态环境脆弱区。石漠化是指在热带、亚热带湿润、半湿润气候条件和岩溶极其发育的自然背景下，受人为活动干扰，使地表植被遭受破坏，导致土壤严重流失，基岩大面积裸露或砾石堆积的土地退化现象，是岩溶地区土地退化的极端形式。石漠化是西南地区最为严重的生态问题，影响着珠江、长江的生态安全，制约区域经济社会可持续发展。

6.3.1 石漠化概念与环境效应

6.3.1.1 石漠化的概念

石漠化的概念最早由袁道先院士提出。1995年袁道先院士用"rock desertification"一词进行表述。屠玉麟（1996）认为石质荒漠化（简称石漠化）是指在喀斯特的自然背景下，受人类活动干扰破坏造成土壤严重侵蚀、基岩大面积裸露、生产力下降的土地退化过程，所形成的土地称为石漠化土地，屠玉麟先生强调的是喀斯特地区人为活动的干扰破坏产生的土地退化过程，未限定发生区域。袁道先（1997）指出热带和亚热带地区喀斯特生态系统的脆弱性是石漠化的形成基础。王世杰（2002）认为石漠化是发生在南方湿润地区，在人类活动的影响下，流水侵蚀作用下，导致地表出现大面积基岩裸露的荒漠化景观。王德炉（2003）、朱守谦（2002）、黄宝龙（2003）等的看法与王世杰的观点基本相同。

2012年6月18日,《中国石漠化状况公报》中定义的石漠化概念与2003年国家林业局在《国家森林资源连续清查技术规定》规范的石漠化定义基本相似：石漠化是指在热带、亚热带湿润、半湿润气候条件和岩溶极其发育的自然背景下,受人为活动干扰,使地表植被遭受破坏,导致土壤严重流失,基岩大面积裸露或砾石堆积的土地退化现象,是荒漠化的一种特殊形式,是岩溶地区土地退化的极端形式。从根本上说,石漠化以脆弱的生态地质环境为基础,以强烈的人类活动为驱动力,以土地生产力退化为本质,以水土流失为表现形式,以出现类似荒漠景观为标志。

6.3.1.2 石漠化引起的环境效应

岩溶石漠化加速了生态环境恶化,主要表现为水土流失、自然灾害频繁和生态系统退化,土地资源丧失和非地带性干旱等,不但加剧了岩溶地区的贫困,而且危及长江和珠江中下游地区的生态安全。具体的危害及引起的环境效应如下：

(1) 生态环境恶化

①水土流失：据统计目前我国西南云南、贵州和广西3省(自治区)水土流失面积达$17.96×10^4 km^2$,占土地总面积的40.1%,其中中强度水土流失面积$6.61×10^4 km^2$,占水土流失总面积的36.8%。随着岩溶生态环境的不断恶化,水土流失呈不断加剧的趋势。例如贵州省20世纪50年代的水土流失面积为$2.5×10^4 km^2$,到了60年代扩大到$3.5×10^4 km^2$,70年代末为$5×10^4 km^2$,1995年则高达$7.67×10^4 km^2$,占全省总面积的43.5%,而目前已经接近50%。强烈的水土流失不但使宝贵的土壤丧失殆尽,还对水利工程的安全运行构成威胁。据测定,红水河流域水土流失面积占土地总面积的25%以上,河水含泥沙量为$0.726kg/m^3$,流域土壤年均侵蚀模数为$1622t/km^2$。目前,贵州最大的乌江渡水电站库区5年淤积近$2×10^4 m^3$,相当于原来预计50年的淤积量,严重影响电站的安全运行和寿命,并降低了泄洪能力。

②灾害频繁：岩溶石漠化引起的自然灾害灾种多、强度大、频率高、分布广,甚至叠加发生、交替重复。随着岩溶生态环境的不断恶化,各种自然灾害普遍呈现周期缩短、频率加快、损失加重的趋势。据统计,1951—1987年间贵州省农作物受灾年份就有34年,平均受灾面积$70×10^4 hm^2$,占同期农作物播种面积的25%。1985—1990年仅旱灾一项累计受灾面积$610×10^4 hm^2$,平均每年$101.6×10^4 hm^2$,1995年的特大水灾给贵州省造成的经济损失高达63.1亿元。1996年,全省86个县(市)区均遭受不同程度的自然灾害,其中重灾县45个,特重灾县29个,农作物受灾面积$194.7×10^4 hm^2$,成灾面积$120×10^4 hm^2$,绝收$28.2×10^4 hm^2$,损毁耕地$9.1×10^4 hm^2$,因灾减产粮食$15×10^8 kg$,因灾直接经济损失162.22亿元。

③生态系统退化：中国西南岩溶片区人口压力很大。例如贵州地区人口密度达209人$/km^2$,比全球陆地的平均人口密度38人$/km^2$高4.5倍。高负荷的人口压力叠加在脆弱的岩溶环境之上,使岩溶区域生态系统遭到严重破坏。石漠化导致岩溶土、水环境要素缺损,环境与生态之间的物质能量受阻,植物生境严酷。不仅导致生态系统多样性类型正在减少或逐渐消失,而且使植被发生变异以适应环境,造成岩溶山区的森林退化,区域植物种属减少,群落结构趋于简单化,甚至发生变异。在石漠化山区森林覆盖率不及10%,且多为旱生植物群落,如藤本刺灌木丛、旱生性禾本灌草丛和肉质多浆灌丛。

(2)吞噬人类最基本的生存条件

石漠化使生态系统稳定性减弱、敏感性增强、自然灾害频繁,耕地面积不断减少,土地生产力趋于枯竭,井泉干涸,从而导致人畜饮水困难。石漠化正在使部分人口完全丧失最基本的生存条件,成为生态难民。

①土地丧失:如果说严重的水土流失是导致中国黄土高原贫困的一个重要原因,那么西南岩溶地区不仅会因水土流失而致使土地贫瘠化,人口贫困化,还会造成无土可流、无地可耕的石漠化,人类生存的基本条件——土地丧失的险境,其后果比黄土地区还严峻。土地石漠化导致极其珍贵的土壤大量流失,土壤肥力下降、保墒能力差,可耕作资源逐年减少,粮食产量低而不稳。在大部分石漠化山区,土地呈盆景状零星分布在裸露岩石中间,称为石旮旯土,农业生产方式仍停留在"刀耕火种"状态,种植的玉米单产只有 750kg/hm^2,相当于平原地区的1/10,"种了几片坡,只能装一箩"成了秋收的真实写照,半年以上的缺粮成为当地政府和农民同样犯愁的难事。

②干旱缺水:石漠化导致植被稀少、土层变薄或基岩裸露,加之岩溶地表、地下景观的双重地质结构,渗漏严重,入渗系数一般达 0.3~0.5,裸露峰丛洼地区可高达 0.5~0.6,导致地表水源涵养能力急剧降低,保水力差,河溪径流减少,井泉干枯,土地出现非地带性干旱和人畜饮水困难现象。

(3)贫困问题加剧

石漠化以强烈的人类活动为主要驱动力,人口压力和长期不合理的土地利用,形成了以脆弱生态环境为基础,以强烈的人为干扰为驱动力,以植被减少为诱因,以土地生产力退化为本质的复合退化状况,导致了石漠化地区土地资源贫乏—人口增长—土地资源贫瘠—贫困的恶性循环。岩溶环境的特殊性使人地矛盾较其他地区更为尖锐,其脆弱性更易推动生态环境的恶化,进而增加群众对土地资源的依赖性,促使土地资源的负荷加大,形成恶性循环,如图 6-5 所示。

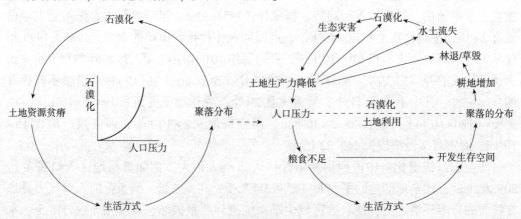

图 6-5 石漠化地区土地利用活动与石漠化间反馈关系

岩溶石漠化地区自然条件差,贫困程度深,脱贫难度大。在云南、贵州和广西 3 省(自治区)现有的 109 个贫困县中,有 73 个在石漠化地区,至今尚有贫困人口 625 万人。部分区域由于生态环境极度恶化,已丧失了最基本的生存条件,当地居民不得不迁徙到他乡,另谋生路。许多地区陷入"环境脆弱—贫困—掠夺资源—环境退化—进一步贫困"的恶性循环，石漠化成为岩溶地区农民贫困的主要根源，石漠化地区成为我国扶贫攻坚、生态恢复与重建的重点和难点地区。

(4) 危及两江中下游的生态安全

西南岩溶地区地处长江和珠江两大水系的上游，对于我国的生态安全影响巨大，在我国生态与经济建设的地位和战略意义极大。有了西南岩溶地区的可持续发展，才会有长江和珠江两大水系流域的可持续发展。但岩溶石漠化地区因植被稀疏、岩石裸露，涵养水源的功能衰减，迟滞洪涝的能力明显降低，给两江流域带来极大的生态风险。同时，流域面上的土壤由于受集中降雨的冲刷侵蚀，泥沙随地表径流入河，成为河流泥沙的主要来源。20世纪80年代，贵州省河流悬移输沙量为$6625×10^4$t，年平均输沙模数为376t/km²，其中岩溶强烈发育的乌江流域年输沙量约为$1990×10^4$t，南北盘江年输沙量为$2760×10^8$t。根据1998年贵州省资料显示，全省土壤年侵蚀总量估计已达$2.8×10^4$t，大部分泥沙进入长江和珠江，在两江中下游淤积，导致河道淤浅变窄，湖泊面积及其容积逐年缩小，使蓄泄洪水能力下降，直接威胁长江、珠江下游地区的生态安全。

6.3.2 石漠化的分布与分区

我国石漠化主要发生在以云贵高原为中心，北起秦岭山脉南麓，南至广西盆地，西至横断山脉，东抵罗霄山脉西侧的岩溶地区。行政范围涉及黔、滇、桂、湘、鄂、渝、川、粤8个省（自治区、直辖市）的463个县，国土面积$107.1×10^4$km²，岩溶面积$45.2×10^4$km²。该区域是珠江的源头，长江水源的重要补给区，也是南水北调水源区、三峡库区，生态区位十分重要。石漠化是该地区最为严重的生态问题，影响珠江、长江的生态安全，制约区域经济社会可持续发展。

据2018年12月国家林业和草原局发布的《第三次中国石漠化状况公报》显示，截至2016年底，岩溶地区石漠化土地总面积为$1007×10^4$hm²，占岩溶面积的22.3%，占区域国土面积的9.4%，涉及湖北、湖南、广东、广西、重庆、四川、贵州和云南8个省（自治区、直辖市）457个县（市、区）。

按省份分布状况来看，贵州省石漠化土地面积最大，为$247×10^4$hm²，占石漠化土地总面积的24.5%；其他依次为：云南、广西、湖南、湖北、重庆、四川和广东，面积分别为$235.2×10^4$hm²、$153.3×10^4$hm²、$125.1×10^4$hm²、$96.2×10^4$hm²、$77.3×10^4$hm²、$67×10^4$hm²和$5.9×10^4$hm²，分别占石漠化土地总面积的23.4%、15.2%、12.4%、9.5%、7.7%、6.7%和0.6%。

按流域分布状况来看，长江流域石漠化土地面积为$599.3×10^4$hm²，占石漠化土地总面积的59.5%；珠江流域石漠化土地面积为$343.8×10^4$hm²，占34.1%；红河流域石漠化土地面积为$45.9×10^4$hm²，占4.6%；怒江流域石漠化土地面积为$12.3×10^4$hm²，占1.2%；澜沧江流域石漠化土地面积为$5.7×10^4$hm²，占0.6%。

按程度分布状况来看，轻度石漠化土地面积为$391.3×10^4$hm²，占石漠化土地总面积的38.8%；中度石漠化土地面积为$432.6×10^4$hm²，占43%；重度石漠化土地面积为$166.2×10^4$hm²，占16.5%；极重度石漠化土地面积为$16.9×10^4$hm²，占1.7%。

根据我国石漠化分布的特点、行政区划、地带性气候、大地貌特征、主要江河分

表 6-4 石漠化区域区划体系

一级区划单位	二级区划单位
Ⅰ 两广热带、南亚热带区	Ⅰ-1 粤西、北岩溶丘陵区
	Ⅰ-2 桂西岩溶丘陵区
	Ⅰ-3 桂中、桂东北岩溶低山区
Ⅱ 云贵高原亚热带区	Ⅱ-1 长江水系乌江流域黔西区
	Ⅱ-2 长江水系黔东、黔中、黔东南岩溶区
	Ⅱ-3 长江水系黔西北、东北岩溶区
	Ⅱ-4 珠江水系南北盘江等黔南岩溶区
	Ⅱ-5 滇东、滇东南高原岩溶区
	Ⅱ-6 滇西、滇西北高山峡谷岩溶区
Ⅲ 湘鄂中、低山丘陵中亚热带区	Ⅲ-1 湘西岩溶中、低山区
	Ⅲ-2 湘南、湘中岩溶丘陵区
	Ⅲ-3 鄂西、鄂东南岩溶中低山区
Ⅳ 川渝鄂北亚热带区	Ⅳ-1 川东南岩溶山地
	Ⅳ-2 渝东、鄂北山地丘陵区

布及岩溶地貌特点,将我国石漠化区域划为 4 个一级区划单位和 14 个二级区划单位,区划情况见表 6-4。

党的十九大明确提出"加大生态系统保护力度,推进石漠化综合治理",在 2018 年中央一号文件《关于实施乡村振兴战略的意见》中再次提到,"推进石漠化综合治理,统筹山水林田湖草系统,打造人与自然和谐共生发展新格局。"因此石漠化治理是建设美丽中国的重要内容,是全面建成小康社会、构建人与自然和谐共生现代化的重要组成部分。但目前监测表明,我国岩溶地区生态状况依然十分脆弱,石漠化防治形势仍很严峻。主要存在如下问题:

①防治任务依然艰巨:目前尚有 $12.0 \times 10^4 km^2$ 石漠化土地,要使岩溶地区的生态状况显著改善,需要经过长期的艰苦努力。特别是石漠化土地基岩裸露度高,成土速度十分缓慢,立地条件差,而且需要治理的石漠化土地立地条件越来越差,治理成本越来越高。

②石漠化驱动因素依然存在:石漠化地区多是老少边穷地区,国家扶贫重点县 227 个,贫困人口超过 5000 万,人口密度高达 217 人/km^2,相当于全国人口密度的 1.52 倍,人口压力大,极易产生对生态资源的破坏现象。

③生态系统仍很脆弱。石漠化地区植被以灌木居多,大部分植被群落处于正向演替的初始阶段,稳定性差,稍有外来破坏因素影响就极有可能逆转,遭受破坏。

④人为逆向干扰活动依然严重:目前边治理、边破坏的现象仍很突出,特别是毁林开垦、樵采薪材的现象还较严重,陡坡耕种、过度放牧等现象还大量存在,给建设成果巩固带来沉重压力。

⑤自然灾害对植被破坏力大:受全球气候变化影响,干旱、冰冻等极端灾害天气频繁发生,森林火灾多发,森林病虫害严重,植被常常遭受严重破坏。

6.3.3 石漠化治理布局与关键技术

我国岩溶地区景观异质性强,存在着多种多样的生态类型。以西南岩溶地区为例,存在着"环境脆弱—贫困—掠夺资源—环境退化—进一步贫困"的恶性循环现状,因此石漠化治理应以系统科学的思想为指导,根据生态学、生态经济学、恢复生态学等原理和方法,有机结合自然设计和人为设计理论,进行生态系统的恢复与重建,设计符合不同自然条件和岩溶环境类型的农林牧良性生态产业链,合理配置高效的植物群落,控制水土流失,构建生态系统的优化模式,实现岩溶地区的资源、生态、经济和社会的持续协调发展,最终达到生态恢复与重建的目的。

6.3.3.1 石漠化治理立体布局

是否采取有效的技术措施,合理利用紧缺的土地资源,以取得较高的生态、经济和社会效益,是岩溶地区能否实现可持续发展的关键。岩溶地区由于人口压力大,毁林开荒现象较为严重,坡度较缓的地块一般都被开垦成了耕地,如何充分考虑当地生态、经济和社会发展的需求,解决当地群众急需的资源短缺问题,是石漠化治理面临的难题。因此,在岩溶地区生态恢复与重建过程中,应充分考虑系统的良性循环,生态系统功能的稳定性与持续性,结构上体现出多层次复合经营,力求生态、经济与社会效益并重。

针对岩溶地区比较有代表性的山地状况与立地条件的差异,将岩溶地区石漠化治理划分为封山育林区、生态经营林区和混农林业区3种不同的类型区,在不同的类型区配置与之相适应的树种和方法,实行分区治理,从山顶到山脚采取"封山育林-生态经济林-混农林业"的立体治理模式(图6-6),赋予各种类型不同的生态经济发展方向,通过立体的有机配置,使

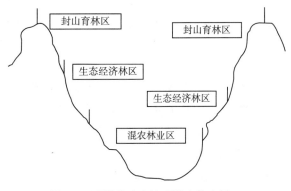

图6-6 石漠化生态治理的立体布局

它们在生态经济上达到相互促进和协调发展。需要注意的是,由于地貌条件的差异,3个区域的划分应因地制宜,有些植被被破坏较轻、水土流失较轻、水湿条件较好的区域,混农林业和生态经济林可以发展到山顶,而有些山体植被破坏和水土流失严重的区域,可以整座山采取封山育林的方式。

6.3.3.2 林草植被保护与修复技术

加强林草植被保护与恢复是石漠化治理的核心,是区域生态安全保障的根基。采取多种措施对岩溶地区林草植被加以保护与恢复,提高林草植被盖度与生物多样性,促进岩溶地区生态系统的修复是石漠化治理的主要途径。

(1) 封山育林育草

封山育林育草是充分利用植被自然恢复能力,以封禁为基本手段,辅以人工措施促进林草植被恢复的措施,具有投资小、见效快的特点。将具有一定自然恢复能力,人迹不易到达的深山、远山和中度以上石漠化区域划定为封育区,辅以"见缝插针"方

式补植补播目的树种,促进石漠化区域林草植被正向演替,增强生态系统的稳定性。封山育林育草地块依照《封山(沙)育林技术规程》(GB/T 15163—2018)执行,植被综合盖度在70%以下的低质低效林、灌木林等石漠化与潜在石漠化土地均可纳入封山育林范围,原则上单个封育区面积不小于10hm²。

(2) 人工造林

科学有效的植树造林是岩溶生态系统恢复的最直接、最有效、最快速的措施。依据国务院批准的新一轮退耕还林还草总体方案,将岩溶地区25°以上坡耕地和重要水源地15°~25°坡耕地纳入退耕还林还草工程之中。根据不同的生态区位条件,结合地貌、土壤、气候和技术条件,针对轻度、中度石漠化土地上的宜林荒山荒地、无立木林地、疏林地、未利用地、部分以杂草为主的灌丛地及种植条件相对较差的坡耕旱地、石旮旯地,因地制宜地选择岩溶地区乡土先锋树种,科学营造水源涵养、水土保持等防护林。根据市场需求和当地实际,选用"名特优"经济林品种,积极发展特色经果、林草、林药、林畜、林禽等特色生态经济型产业,开展林下种养业,延长产业链;根据农村能源需要,选择萌芽能力强、耐采伐的乔灌木树种,适度发展薪炭林。

(3) 森林抚育

森林抚育是森林经营的重要内容,是指从幼林郁闭成林到林分成熟前根据培育目标所采取的各种营林措施的总称,包括抚育采伐、补植、修枝、浇水、施肥、人工促进天然更新以及视情况进行的割灌、割藤、除草等辅助作业活动。通过调整树种组成、林分密度、年龄和空间结构,平衡土壤养分与水分循环,改善林木生长发育的生态条件,缩短森林培育周期,提高木材质量和工艺价值,发挥森林多种功能。对幼龄林采取割灌修枝、透光伐措施;对中龄林采取生长伐措施;对受害木数量较多的林分采取卫生伐措施;对防护林和特用林采取生态疏伐、景观疏伐措施;对低质低效林采取树种更新等改造措施,确保实施森林抚育后能提高森林质量与生态功能,构建健康稳定、优质高效的森林生态系统。

6.3.3.3 草地改良与产业发展技术

发展草食畜牧业是兼顾生态治理、农村扶贫和调整农业产业结构,促进农业产业化发展的重要举措。岩溶地区整体气候湿润,降雨充沛,雨热同季,黑山羊、黄牛等牲畜在岩溶地区培育历史悠久,且部分中高山地区及土层瘠薄地区仅适合于草本植物的生长与繁衍,通过因地制宜地开展草地改良、人工种草等措施恢复植被,提高草地生产力;按照草畜平衡的原则,充分利用草地资源以及农作物秸秆资源,合理安排载畜量,加强饲料贮藏基础设施建设,改变传统放养方式,发展草食畜牧业。

(1) 草地建设

草地建设主要包括人工种草、改良草地。对中度和轻度石漠化土地上的原有天然草地植被,通过草地除杂、补播、施肥、围栏、禁牧等措施,使天然低产劣质退化草地更新为优质高产草地,逐渐提高草地生产力。同时,根据市场需求和土地资源条件,依托退耕还林还草工程、退化草地及林下空地,科学选择多年生优良草种,合理发展林下种草或实施耕地套种牧草,建设高效人工草场,为草食畜牧业发展提供优质牧草资源。

(2)草种基地建设

草种是石漠化地区草地恢复的重要保障,对于提高草地质量、改善石漠化地区植被状况具有重要作用。建设草种基地,可提供草地建设需要的优质草种,提升草场生产水平,为草食畜牧业发展提供保障。按照石漠化地区草场建设实际情况,选择适宜地区开展草种基地建设,为草地建设提供种子资源。

(3)青贮窖建设

青贮是复杂的微生物发酵的生理生化过程,依托其自身存在的乳酸菌进行发酵,产生酸性环境,使青贮饲料中所有微生物都处于被抑制状态,从而达到保存饲料的目的。青贮饲料可保持青绿多汁的特点。为充分发挥高产饲料作物的潜力,做到全年相对均衡地饲喂家畜,保证饲料质量且避免草料损失,根据草地建设规模与生物量、养殖的牲畜种类及数量、青草剩余量等数据科学测定青贮窖的规模,确保青贮窖使用率。棚圈有利于石漠化地区牲畜越冬,改善饲养条件,各地可结合其他专项资金积极推进建设。

6.3.3.4 农田水利工程技术

根据区域粮食供给状况,针对轻、中度石漠化旱地(坡耕地或石旮旯地)适度开展以坡改梯为重点的土地整治,降低工作面坡度,改善土壤肥力,建设坡面水系、水利水保、生物篱等综合配套设施,减少水土流失,实现耕地蓄水保土,建设高效稳产耕地,保障区域粮食供给。

(1)坡改梯

针对坡度平缓、石漠化程度较轻、人多地少矛盾突出的村寨周边,选择近村、近路、近水的地块实施以坡改梯工程为重点的土地整治,通过砌石筑坎,平整土地,降缓耕作面坡度;实施客土改良,增加土壤厚度,提高耕地生产力;强化坡改梯后耕地地埂绿篱或生态防护林带建设,提高林草植被盖度,改善耕地生态环境,保证坡改梯后土地承载能力提升。

(2)小型水利水保配套工程

根据坡改梯区域实际地形、水源分布与自然灾害特点,合理配套建设引水渠、排涝渠、拦沙谷坊坝、沉沙池、蓄水池等坡面及沟道水土保持设施,拦截水土,改善农业耕作条件,提升耕地的保土蓄水功能,将低质低效石漠化旱地建成高效稳定的优质耕地。此外,各地还可结合其他专项资金积极推进石漠化地区植被管护等建设内容。

6.4 高寒生态系统保护与修复

高寒生态系统分布在高纬度或高海拔、气候寒冷、冻土分布广泛的地区,如北极苔原、高山苔原、青藏高原、南极、北部森林等地区。高寒生态系统是在高寒环境下的寒冻土壤、冷生植物群落,以及与冻土有关的水热变化过程等及其在该环境下形成的协同发展的生态系统。由于漫长时期的生物固碳及其缓慢的生物降解,高寒生态系统土壤中储存大量的有机碳,在全球碳平衡中起到举足轻重的作用。高寒生态系统对气候变化异常敏感,其气候变暖速度高于地球平均水平。气候变暖也会导致降水格局改变、大气氮沉降增加,一些敏感的地球环境组分如冰川、冻土会发生明显变化,并由此加速高寒生态系统退化。随着气候不断变暖，高寒冻土活动层加深，土壤性质发生剧烈改变，形成巨大的水分和土壤 CO_2 循环变化效应。气候变暖也使植物群落结构、生物量以及生物多样性等发生显著变化。高寒生态系统对气候变化的响应与反馈作用不仅影响当地生态系统，也将对全球生态系统及人类生活产生巨大影响。

青藏高原高寒草地是世界上海拔最高、面积最大、类型最为独特的草地生态系统，是青藏高原的核心，是我国重要的生态安全屏障，同时也是我国地域分异最为显著的地区。该区植被类型多样，从东南到西北，即海拔 3500~4300m 的"一江两河"地区到海拔 4300~4800m 的藏北高原地区，依次分布着灌丛草原、高寒草甸、高寒草原和高寒荒漠等类型。由于高、寒、旱的特点，生态系统极为脆弱，在自然和人为因素影响下极易发生退化，治理难度大，草地退化和土地沙化一直是高寒生态系统生态安全屏障保护与建设的主要障碍。

6.4.1 高寒生态系统的分布与特征

青藏高原是我国黄河、长江等主要水系的发源地，高寒草地在涵养水源、保持水土方面发挥着重要的生态作用，是黄河、长江等下游地区各民族生存与发展的根基。高寒草地植被也是"世界第三极"地区重要的碳库，对该地区生态系统的碳源-碳库的平衡起着一定的调节作用。随着全球 CO_2 浓度的提高和气候变化的影响，高寒草地固定碳源、影响气候变化的作用越来越引起人们的重视。作为青藏高原向黄土高原和内陆盆地的过渡，青藏高原东部的高寒草地生物资源异常丰富，孕育着众多世界上独特的珍稀生物和种质资源。青藏高原独特的自然地域格局和丰富多样的生态系统对我国生态安全具有重要的屏障作用。这种安全屏障作用主要表现在：

(1) 水源涵养

青藏高原的水资源以河流、湖泊、冰川、地下水等多种水体形式存在，并以河川径流为主体。众多的冰川、冻土、湖泊、湿地和大面积的草地与森林生态系统孕育了亚洲著名的长江、黄河及恒河等10余条江河，是世界上河流发育最多的区域，其丰沛的水量构成了我国水资源安全重要的战略基地，同时也对我国未来水资源安全和能源安全起着重要的保障作用。据统计，青藏高原水资源总量占中国的22.71%，地表水以河川径流为代表，年均总资源量为 $6383\times10^8 m^3$；高原冰川总面积 $4.9\times10^4 km^2$，多年平均融水量约为 $350\times10^8 m^3$；高原湖泊总面积 $36889 km^2$；地表水和地下水总量 $6386.6\times10^8 m^3$，其中地下水占28.35%。

(2) 生物多样性保护

青藏高原自东向西横跨9个自然地带，特有的三维地带性分异特点，使广阔高原边缘的深切谷地发育了热带季雨林、山地常绿阔叶林、针阔叶混交林及山地暗针叶林等森林生态系统类型，在宽缓的高原腹地形成了广袤的内陆湖泊、河流以及沼泽等水域生态系统类型。特别是在高亢地势和高寒气候地区孕育了高原特有的高寒草甸、高寒草原与高寒荒漠等生态系统类型。独特的自然环境格局与丰富多样的生境类型，为不同生物区系的相互交汇与融合提供了特定的空间，使青藏高原成为现代许多物种的分化中心，不仅衍生出众多高原特有种(仅横断山脉地区就分布着特有种子植物1487种)，同时还为某些古老物种提供了天然庇护场所，是全球生物多样性最为丰富的地区之一。青藏高原分布有高等植物13000余种、陆栖脊椎动物1047种(特有种281种,其中包括藏羚羊、野牦牛等国家一级保护动物38种),是全球生物多样性保护的25个热点地区之一,尤其是高寒特有生物多样性保护的重要区域。

(3)水土保持

由于严酷的气候条件和高亢的地势,青藏高原的植被一旦被破坏极易在水蚀和风蚀的综合作用下产生大量的裸露沙地,不仅会给区域生态、环境以及居民生产生活带来严重影响与危害,而且地面粉尘上升后,极易远程传输,从而影响到整个东北亚-西太平洋地区。因此,青藏高原所拥有的高寒草甸、高寒草原和各类森林是遏制土地沙化和土壤流失的重要保障,对高原本身和周边地区起到了重要的生态屏障作用。

(4)碳源/汇

独特自然环境下的青藏高原生态系统对全球碳循环具有重要作用。2003年,通过对山地森林(贡嘎山)、高寒草甸(海北)、高寒草原(班戈和五道梁)和农田(拉萨达孜)等5个生态系统定位站的野外观测与研究发现:青藏高原主要生态系统在碳循环中均表现为碳固定大于碳释放,整个青藏高原年碳积累总量为 193.64×10^6 t,其中森林生态系统的贡献最大,高寒草甸次之。此外,青藏高原分布着 $1.40\times10^6 \text{km}^2$ 的多年永久冻土,封存了大量温室气体。因此,青藏高原作为重要的碳汇,影响着区域和全球气候变化。

6.4.2 高寒生态系统存在的问题与成因

6.4.2.1 高寒生态系统退化现状

青藏高原特殊的高寒环境致使生态敏感且环境极其脆弱,在全球变化和人类活动综合影响下,青藏高原生态系统的不稳定性威胁加大,资源环境压力加重,作为国家生态安全屏障面临严峻挑战,主要问题如下:

(1)冰川退缩

由于全球变暖,青藏高原冰川自20世纪90年代以来呈全面、加速退缩趋势。但各区域冰川消融程度不同,藏东南、珠穆朗玛峰北坡、喀喇昆仑山等山地冰川退缩幅度最大。对藏东南帕隆藏布上游5条冰川变化监测显示,冰川末端年退缩幅度为5.5~65m。其中,阿扎冰川末端在1980—2005年间以平均每年65m的长度退缩,帕隆390号冰川末端在1980—2008年间以平均每年15.1m的长度退缩。珠穆朗玛峰国家自然保护区冰川面积在1976—2006年间减少15.63%,希夏邦马峰抗物热冰川面积在1974—2008年间减小了34.2%,体积减小了48.2%。冰川退缩导致地表裸露面积增加、冰湖增多。冰湖溃决并引起滑坡、泥石流发生频率、强度与范围加大。冰川融化使得一些湖泊水位上升,湖畔牧场被淹。冰川融化不仅直接影响河流、湖泊、湿地等覆被类型的面积变化,而且涉及更广泛的水文、水资源与气候变化。

(2)生物多样性受到威胁

青藏高原草地、森林、湖泊和湿地等生态系统受到破坏,高原特有物种和特有遗传基因面临损失的威胁。由于不合理的放牧和脆弱环境的综合影响,青藏高原草地原生植物群落物种减少,毒、杂草类增多;20世纪70年代青藏高原草原毒害草仅24种,到1996年达164种(隶属于42科93属)。在部分严重退化草地,毒草已成为主要标志性群落，形成了以狼毒等植物为主的草地。近些年，人类大量采挖雨蕨、冬虫夏草和贝母等珍稀植物资源，西藏自治区已有100多种野生植物处于衰竭或濒危状态。青海湖裸鲤资源量1960年为28000t，由于被过量捕捞，至1999年减少到2700t，2000年以后的"封湖禁渔"、保护青海湖裸鲤产卵场与洄游通道、人工增殖放流等措施的有效实施，使青海湖裸鲤资源量在2010年增至17000t左右，虽然已恢复到60年代的65%，但科学保护和管理仍是近期的重要任务。

(3) 草场退化和土地沙化显著

局部高寒草地生态系统退化严重，草地植被群落结构被破坏和生物量减少，直接降低了草地生态系统的物质生产能力，加重了草畜失衡的矛盾。研究表明，1982—2009年间，青藏高原11.89%的草地分布区植被覆盖度持续降低，主要分布在青海的柴达木盆地、祁连山、共和盆地、江河源地区及川西地区等人类活动强度大的区域。西藏自治区2003年全区不同程度的退化草地总面积29.286×10^{4}km^2，占草地总面积的35.7%。在1990—2005年间，西藏草场退化面积每年以5%~10%的速度扩大。青海省草地退化形势也比较严峻，如在长江源头治多县，20世纪70年代末至90年代初草地退化面积0.72×10^{4}km^2（占该县草地总面积的17.79%），而90年代初至2004年草地退化面积达1.11×10^{4}km^2（占该县草地的27.65%）；草地退化程度呈逐渐加剧的趋势。

据2015年全国第五次荒漠化和沙化土地监测结果显示，西藏自治区沙化土地总面积由2009年的21.62×10^{4}km^{2}减少到2015年的20.87×10^{4}km^2。沙化土地主要分布于山间盆地、河流谷地、湖滨平原、山麓冲洪积平原及冰水平原等地貌单元。沙化使土层变薄、土壤质地粗化、结构被破坏、有机质损失，土地质量下降，草地、耕地及其他可利用土地面积减少。另外，土地沙化后，处于裸露和半裸露状态的沙化土地，缺乏植被保护，易形成风沙，对交通及水利工程设施产生影响，甚至形成沙尘天气，进而影响我国中部和东部地区。

(4) 水土流失加重

青藏高原地理环境复杂，水土流失类型多样，伴随着气候变化和人类活动加剧，水土流失日趋严重。西藏芒康县措瓦乡的森林砍伐、尼洋河流域以及扎囊县等地区的土地开垦导致生态环境恶化、水土流失加重、山洪和泥石流频繁爆发。2000年调查显示，西藏地区水土流失面积达103.42×10^{4}km^2，其中冻融侵蚀面积占水土流失总面积的89.11%，水力和风力侵蚀分别占水土流失总面积的6.00%、4.89%。由于草地牲畜过载、工矿资源开发等人类活动加剧，20世纪90年代末，青海省年输入黄河的泥沙量达8814×10^{4}t，输入长江的泥沙量达1232×10^{4}t。据2005年调查数据显示，青海省水土流失面积为38.2×10^{4}km^2（占青海省总面积的52.89%），其中黄河、长江、澜沧江三江源头地区水土流失面积分别占水土流失总面积的39.5%、31.6%和22.5%，目前仍以每年3600km^{2}的速度在扩大，成为水土流失灾区。

(5) 自然灾害频发

青藏高原是我国自然灾害类型最多的地区之一。高原气候变化剧烈，气象灾害频发，据气象站点资料分析，高原东部大到暴雪过程平均次数年际变化呈明显增加趋势，增长率为0.234次/10年，1967—1970年为1.5次/年，1991—1996年增加到2.4次/年，90年代以后进入雪灾的频发期。近几十年来，由于冰川融化和人类活动增强，地质灾害频繁爆发,高原南部喜马拉雅山中段的冰湖溃决,泥石流灾害发生频率明显增加。波密地区近40年的资料研究表明,1993年以后泥石流活动加强。据2000年Landsant ETM影像数据监测显示,青藏高原区域范围内地质灾害点共计3259个,崩塌、滑坡主要分布在雅鲁藏布江中游、三江流域、横断山区和湟水谷地;泥石流主要集中分布在祁连山、昆仑山、喀喇昆仑山和喜马拉雅山冰雪分布地区。在雅鲁藏布江大拐弯处不到20km江段范围内,1989—2000年的12年间新增大型和巨型崩塌和滑坡8处。自然灾害的频繁发生严重影响青藏高原区域交通运输业、水利水电和农牧业生产的稳定发展。

6.4.2.2 高寒生态系统退化原因

脆弱的生态环境是青藏高原高寒草地生态系统退化的自然内营力,人为干扰和不合理利用是西部草地退化的主要驱动力,气候变暖变干是加速西部草地退化的辅助外营力。草地退化是指草地生态系统在演化过程中其结构特征和能流与物质循环等功能过程的恶化,是生物群落(植物、动物、微生物群落)及其赖以生存环境的恶化,它既包括"草"的退化也包括"地"的退化。它不仅反映在构成草地生态系统的非生物因素上,也反映在生产者、消费者、分解者三个生物组成上,因而草地退化是整个草地生态系统的退化,生产力水平急剧下降。导致草地退化的因素是多种多样的,这些因素常常交互作用,互相促进,互为因果,主要影响因素如下:

(1)自然因素

①气候变化:气候变化是引起青藏高原草地生态系统变化的重要自然原因,其中降水量的变化尤其重要,整体呈现干旱化的趋势。年均气温在波动中呈现增长的趋势,特别是从20世纪80年代以来增温的趋势更为突出,这也从另一方面表明,气温变暖使土壤水分损失增加,导致区域干旱化,进而加速草地退化的过程。

②鼠害肆虐:鼠害的增加,加剧了草地退化。一是鼠类与牲畜争食牧草,加剧草与畜的矛盾。据测算,我国青藏高原至少有高原鼠兔6亿只,每年消耗鲜草1500×10^4t,相当于1500万只羊的食量,造成青藏高原牲畜严重缺草。二是破坏草场。挖洞、穴居是鼠类的习性,挖洞和食草根,破坏牧草根系,导致牧草成片死亡,害鼠挖的土被推出洞外形成许多洞穴和土丘,土压草地植被,也引起牧草死亡,成为次生裸地。在青藏高原出现的黑土滩就是害鼠造成的。据统计,黄河源头区因草原鼠害造成的黑土滩型草场退化面积已达$200 \times 10^4 \mathrm{hm}^2$,部分草原已失去放牧价值。

(2)人为因素

①超载放牧:超载放牧是青藏高原草地生态系统退化最重要的一个原因。草原超载主要来自两方面的因素:一是草场面积减少使草场面积的绝对量减少,二是牲畜头数的增加使牲畜占有草场的相对面积减少。历年来畜牧业的发展都以牲畜头数的增长为指标,而不以畜产品为准。在这些政策和观点的影响下,我国牧畜头数较中华人民共和国成立初期大幅度增加。自1982年实行牲畜承包到户后,牧民群众重视发展牲畜数量,牧草在生长季被牲畜反复利用践踏,牧草得不到繁衍生息的机会,草地原生植被遭到不同程度的破坏,大量毒杂草滋生蔓延,优良可食牧草比例大幅度下降,植被盖度下降,出现了大量的裸露地和次生地。植物群落组成结构趋于简单,土壤种子库得不到足够的补给,造成草地退化。

②草地管理制度不健全：多年来，牧民群众传统的逐水草而居的游牧习惯是草地退化很大的潜在因素。牧民只利用草原而不建设草原，草场是公用的，而牲畜是自己的，在草地利用上重利用，轻保护建设，长此以往使草地趋于逆向演替。

③草地放牧利用制度和畜群结构不合理：在草地利用上，不合理的放牧制度，如夏秋草场因放牧时间短而利用不足，冬春草场则严重超载，导致了高寒地区草地生态系统的严重退化。畜群结构不合理、适龄母畜比例偏低、长寿畜多、周转慢、效益低等原因，导致牧民需加大草地的载畜量来提高经济收入，最终导致草地畜牧业发展的恶性循环。

④过度开垦：新中国成立以后，我国人口剧增，为解决粮食问题，从而大规模开垦草地。如青海省草原开垦面积为 $38\times10^4 hm^2$，其中有 $21.25\times10^4 hm^2$ 集中在青海湖环湖地区。草地过度开垦是造成草地退化沙化的重要原因。

⑤滥伐乱挖：青藏高原高寒草地蕴藏着丰富的药用植物资源，人类对药用植物资源的过度挖掘导致了草地的严重退化。

⑥车辆毁地：在平坦草场和缓坡草地上车辆可任意通行，这虽给行车带来了方便，但却使草场受到破坏。随意形成的道路和多条并行道，毁坏了许多可利用的草场。以公路为中心的两侧退化和辐射性退化是高寒草地生态系统退化的一个重要方面。

⑦旅游业的发展：近几年草原旅游兴起，旅游确实给当地居民带来了一定的经济收入，也推动了地方经济发展。但是由于人类对草地过度践踏和旅游利用，加之管理粗放，从而造成一系列的生态环境问题。

6.4.3 高寒生态系统保护与恢复技术

高寒生态系统的保护与可持续发展，必须以生态学思想为基础，利用保护生态学和恢复生态学理论，在保护生物多样性和草地良性发展的前提下，发展高效草地畜牧业，提高当地社会经济水平，达到生态、经济和社会的协调发展。相关的学者已经提出了草地畜牧业可持续发展的很多策略，如图6-7所示。

青藏高原草地生态环境恶化，生产力下降，生态系统和畜牧业经济的可持续性受到严重威胁。草场退化和荒漠化是人类面临的两个非常严峻的生态问题，退化草地的改良也是我国草地生态学研究的一个主要方面。不同的学者从不同角度对此进行了全方位的研究，并提出了多种草地改良的技术方法，主要包括：浅耕翻改良以根茎禾草为主的草原，松土改良干旱的针茅冷蒿草场，补播改良，施肥改良，除毒害草改良等。还有学者针对近年来高寒草地退化问题，进行了围栏封育、划破草皮和施肥3种改良试验研究。结果表明，施肥和围栏封育是草地改良的有效途径。

我国在退化草地生态系统改良和恢复中主要采取了以下技术措施：改良以根茎禾草为主的草原；改良特制的翻种机；增加施肥量；加强生物防治；实行草场承包到户责任制；发挥夏季草场优势，发展季节畜牧业，支持家庭牧场建设，转变传统畜牧业生产和经营方式；加强草原监理制度，以草定畜控制载畜量；综合改良技术，改善草地整体结构；兴牧战略，推进畜牧业产业化生产经营；树立草业观念；加快草地建设，提高草地的经济效益；加大草地生态保护宣传力度等。

草地改良是轻度退化草地生态恢复的主要途径，草地封育是中度退化草地生态恢复的主要措施，人工草地建植是重度和极度退化草地生态恢复的主要手段。草地资源

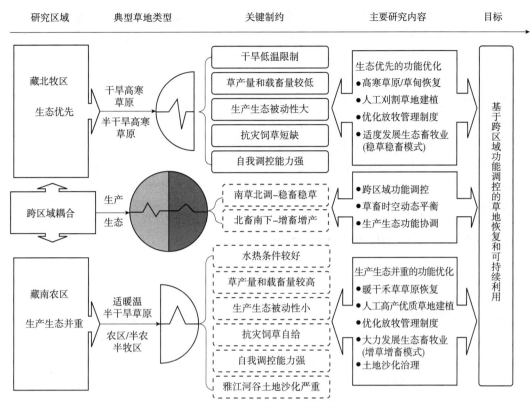

图 6-7 高寒生态系统生态修复技术模式

保护与优化利用则是草地可持续发展的必要保障。高寒草地生态系统的资源保护与优化利用问题，是我国生态环境建设中备受重视的科学问题。李文龙等以甘南的高寒湿地为研究对象，采用生物控制论方法，组建了草地资源保护模型及草地放牧系统的最优控制模型。确定了该草地放牧系统的最优牧草资源水平和最优控制量，提出了草地资源优化利用的管理对策与措施，为草地放牧管理提供了优化模式和定量依据。结合国内外退化草地生态系统的改良和恢复研究现状，以及青藏高原高寒草地生态系统的特殊性，我们应该加强对高寒草地生态系统恢复的进一步深入研究。

保护高寒草地与促进牧区经济发展是一对长期的矛盾。为解决这一矛盾，即在青藏高原保护生态环境、恢复已退化的草地和遏制草地进一步退化的前提下，促进牧区经济的持续健康发展，我们应该根据我国草地退化现状和畜牧业经济发展的需要，加大对高效复合功能草地畜牧业的研究。对退化草地生态系统的综合恢复技术体系、草地合理放牧制度体系、草地的合理利用和管理技术体系、集约化社区草地畜牧业生产模式的研究也是迫在眉睫的。

6.5 矿区生态系统修复

随着全球经济的快速发展，矿产业也迅猛发展起来。矿产业的发展、开采导致矿区生态系统遭受严重破坏而退化，退化的生态系统亟待人们去恢复、治理，形成能永续利用的矿区生态系统，达到人与自然和谐发展。我国矿产资源丰富，矿山开采促进我国经济增长。据统计，我国能源的95%以上，工业原料的80%以上，农业生产资料的70%以上均来自矿产资源。矿产资源既是社会经济发展的物质基础，又是社会财富的创造源泉。全国现有大小矿区近30万个，但在目前的开发技术和管理水平下，对矿山的大规模长时间开采，破坏、侵蚀、污染了矿区的土地资源，并改变了原有生态系统及区域水系，破坏了动植物区系，致使矿区环境污染与生态退化。特别是近年来，科学技术高速发展加速了矿产开采，使全国矿区生态环境遭受破坏和污染问题日趋严重，估计毁坏土地面积近$400\times10^4 hm^2$，每年还在以数十万公顷的速度毁坏。因此，进行矿区生态退化与生态恢复及相关问题研究，对科学合理地恢复矿区受损的生态系统，确保矿区生产安全、粮食安全、生态安全、人居安全意义重大，矿区环境问题及其生态恢复研究已受到国内外的广泛关注和重视。

6.5.1 矿区生态环境现状与修复理论

6.5.1.1 矿区生态环境现状

矿区生态因矿业活动而失衡，如空气污染、水体酸化、土壤质量下降、生物多样性丧失、自然景观被破坏等，并威胁到人体健康。长期的生态损失积累、新产生的毁损与治理恢复数量质量上的差异，以及少有节制的采矿活动，使得矿区生态问题不再是单纯的环境污染问题，而是关系到一个国家、民族经济发展和人类生存的根本性问题。现阶段矿区存在的主要生态环境问题如下：

(1) 生态破坏问题

①地表景观的破坏：矿区采掘活动主要有两种开采方式：露天开采和地下开采。无论是哪种开采方式，都会对地表景观产生一定的影响。具体表现在：露天开采不仅使表层土壤被剥离，地表尾矿的堆存、洗选也污染了土壤；同时，地表大面积的开挖不仅改变了地面的标高和坡度等，也致使地表植被遭到不可逆的破坏。地下开采形成大量的采空区，极易造成地面塌陷；同时破坏了地下含水层，易造成地下潜水、含水层下渗，对地表植被的生长、河流的枯竭都会产生直接或间接的影响。

②生物环境的破坏：矿区的建设与发展，无法避免地会对生物的生存环境造成破坏。具体表现在：露天开采将形成大面积的裸地，导致地表植被大量减少；地下开采极易破坏地下含水层，导致地下潜水下渗，直接或间接地影响了动植物的生长。矿区开采活动的进行造成地表水体的污染，大气污染物的大量排放促使局部空气质量的下降，都将对动植物的生存环境造成严重的影响。

(2) 生态污染问题

①水体污染与破坏：矿区采掘活动造成水体的污染与破坏，具体形式主要包括：一是地下开采致使地下水水质发生改变从而形成了矿井水，不仅污染物数量、类型增多，而且部分矿井水还含有大量的放射性物质，随意排放会使地表水体受到严重的污染。同时，在采矿过程中，地下含水层的破坏，易使地下潜水含水下渗，严重时会出现地表水体断流、枯竭现象。二是地面尾矿、弃渣被随意堆放，弃渣场设计不规范，雨污分流设计不合理，这些尾矿、弃渣经过雨水淋漓、冲刷之后，会形成大量有毒有害渗滤液，不仅渗入地下污染了地下水，排入地表对地表水体也造成了严重的污染。

②大气环境的污染：大气污染物主要为矿区生产生活中产生的有组织及无组织排

放的污染物。其中，有组织排放污染物主要为锅炉烟气产生的各种氮氧化物、烟尘及二氧化硫等；无组织排放污染物主要为露天堆存的矿产品、尾矿、弃渣等产生的矿尘，生产、装卸、运输等环节产生的矿尘、粉尘以及地面扬尘等。矿山开发生成的大量矿渣废石、尾矿的堆积，使矿区大量的土地资源被荒废，而生态环境的严重破坏也使矿区生态的自然恢复乏力。

近年来，我国对矿山土地复垦以及生态恢复的重视程度日渐提高，《矿产资源法》《土地管理法》《环境保护法》《土地复垦规定》等法律法规的颁布与修订，在一定程度上促进了我国矿区土地复垦与生态恢复的进程。但目前我国矿区土地复垦与生态恢复的现状，在诸多方面还存在着问题，亟需研究解决以有效推动矿区土地复垦与生态恢复。矿区生态恢复是要重新创造、引导或加速矿区自然演化过程。人类无法恢复出矿区原来的天然系统，但是可以人为帮助自然，使矿区生态系统需要的基本植物和动物都拥有满足其生存的基本条件，让它自然演化，最终得以恢复。因而矿区生态恢复的目标不是种植物种越多越好，而是创造良好的条件，为矿区的各种动物提供所需的栖息环境。矿区生态系统既是被矿物、矿渣和化学添加物污染的生态系统，也是因植被和表土层受破坏而造成水土流失脆弱的生态系统。

6.5.1.2 矿区生态恢复理论

矿区生态恢复是一项综合性多学科课题，它包括地貌再开发，生产能力的恢复，生态综合性、经济和美学价值等问题。综观全球采矿业发展史中的生态恢复，从最初的植树绿化、占压土地复耕到功能复垦区域的建立，经历了由简单到综合，由幼稚到成熟的过程，其理论研究也日渐丰富，但目前对于矿区生态恢复问题的研究尚未形成较完整的理论体系。根据一般的生态恢复理论，结合矿区生态系统的特点，以生物恢复为基础，综合各种物理、化学方法，以及工程技术措施，通过优化组合，使矿区生态系统得到恢复。目前，矿区生态恢复的理论研究有如下几个方面。

(1) 以可持续发展为主导思想的理论研究

过去的20年里，几乎所有国家为实现可持续发展目标均立法或修改相关法律以减少采矿的负面影响。联合国环境规划署在有关采矿业和矿山发展的可持续性问题上起着提供指导、信息和政策咨询方面的特殊作用。由全球采矿业举措支持、世界可持续发展事务理事会委派国际可持续发展研究所管理的采矿矿物和可持续发展项目，其目标是解决"采矿和矿物怎样为全世界过渡到可持续发展"。最近由联合国环境规划署和一个财团合伙发起的全球报告举措，将整个可持续发展性行动计划的报表格式标准化，其中包括了环境、社会和经济指标。

近年来，许多国家的协会将环境、社会和经济因素的一体化这一可持续发展的思想纳入其工作计划中。如澳大利亚矿物理事会已经审查和扩充了澳大利亚环境管理的采掘工业法规；加拿大矿业协会已经开始了一个可持续的采矿举措；欧洲矿业协会制定了可持续发展的准则，并积极地参与了非能源采掘工业的主动倡议和可持续发展 EU 项目。正是在可持续发展理论的指导下，各国对矿区生态恢复提出了更高要求：①加强对采矿前后生态资源的调查和研究。对野生动植物的种类，在采矿前采取积极的保护措施，采矿后采取挽救措施。②在进行重建时，使新建景观和周边景观和谐地融合在一起，并有较高的经济、生态和美学价值。③自然保护、物种保护和经济用途在景观生态重建过程中具有同样重要的地位。还为保护本地动物、植物物种而构建的生态空间,是生态恢复方案不可分割的组成部分。除了农、林用地外,还应构建自然保护区和自然保护优先区,使得物种的多样性、基因资源得到保护和增多。④生态恢复是对矿区采矿迹地状况的改善,环境的保护,同时也为经济发展提供了基础。

(2) 以矿区土地复垦、生态演替为基础的理论研究

土地复垦是生态恢复的核心内容。澳大利亚矿山复垦界采用 Rehabilitation 一词,其内涵是"必须使被扰动的土地恢复到预先设定的地表形式和生产力,创建条件,使场地有一个新的可持续的不同用途的工艺过程"。我国将土地复垦定义为:"对生产建设过程中,因挖损、塌陷、压占等造成破坏的土地,采取整治措施,使其恢复到可供利用状态的活动。"(国务院,1998 年)矿区土地复垦根据产生的原因可分为 3 类:一是由剥离的表土、开采的废石及低品位矿石堆积形成的废石堆、废弃地;二是随着矿物开采形成的大量的采空区域及塌陷区,即开采坑废弃地;三是利用各种分选方法分选出精矿物后的剩余物排放形成的尾矿废弃地。近年来,土地复垦基础理论研究在如下几个方面取得了一些进展,包括采矿的空间规划和企业规划对土地复垦的指导作用;土地复垦与采矿工艺的有机结合使采矿损失、土地生产能力最小化;农林复垦用地表土层的重构以及土地生产力提高。

生态演替理论是矿区生态恢复理论的基础。生态演替理论认为,在退化生态系统中的植被恢复是恢复生态学的首要工作,因为所有的自然生态系统的恢复和重建,总是以植被的恢复为前提的。植被恢复是重建任何生物群落的第一步,它以人工手段促进植被在短期内得以恢复。从理论上说,只要不是在极端的条件下,没有人为的破坏,经过一定的时间,植被总会按照自然的演替规律而慢慢恢复,但通常这个过程太漫长。生态恢复的步骤包括以下 4 个环节:

①尾矿的综合利用:从废弃物中进一步回收有价元素、作为二次资源制取新形态物质、填充井下采空区。

②土壤治理:包括挖出污染土置换客土或者进行适宜的化学改良。

③植被恢复:利用人工植被的方法改善和恢复生态系统。

④微生物恢复:包括抗污染细菌的接种、接种高效生物和接种营养生物。

(3) 以废弃矿区景观构造为主的理论研究

随着社会生活水平的逐步提高,人们对娱乐休闲场所的需求急剧增加。与此相适应,景观生态重建的目的也发生了改变。这使得进行土地复垦时,要考虑建立娱乐休闲场所,以满足人们的要求。矿区开采虽然破坏了土地和地面景观,但景观生态重建为人们合理规划土地用途、建立新景观提供了机会。因此,景观生态重建的理论研究更多地被放在对地面景观的重塑和休闲场所的建立上。景观学和景观建筑学的思想被引入到景观生态重建中。在对林地、水域及休闲用地建设时,即使其满足休闲用地的功能,如作为公园、运动场地、露宿营地、研究和观察自然生态用地等,也顾及美学方面的要求。其理论研究重点为:景观规划,休闲场所的林地和水域的构建,人为景观的质量和其对娱乐休闲产业的意义,娱乐休闲用地和矿区生态保护,娱乐休闲场地和自然保护区的协调统一,人为景观与周边环境的融合和协调,等等。

(4) 高兹的生态重建理论

高兹的生态重建是针对资本主义经济合理性来说的，强调的是经济生态重建。这里将其列为矿区生态恢复的理论，提出目的在于提醒人们资源利用观念的转变，使资源开发、生态环境与人类进步和谐统一。资本主义经济合理性以利润最大化为目标，结果导致生态平衡的破坏，这就要求限制经济合理性，使生产更多地考虑生态问题。

6.5.2 矿区生态系统修复历史与修复关键阶段

6.5.2.1 矿区生态系统修复历史研究

回顾过去，我国矿区土地修复重建工作，总体上可将其划分为4个发展阶段：

① 20世纪五六十年代：矿区土地修复沿用传统思路：通过填埋、刮土、复土等措施将退化土地改造成可耕种土地。这是一种以实现矿区土地可进行农业耕种为目标的土壤修复工作。

② 20世纪七八十年代：人们开始关注矿区土地资源的稳定利用以及相关的基本环境工程的配套问题，使土地修复更加系统化。例如，中国煤矿学界取得了一系列研究成果，其中包括煤矿开采引起塌陷的预报预警系统、抗建筑变形理论、修复煤矿塌方土地的综合技术等。这是以矿区土地资源稳定与持续利用为目标的环境工程修复工作。

③ 20世纪90年代：在矿区土地修复问题上更多地强调了生态学方面的观点，包括：选用适宜的表土、植物和肥料；研究先锋植物根的生长模式及根系分布结构；研究重金属的迁移模式；优化回填肥料的性质，例如利用煤炭垃圾或粉煤灰回填或促进植物生长；在生态恢复中综合考虑景观美化、可持续性发展、人与自然的和谐等问题。目前，生态学的观点在中国矿区土地修复研究与应用中被广泛接受，但客观地说，这种朴素的实用生态学观点与上升到西方科学家所推崇的"完全生态恢复"，即恢复到最初的生态系统，在理论上还是有差别的。这个时期的土地修复是一种以植被复原与生物多样性保护为目标的生态修复。

④ 21世纪以来：一种以矿区生态系统健康与环境安全为恢复重建目标的污染土地生物修复在我国逐渐得到重视，其中包含了金属矿区土壤的植物修复、微生物修复、动物修复及其联合协同修复等多项环境与生物新技术。随着该领域研究的逐步深入，可以预见，这些新理念和新技术将会在全国范围内得到广泛应用，并在实践中进一步发展完善。

6.5.2.2 矿区生态系统修复的关键阶段

矿区生态恢复是研究矿区生态系统综合功能的恢复和管理过程的科学，已成为当前的研究热点。矿区生态环境恢复的具体对象主要包括土壤、植被和景观，土壤治理改良、植被栽种和保护、原有景观恢复是矿区生态环境恢复的主要事项。土壤治理改良是基础，植被恢复是关键，景观恢复是目标。矿区废弃地修复的几个关键阶段如下：

(1) 尾矿的综合利用

尾矿中蕴藏着许多丰富的矿质元素，如果利用特定的技术将这些元素进行回收，不亚于再重新建立一个新矿。尾矿长期被堆置于尾矿库中，不但占用大量土地资源，而且处理不当会造成二次污染，目前尾矿堆积已成为危害矿区及周围生态环境的重要因素。对于尾矿的综合利用我们可以从废弃矿区中进一步回收有价元素，使这些物质有机会作为二次资源抽取新的有用物质，使尾矿中的有用成分得到有效的回收和利用，既节约了土地资源，减少了尾矿污染，也为解决尾矿堆积问题提供一个较为科学的理论依据。

(2) 污染土壤的修复

矿区污染物的主要来源途径是通过大气的干湿沉降进入土壤，其次，还可以随矿山废水及废石、尾矿的堆放流入土壤。矿区土壤的污染呈现出强度大、涉及范围广、隐蔽、危害大且治理难度高等特征。被污染的土壤对人体产生危害主要通过间接的途径，如污染农作物、地下水及饮用水，被污染的农作物的质量和产量都会降低，并通过食物链将有害物质传入人体内，严重危害人体健康。

矿区土壤污染的修复是一项长期而艰巨的系统工程，要想保证这项任务顺利开展，必须借助现代科学技术手段，对土壤质量进行评价，然后根据评价因地制宜地采取科学的方法进行治理。首先，对矿区污染程度进行细致调查，据此建立数据库，利用现代科学技术确定污染物的类型、特征及分布情况，结合矿区资源的分布图建立矿区土壤污染的数据库，使污染治理工作有的放矢；其次，加强土壤污染评价，划分生态功能区，土壤污染因具有隐蔽性，不容易引起人们的关注，大部分农民认为只要土壤中能正常长出农作物就没有什么问题，只有等农作物减产或身体出现疾病才会考虑土壤是否受到污染，因此，必须要对矿区土壤做综合评价和生态评估。如果发现土壤受到污染，应及时治理或进行分区时将此块地归为非农地的景观类土地，避免污染的土壤对人类健康造成威胁；最后，要因地制宜地对土壤进行修复，具体修复手段包括微生物修复、化学修复、物理修复和综合修复等，各类方法在治理土壤污染中各有优缺点，因此要综合矿区土壤污染的类型，因地制宜地对各类污染物有针对性地进行治理，这样才能使修复手段达到最理想的效果。

(3) 矿区植被的修复

矿区的修复应遵循因地制宜、因矿而异的原则，对矿区植被再生进行统一规划、科学布局。可以利用土壤熟化技术、矿山地貌整治技术、矿山土地复垦技术等一系列的生态修复技术对矿区植被进行综合修复。首先，对污染元素的类型进行分析，再分析土壤的物化性质，测定土壤的值、通气性、温度等，根据这些数据选择适宜的树种进行栽种。由于矿区通常含有较多的有害矿质元素，这些有害矿质元素会通过水体及呼吸作用进入人体，因此在树种选择上要考虑以下几点：首先要抗污染，矿区在开采过程中会产生较多的固体粉尘物、有毒气体等，选择吸毒、杀菌能力强和抗逆性较强的树种，如香樟、悬铃木、夹竹桃等，在引种这些树种时也要考虑其是否适宜当地的气候条件；其次，所选树种要耐碱性土壤，大部分矿区的土壤多为碱性，因此可选用三角枫、乌桕等耐碱性的植物进行栽种；最后，由于矿区土壤通常混合有煤矸石，保水保肥性较差，所以要选择适应性强的树木，如木槿、水杉、蜡梅、银杏、迎春等。此外，按照矿区的污染程度进行分批次的试验性栽植，对于生长好的树种可在同类地段上进行推广，提高植被的实际利用效率。

(4) 矿区微生物的修复

许多微生物在矿区生态系统的恢复过程中起着至关重要的作用。矿区土壤和水污染对人类健康威胁最大的是重金属污染，传统的污染物治理手段成本较高且效果不理想，易造成二次污染，近年来，利用微生物对重金属进行固定化或使其变为低毒元素成为许多科学家们的研究热点。土壤微生物修复过程分为两个阶段：首先利用微生物对重金属进行生物固定化，主要依据多种微生物的细胞膜上带有羧基、羰基等阴离子官能团，可以通过胞外沉淀、胞内吸附及细胞的络合作用对多种重金属进行固定；其次是利用微生物对重金属进行转化，主要借助微生物的氧化还原反应、甲基化和去甲基化作用等使重金属离子变为低毒或无毒的物质。矿区被污染水源一般呈酸性，会腐蚀矿井设备，污染农田，对人类健康也造成一定威胁，对酸性水的治理主要利用氧化亚铁硫杆菌，这种菌可以使硫酸根离子先被还原成低价态，然后进一步被还原成单质硫。

6.5.3 矿区生态系统整治关键技术与模式

由于矿区废弃地对生态环境造成了严重的破坏，因此迫切需要对矿区废弃地进行生态恢复与重建。但是，目前我国矿区废弃地的生态恢复工作总体上还处于初期阶段，因此，在我国大力开展矿区废弃地的生态恢复工作是当务之急。生态恢复的关键的是生态系统功能的恢复和合理结构的构建，而生态系统的各种功能是靠系统的各组成成分相互作用来实现的。因此，要恢复生态系统的功能，必须恢复系统的非生物成分的功能，进行植被的恢复及动物群落和微生物群落的构建。

6.5.3.1 矿区废弃地土壤整治

矿区废弃地造成生态破坏的根源是土壤因子的改变，即废弃地土壤理化性质的变坏、养分的丢失及土壤中有毒有害物质的增加。因此，土壤整治是矿区废弃地生态恢复最重要的环节之一，进行矿区废弃地土壤整治的方法主要包括以下两类：

(1) 物理性修复

矿区土地的表土常常会流失或遭到破坏。粉碎、压实、剥离、分级、排放等技术被用于改进矿区退化土地的物理特性，实际操作还包括梯田种植、排流水道和稳定塘设施、覆盖物或有机肥施用等。植物残余物(如稻草或大麦草)可作为覆盖物将土壤表层与极端温度变化隔开，增加土壤的持水量，减少地表径流对土壤造成的侵蚀。施用有机肥可显著改善土壤结构性。土壤物理性修复与恢复的关键是覆盖、培育与维持表土，改善土壤结构，建立植被覆盖，有效控制土壤侵蚀。有些矿区废弃地上根本没有土壤层(如废石堆)，必须先在废弃地上覆土，再改良；或者废弃地的毒性很大(如重金属尾矿砂)，必须在废弃地上面先铺一层隔离层(可以用压实的黏土或高密聚酯乙烯薄膜)，以阻挡有毒物质通过毛细管作用向上迁移，然后再覆土。

(2) 化学性修复

多数矿区退化土壤缺乏有机质及其营养元素，对于有土壤层的废弃地，可以考虑用化学的方法进行土壤改良。研究表明，有机废弃物如污水污泥、垃圾或熟堆肥可作为土壤添加剂，并在某种程度上充当一种缓慢释放的营养源，同时可通过螯合有效态的有毒金属而降低其毒性。同时可以用化肥、有机废弃物、绿肥和固氮植物来修复土壤的营养状况，有机肥对多种污染物在土壤中的固定有明显的作用。适量施用有机肥可以防止作物的汞污染，降低汞的迁移能力。但是，有机肥对各种污染物的作用在不同的土壤中表现不一，因此在施加有机肥时应根据不同的土壤类型谨慎对待。将城市污泥应用在矿山废弃地复垦中,是一种良好的有机肥料和土壤改良剂,但在应用前必须对城市污泥进行检测及处理,重金属含量超标的不能使用,避免加重废弃地的污染。除有机添加剂以外,无机添加剂也可改善土壤特性,包括采石废弃物、粉碎的垃圾、煤灰、石灰、石膏肥料、氯化钙和硫酸等。在有毒的尾矿废弃物上覆盖一层煤渣、钢渣等惰性材料,可防止有毒金属向表土层迁移,起到化学稳定修复作用。

6.5.3.2 矿区污染土壤的植物修复

矿区土地的植物修复是指用绿色植物及其相关的微生物、土壤添加剂和农艺技术来去除、截留土壤中的污染物或使污染物无害化的过程及技术。选择适当的植物种类对于确保可持续的植被覆盖非常重要(表6-5)。矿区重金属污染土壤的植物修复通常基于植物稳定和植物提取作用来实现。

表6-5 矿区污染土地的植物修复类型及其可处理的化学物

类型	过程和机制	处理化学品
植物固定	植物控制土壤和尾矿塘的pH值、气体、氧化还原状况,改变重金属存在状态。一些有机复合物的腐殖化	重金属、酚类和含氯的溶剂
植物提取	重金属、有机化合物和水一起被吸收,或通过阳离子泵、吸附等其他机制	Ni、Zn、Pb、Cr、Cd、Se,放射性核素、BTEX(苯、甲苯、乙基苯、二甲苯)、五氯苯酚、短链脂类复合物
根际过滤	吸附或吸收在根部(或藻类和细菌)	重金属、放射性核素、有机复合物
植物降解	水生和陆生植物吸收、储存、生化降解有机复合物成为无毒的副产物,产物可被用于生成新的生物量,或被微生物进一步分解成毒性更小的产物。酶的生成和衰老有时也被某些植物用于代谢和解毒复合物。还原氧化酶依序作用于植物的不同部位	军需品(TNT、DNT、RDX、硝基苯、苦味酸、硝基甲苯、硝基甲烷、硝基乙烷)、阿特拉津、含氯溶剂(四氯甲烷)、溴代甲烷、四溴甲烷、四氯乙烷、二氯乙烷、DDT,其他含磷、氯的杀虫剂,多氯联苯,苯酚
根际降解	植物分泌物、根坏死及其他过程可提供有机碳和营养物刺激土壤细菌生长。根分泌物诱导酶生成,与菌根真菌等微生物共代谢。植物根减缓了化学品的迁移。活的根可为耗氧菌提供氧气,死的根有助于厌氧菌的生长	多环芳烃、BTEX、石油烃碳水化合物、高铝酸盐、阿特拉津、草不绿、多氯联苯、其他有机复合物
植物挥发	挥发性有机物和金属可被吸收、转变形态和挥发。一些有机复合物在大气中更易降解	含氯溶剂(四氯甲烷和三氯甲烷)、Hg、Se

(1) 利用重金属耐受型自然植物的植物稳定修复

植物稳定修复是利用耐受性植物来固定矿区土壤中的重金属,主要通过根部吸收和积累作用以及根区的沉淀作用。原位稳定是重金属污染土地修复最有效和最经济的方式,这包括使用适当的有机和无机添加剂及选用适宜的植物物种。

在英国和澳大利亚等国家,一些对重金属有高耐受性的植物的培育已经商业化,包括有对单一金属和多种金属耐受的植物。耐受性的培育物种可以存活于较粗糙的矿土上,并对干旱条件有一定的抗逆性,其生长状况在非污染的条件下甚至还优于非耐受性的物种。它们可以耐受低水平的营养条件,例如,长于酸性铅矿的植物可适应钙、磷等营养的缺乏环境。事实上,由于污染土壤本身的特性,抗干旱和抗低营养能力的提高是植物适应重金属污染土壤的一个后续过程。有研究发现，树木可以存活并生长于含有高浓度的多种重金属污染的土壤上。经鉴定，桦树和柳树的一些种可以耐受铅和锌。在重金属污染土地上种植金属耐受性植物可以降低金属的流动性，并减少进入食物链的金属的生物有效性。有毒金属将会被固定在生态系统中，减轻了通过风蚀和表土的风力传播所引起的迁移。同时，也减少了有毒金属因淋溶而进入地下水所引起的污染。可以通过种植并结合多种土壤添加剂例如沸石、粗面岩、钢钴粒和羟磷灰石等固定土壤中的重金属，来达到植物稳定的目标。利用耐受性植物稳定尾矿，还可以为自然净化提供良好的基础。在过去的几年里，已有关于在铅锌矿建立和定居几种先锋植物的成功范例的报道，包括草本、禾本豆科和木本豆科。因此，选择适宜的、可以在重金属污染土壤上生存的植物对于这些矿区土地的复垦至关重要。然而，某些严重污染的土壤如果用植物修复的办法来去除重金属的话，将会非常耗时而且不切实际。通常要选择抗旱型的、能在重金属污染和营养缺乏的土壤上快速生长的树木或草本植物。

香根草具有很发达的结构和精细的根，可以有效控制和防止土壤侵蚀和滑坡。这种植物对土壤盐度、钠、酸性、铝、锰和重金属(砷、镉、铬、镍、铅、锌、汞、硒和铜)也有很高的耐受能力，适合于金属污染土壤的复垦和土地填埋区渗出液的处理。依据植被覆盖率和生物量计算，香根草是在我国铅锌矿复垦中最有效的植物。此外，从香根草根部提取出来的香油在生物药学的应用方面也有很高的价值。有必要对香根草是否能吸收高浓度的重金属，以及吸收的重金属对香油产量和质量的影响进行进一步的深入研究。

豆科植物能生长于污染土壤并发挥有效的固氮作用，使土壤中氮的积累大幅度提高。特别是一些具有茎瘤和根瘤的一年生豆科植物，生长速率快，能耐受有毒金属和低营养水平，是理想的先锋植物，可加速人工生境的生态演替。因此，豆科植物具有重金属耐受性，并能提供有机质和氮源，可用于改良尾矿的性质。然而，重金属一般会抑制根瘤菌生长、寄主豆科植物瘤形成和固氮活性，甚至会导致豆科根瘤菌无法建立共生关系，进而对豆科植物的有机质生产、有效的氮素循环都产生负面的影响。

(2) 利用重金属超积累型植物的植物提取修复

植物提取又称植物积累，包括超积累植物根部对重金属的吸收以及重金属向地上部分的转移和分配。超积累植物可以富集大量重金属。对重金属的超级耐受力是这些植物从土壤中去除金属的关键，液泡的再分配是自然超积累植物重金属超耐受性的基础。矿区通常是超积累植物的栖身地。有证据表明，植物包括某些树(柳树和白杨)能够从土中去除一定量的重金属，至少能净化低污染水平的土壤。金属污染土壤可以通过播种超积累植物种子来净化，经过几季收割后，重金属会随同植物一起从土壤中被分离出来。收获后的植物可以焚烧、堆肥处理或进行金属冶炼。

然而，超积累植物通常是野生的；它们的生物量往往很小而且散布于偏僻地区，生长很慢且很难与其他植物共同生长，即使是同种植物。事实上，植物提取可能更适合那些金属浓度刚刚高于环境标准或极限浓度的土壤。人工合成的金属螯合剂，如EDTA和柠檬酸，可用来作为土壤添加剂来提高超富集植物对重金属的吸收。在实践中，一方面要加快筛选具备忍耐和富集重金属能力的植物，另一方面也要重视可以促进植物地上部分生物量或提高植物根系重金属生物有效性的农艺措施的应用。此外，将超富集基因转入基因工程植物也是一个发展方向。通过分子生物学技术改进野生超富集植物，建立商业化的实用植物提取技术，具体包括选择植物种类、收集种子、规范土壤管理、发展植物管理实践和妥善处理生物量。此外，不同的净化方案可能要求不同的植物种类或多种植物的串联使用。通常，植物修复可与其他净化方案联合使用。金属矿区土壤的植物提取修复正处于起步试验阶段，具有潜在的应用前景。

植被恢复是矿区废弃地生态恢复的关键，因为几乎所有的自然生态系统的恢复总是以植被的恢复为前提的，根据具体环境条件与需要选择适宜的树种是生态恢复的关键技术之一。植物种类的选择应遵循以下原则：①矿区废弃地重金属等有毒有害物质的含量高，应选择对干旱、贫瘠、盐碱等有抵抗能力的，对有毒有害物质耐受范围广的树种；②根据矿区废弃地的条件，选择根系发达，能固土、固氮，生长速度较快、枝繁叶茂，尽可能长时间覆盖地面，能有效阻止风蚀和水蚀的植物，植物最好落叶丰富，易于分解，能较快形成松软的枯枝落叶层，提高土壤的保水保肥能力；③选择播种容易，种子发芽力强，苗期抗逆性强，易成活的植物；④尽量选择当地优良的乡土树种作为先锋树种，也可以引进外来速生树种；⑤选择树种时，尽量兼顾生态效益和经济效益，选择既能恢复当地生态又能为当地带来经济效益的树种。那些在矿区废弃地上自然定居的植物，能适应废弃地上的极端条件，应作为优先考虑的先锋树种。

6.5.3.3 植物-微生物及动物的协同修复

矿区废弃地的生态恢复，只考虑土壤、植被的恢复是不够的，还需要恢复废弃地的微生物群落，完善生态系统的功能，才能使恢复后的废弃地生态系统得以自然维持。微生物群落的恢复不仅要恢复该地区原有的群落，还要接种其他微生物，以除去或减少污染物。微生物的接种可以考虑抗污染的细菌，因此在污染区接种抗污染菌是一种去除污染物的有效方法，这些细菌有的能把污染物质作为自己的营养物质，把污染物质分解成无污染物质，或者是把高毒物质转化为低毒物质，废弃地的植物营养物质非常贫瘠，接种能提供营养的微生物对废弃地的生态恢复无疑有很大的促进作用，有的微生物不仅能去除污染物，还能为群落的其他个体提供有利的条件。

6.5.3.4 土壤动物的作用

土壤动物在改良土壤结构、增加土壤肥力和促进营养物质循环等方面起到重要的作用。同时，作为生态系统不可缺少的成分，土壤动物扮演着消费者和分解者的重要角色。因此，在废弃地生态恢复中若能引进一些有益的土壤动物，将使重建的系统功能更加完善，加快生态恢复的进程。在国内，戈峰等(2001)将蚯蚓应用于德兴铜矿的废弃地生态恢复中，发现蚯蚓不仅能改良废弃地的土壤理化性质，增加土壤的通气和保水能力，同时又能富集其中的重金属，减少了重金属的污染，达到了矿山废弃地生态恢复持续利用的目的。

土地修复可以稳定土壤、控制污染、改善景观、减轻污染对人类的健康威胁，并在很多情况下同时进行农业经济生产。为了在有毒金属矿区的土地上建立一个可自我维持的植被，必须选择能够同时耐受特定金属、干旱和低营养水平胁迫的植物。植物修复是矿区土地复垦的一项新兴的有潜力的绿色植物技术。植物在浅层污染的原位净化中更有用。超积累植物适用于处理轻度到中度污染的重金属土壤。植物根和根际微生物在修复不同化学物质时的协同作用还需要得到深入研究。发展新的植物修复技术来处理不同环境污染物的策略需要土壤科学家、植物学家、微生物学家、化学家和工程师等多学科专家的协作。矿区土地的修复工作需要建立相关的健全的法律法规和管理机制。矿区土地修复的整体步骤要求政府部门、矿业经营者和不同学科科学家的通力合作。修复必须是矿业整体操作中一个很重要的部分，应该在运作开始就制定并及时执行。但是，现在很多的土地使用者或破坏者没有能力对土地进行修复。目前最迫切的问题是保证修复工作的切实执行，特别是在那些为数众多的小型企业内部切实执行。应对矿业活动造成的现存废地的修复制定修复期限，明确规定资金来源和使用责任，并为修复土地的质量标准和维护提供明确的指导方针。

当前的"修复"更多地是指"改造"和"恢复"，还远不是"复原"。同时，对于新技术的重视程度不够也是我国土地修复所面临的问题。为了保证未来我国土地修复与生态恢复研究的良性发展，应该强调以下几个观念：①土地修复是一个长期过程，复垦是有效的修复手段，应该维护修复土地的生物多样性和生态系统及人体健康；②修复土地上种植植物的生产量应该达到标准允许水平，存活率应超过80%～90%；③修复的土地质量应该高于或至少维持在被开采前的水平；④有毒矿山废弃物应该用惰性和有机添加剂修正，并种植适宜的植物物种；⑤如果修复土地被用于农业生产，应给予特别的关注并采用特殊的修复技术，进行风险评价和监测，以确保有毒物质没有通过食物链转移和富集；⑥应恢复原始地貌，如果可能，土地破坏前初始的覆盖土应被用于修复工程；⑦应减少修复土地与邻近地区之间物质流的不平衡性；⑧有毒废弃物包括有产酸潜能的物质应被适当处理；⑨修复过程应尽量减少对野生动物群落包括鸟类、哺乳动物和鱼类的干扰。

思 考 题

1. 什么是脆弱生态系统？我国脆弱生态系统主要分布在哪里？
2. 什么是荒漠化？荒漠化的类型有哪些？我国的荒漠化主要分布在哪里？
3. 荒漠化的治理技术有哪些？
4. 石漠化会产生哪些环境效应？石漠化的治理技术有哪些？
5. 矿区生态修复的主要技术有哪些？

推荐阅读

1. 喀斯特地区石漠化综合治理工程"十三五"建设规划. 国家发展改革委, 2016.
2. 中国石漠化状况公报. 生态环境部, 2018.
3. 石漠化植被恢复科学研究. 姚小华, 任华东, 李生, 等. 科学出版社, 2013.
4. 西南喀斯特植物与环境. 宋同清. 科学出版社, 2015.
5. 中国土地荒漠化的概念、成因与防治. 朱震达. 第四纪研究, 1998.
6. 高寒草甸生态系统与全球变化. 赵新全. 科学出版社, 2009.
7. 中国沙情. 卢琦. 开明出版社, 2000.
8. 第五次全国荒漠化和沙化土地公报. 国家林业局, 2016.

第 7 章 工业生态环境工程

[**本章提要**] 人类逐渐学会了将原本不能用于消费的自然物转变为,即加工制造成可以消费的物品,这就产生了工业活动。人类活动有可能导致局部地区甚至整个生态系统结构和功能被严重破坏,威胁人类的生存和发展。一个世纪以来,随着工业化的发展和世界人口的增长,工业生产的发展带来了大量的环境问题。生态化必将是工业发展的大趋势,科学技术必将是工业生态建设发展的根本动力。生态工业园区是依据循环经济理论和工业生态学原理而设计成的一种新型工业组织形态,符合未来工业发展的需求和我国基本国情,是实现生态工业的重要途径,是经济发展和环境保护的大势所趋。

7.1 工业化进程存在的环境问题与风险

7.1.1 工业化产生的环境问题

7.1.1.1 欧美国家的环境问题

欧洲自英国工业革命以来就开始了工业化的历程,第二次工业革命将人们推向一个新的时代,在目睹了英国国力迅速增长后,其他大部分欧洲国家也紧接着开始了本国的工业革命。在第三次乃至第四次工业革命时,欧洲国家更是不遗余力地跟随发展的潮流向前迈进。诚然,欧洲工业化进程给人类社会带来了质的飞跃,然而在欧洲工业化发展的过程中也伴随着诸多问题,环境危机则是欧洲面临的主要问题之一,当前环境危机治理也成为学界关注的焦点话题。对于环境危机的定义,学术界有不同的看法,有的学者对于环境危机、环境污染等概念做出了严格的区别定义。环境危机的定义没有单指某一方面的危机或污染,而是指一个较大的范围,包括环境污染和生态破坏,认为只要是人类活动对所处的环境造成了伤害并对人的发展产生反作用就可称为环境危机。人类所处的环境发生恶化并影响到人类生活时,即发生了环境危机。

19 世纪初到 20 世纪初的环境危机中,伴随工业革命的发生,英国工业化经济迅速发展,城市化比率也不断上升,自然环境污染严重,工业废水、生活用水及其他污染物大量排入河流,造成较严重的河流污染。首当其冲的属英国最大的河流——泰晤士河,被尊称为"老父亲"的泰晤士河是英国的生命之河和伦敦的主要水源地。19 世纪以前，泰晤士河水产丰富，以鲑鱼为代表的水产远销国内外，但是泰晤士河的污染问题随着工业革命的进程越来越严重，河内水产也逐渐减少乃至消失。在工业革命以后，污染逐渐窒息了泰晤士河，水质迅速恶化，病菌滋生，乃至鱼类绝迹。据记载，由于泰晤士河水太脏，1832—1886年伦敦就曾发生4次霍乱流行，仅1849年1次就死亡14000人。在一段长达25英里的河域，1年中有9个月河水不含氧气。而且河水的污染也搞臭了伦敦，夏日炎炎，城市奇臭无比。19世纪四五十年代，英国泰晤士河的三文鱼绝迹。事实上，英国当时其他河流中的三文鱼都出现了不同程度的减少。据统计，在1850年后期着手进行下水道改造之前，每天大约有250t排泄物进入泰晤士河。实际情况或许比这个数据更为糟糕，正如当时人们所说，新工业带来了新的污水，但是一些公共基本设施还是原来的样子，甚至处于一种原始状态。

到了19世纪50年代，泰晤士河水污染达到顶峰，鱼类几近绝迹。泰晤士河在此后相当长的时间里，频频出现生态危机。例如，在1878年，一艘承载640余人的客轮"爱丽丝公子"号因故沉没，大多数遇难者是因为河水中毒而死亡的。当时不仅是泰晤士河饱受污染困扰，工业革命时期英国诸多工厂都兴建在河流港口附近，经过人口众多、工业发达地区的河流往往都会受到不同程度的污染。流经盛产羊毛的西莱丁南部地区的考尔德河，在1852年以前水质良好、清澈见底，一直是大量鱼类的优良栖息地。随着西莱丁地区经济的发展，考尔德河水质明显下降。据当地一名钓鱼爱好者记录，他从1852年开始钓鱼12次可钓到近80磅鱼，逐渐减少到1853年的48磅，直到1855年的14磅，乃至1856年和1857年零收获的记录。艾尔河流经曼彻斯特，其河水温度要比空气温度高出许多，河边附近臭气熏天，这是当时的王家委员会成员也是化学家爱德华先生所描述的。恩格斯在提到西约克郡的艾尔河时写道："这条河流像一切流经工业城市的河流一样，流入城市时是清澈见底的，而在城市的另一端流出时却又黑又臭，被各式各样的脏东西弄得污秽不堪。"梅德洛克河是流经曼彻斯特的另一道河流，其河水已经变为黑色，且像是一条死河，同时散发着阵阵恶臭。

19世纪末到20世纪初期，德国也曾面临同样严重的河流污染问题。德国主要工业区的河流都遭受严重污染，如位于德国一个玻璃厂附近的河流当时被称为"红河"，原因是它被玻璃厂排出的工业污水所污染而呈现红色。当时德国还有河流出现了铅氧化物污染，这造成河流中的生物死亡，甚至殃及河流附近的陆生动物。随着污染的加剧，到20世纪初期，大批物种数量快速减少，甚至灭绝，造成无法挽回的生物多样性损失。德国在工业化初期，莱茵河中可捕捞的主要是鲟鱼，然而到19世纪末和20世纪初，由于数量的减少，鲟鱼捕捞明显地受到限制，到1920年就完全禁止了捕鲟鱼。鲑鱼的捕捞也遭到了同样的命运，于1955年完全终止了。

煤炭作为蒸汽机的主要能量来源，为工业革命的快速发展提供了动力，同时也造成了严重的空气污染。不仅仅是工业用煤，居民日常生活燃烧煤炭也加剧了污染。在工业革命开始后的100年间，煤炭为英国经济的繁荣、技术的进步做出瞩目贡献，但是大量煤烟长期排放堆积导致英国许多城市空气污染严重。煤烟曾折磨大不列颠100多年之久，以烟煤为燃料的城市，包括伦敦、曼彻斯特、格拉斯哥等，在未能找到可替代的燃料之前，无不饱受过数十年的严重的大气污染之苦。由于对煤炭资源的过度依赖和攫取，使该时期成为英国历史上大气污染最严重的时期。英国许多城市都弥漫着浓重的烟雾，滚滚的黑烟散布于大街小巷，甚至有的地方红色的建筑物被黑色的浓烟熏成了黑色，空气浑浊不堪。对于伦敦曾被称为"雾都"的事例大多数人应该都不陌生。1813年英国最早的有记录的空气污染案例发生，直至19世纪末，英国的大气污染日益严重。恩格斯指出："在波尔顿，即使在天气最好的时候，这个城市也是一个阴森森的讨厌的大窟窿。"这样严重的大气污染造成的结果是不仅大量人口患上了呼吸道感染疾病，更严重的是人们的生命安全受到了威胁。这一时期集中发生了3次较大规模的烟雾事件。1879年12月，伦敦爆发了一次非常严重的雾霾，浓重的烟雾使得人在道路上能听见马车声却看不见马车影，行人要靠摸索建筑物的外墙前行。雾霾直至次年2月都没有减轻，美国《纽约时报》在1880年2月的报道中称伦敦正经历着"一个星期的黑夜"。伦敦市民的非正常死亡数量在1879—1880年爆发的毒雾事件中急剧上升，根据注册总署的统计，1879年伦敦的死亡人数比上年上升220%，烟雾导致婴儿死亡人数为3000人；而1880年死于支气管炎的人数比正常年份高出130倍。

虽然在19世纪末期，人们开始意识到工业化带来的环境污染问题并试图寻找一些解决方法，但是随着工业化迅速发展，企业、人口均不断增加，大气污染现象自然也是只增不减。大气污染使得疾病开始大肆蔓延，截至19世纪末，英国还出现了各种之前鲜见的呼吸道疾病。欧洲工业强国德国的环境污染在19世纪末20世纪初也达到了空前的糟糕状况，天空为之变色，烟雾弥漫长期难以消散，人们时常抱怨植被被可怕的煤烟毒死，晾晒的衣服时常被熏成黑色，空气中含有大量有害烟雾。到了19世纪七八十年代，德国的工业迈向新的高潮，但是鲁尔工业区的环境质量却严重恶化。1883年，普鲁士的一份报告显示，莱茵-鲁尔地区的制锌厂危害范围可达1km远；在多特蒙德，每年有大概6250t二氧化硫被排入大气。1884年时，杜塞尔多夫每天燃烧105t煤炭，由此而产生3.7t二氧化硫。1912年，杜塞尔多夫当局的一份调查表明，在工业聚集的北鲁尔地区，大气污染已到了让人难以忍受的程度。在接近克虏伯工厂及其煤矿的埃森老城区，大气污染危害最为明显，房间一天要擦拭两遍。工厂和煤矿炼焦时产生了大量的烟尘，它们与空气中的雾气结合，常常形成一种与臭名昭著的"伦敦之雾"没有什么区别的烟幕。到魏玛时期，鲁尔区平均每年烧煤45000t，由此而每年向大气排入450t硫和数百万吨粉尘。纳粹上台后，鲁尔区大气状况依然十分恶劣。据资料显示，当时鲁尔工业区每百平方千米的月降尘量达15.3kg，远远高于1988年的0.36~0.51kg。这些数据表明，欧洲国家当时的环境危机形势较为严峻。

20世纪初到20世纪70年代，环境危机程度加剧，这一段时期，第一次与第二次工业革命的成果已经遍布了几乎整个欧洲大陆，工业化呈现繁荣稳定的景象，工业化的效率大幅提高。然而随着煤烟与二氧化硫等气体排放的有增无减，也随着石油能源应用的增加，这一时期环境危机的程度更加严重。欧洲整个工业社会此时不断地发展，工业废物和城市生活垃圾不断排放累积，且此时也没有建立相应的排污系统，就不可避免地造成并加重了污染，以致引起爆发式的环境污染，此时欧洲环境危机已经呈现出较为严重的趋势。这一时期的环境污染较上一时期而言就是危机范围明显扩大、危机程度加深、污染源更加复杂多样，环境危机甚至已经成为一个备受关注的社会焦点问题。

这一时期的大气污染已经不局限于英国或德国。欧洲其他后起的国家工业化逐步发展，当时的比利时是19世纪初欧洲大陆较早进行工业革命的国家之一，比利时人口稠密，经济发达，俨然迈入世界工业最发达地区的行列。19世纪中叶，比利时已经成为"充分发展的工业国家，远远走在它的邻国前面"。工业的迅速发展加上特殊的地理位置，使得比利时较早地发生了严重的大气污染事件——马斯河谷污染事件。比利时境内的马斯河谷属于典型的河谷地形，两侧高山环绕，容易形成很强的逆温层，空气一旦遭受污染，很难尽快消散。1930年12月，由于连续多日的高温天气，马斯河谷上空出现了很强的逆温层，加之空气中的污染物长期以来积存不散，发生了严重的空气污染。在接下来的几天内，马斯河谷工业区有近千人患上了不同程度的呼吸道疾病。在短短一个星期内，就有60多人死亡，其中死者多因心脏病、肺病死亡，是同期正常死亡人数的十多倍。空气污染还造成马斯河谷地区诸多家畜死亡。这次空气污染被称为"20世纪最早被记录下来的大气污染惨案"。随后的1952年，英国又爆发了著名的"伦敦烟雾"事件，造成了严重的社会影响。在这次事件期间，英国的航运、公路运输、船运停摆瘫痪。"在当时举办的一场盛大的得奖牛展览中，其中有350头牛也惨遭劫难，一头牛当场死亡，有52头严重中毒，其中14头奄奄待毙。"这次惨烈的"伦敦烟雾"事件直接导致4000多人死亡，是预计人数的3倍。此次烟雾事件还间接加剧了病患和年老体弱者的死亡，此后两个月又有8800人陆续死亡，最终死亡人数达12000人。就在1952年这次严重的空气污染事件之后，1956年、1957年和1962年连续发生多达12次严重的雾霾事件。除此之外，德国在这一时期的环境危机也在不断加剧，第二次世界大战后德国在重建过程中经济开始复苏，其重要的鲁尔工业区也在迅速发展。然而，鲁尔的大气污染因为煤炭、钢铁、火电和化学等重污染工业的迅猛发展，也达到了令人惊骇的程度。一夜之间，成千上万的果树枯萎——这便是形容鲁尔地区遭到严重污染的最形象的描述。

20世纪80年代至今的环境危机，到了这个时期，欧洲的环境危机已经不仅仅是第一、第二次工业革命的恶果，还交叉着第三次工业革命的影响，人为造成的污染越来越多，且导致的后果更加严重，甚至对后世留下了持久的危害。这一时期的环境危机特点是跨国界污染，危机已经不局限于某一个国家或某一个区域，全球性的环境危机已经危及人类社会，欧洲也不例外。这一时期新的环境危机、污染源也随着工业的继续发展而增多，环境危机面临着越来越复杂的情况。

欧洲的环境危机是长期的综合因素导致的，究其根本，也是由欧洲工业化的经济发展模式造成的。尽管欧洲不同的国家工业发展模式有所不同，但是大多都是以单一的重经济发展的模式来促使经济飞速发展，从而忽视了潜在的、后发的、对经济乃至整个社会发展产生反作用的环境危机，这是导致欧洲环境危机的根本原因。

值得一提的是，当前欧洲国家优良的自然及城市环境是有目共睹的，这与欧洲在工业革命后期对环境危机的重视和治理有很大的关系。其实工业化进程中的环境危机，并非简单的工业化发展的后遗症，也与人们对自然的认识相关。美国历史学家林恩·怀特从研究人与自然的关系出发，认为对生态的破坏源于我们没有清楚认识到人类应该与自然和谐相处。当今时代，不管是发达资本主义国家，还是正在经历工业化进程的发展中国家，都在这一灾难中饱受摧残。生态文明正是在这一社会历史背景下被提出来的。从世界文明历史发展的向度来看，它已经超越国家、民族、地域、社会制度的界限,成为世界各国人民普遍面临的重大历史课题。

7.1.1.2 我国工业化进程中的环境问题

我国作为世界上最大的发展中国家,"三高型"即高投入、高能耗、高排放的粗放发展模式使我国在短短几十年内从一个落后、贫穷的国家迅速实现了向相对发达、富裕的转变,并一跃成为世界上第二大经济体。我国经济发展的速度和成就被誉为世界奇迹,然而我国经济奇迹的创造是以严重牺牲环境、浪费资源为代价的结果。目前,我国面临着生态贫困、生态风险凸显、生态危机加剧的严峻形势。人民对美好环境的向往和社会对可持续性发展的要求都迫切需要我国经济发展方式转型升级。习近平总书记提出"两山论",即绿水青山和金山银山关系的重要论述,为从根本上认识人与自然的关系提供了重要理论依据。党的十九大关于加快生态文明体制改革的阐述,也进一步推动全社会关注我国面临的严重环境危机。例如,当前出现的一些典型性问题,如雾霾的侵害、各种疾病的衍生、居住环境的恶化等,都伴随经济发展产生并在一定程度上阻碍了我国的经济发展。

自改革开放以来,我国经济发展取得了举世瞩目的成就,然而在经济高速发展的过程中也不可避免地出现一系列问题,环境危机就是目前我国经济发展中面临的重要问题之一。

当前,大气污染已经伴随着我国城市化与工业化成为严重的环境问题之一。据统计,2013年时全国近100多个大中城市深受"雾霾困扰",全国平均雾霾天数达到29.9d,较往年同期偏多9.43d,且持续性霾过程增加显著。造成空气污染的诱因主要有工业污染、交通污染、生活污染等,针对这些问题,政府坚持走可持续发展道路、发展清洁能源、淘汰落后工艺、完善环境监管制度等措施加以改进。其次我国当前水污染问题也迫在眉睫,"水污染问题"是当前我国最为紧迫的环境安全问题。近年来,我国通过减少耗水量、建立城市污水处理系统、产业结构调整等措施,水污染问题得到有效控制。此外,我国目前也是世界上水土流失最严重的国家之一。我国饱受土地荒漠化的威胁,荒漠化土地变化很快,荒漠化会造成一系列连锁性地质灾害,往往会加重一些地方的贫困。这些环境污染不仅使得我国的土壤环境严重恶化,也间接造成了我国经济的巨大损失。一些现代社会中新出现的污染类型也越发明显,如交通污染、生活噪声污染都是需要重视的环境问题。

我国当前经济高速发展,但是在发展模式上依然呈现"粗放型"高排放特征,尽管近些年已经进行了一些调整和改革,但是控制或减少废物的高排放量并没有得到实质性的进展,这给我国国内环境安全和能源安全带来极大的威胁。同时,我国在经济发展的过程中,对能源的需求量过大,在这种模式下,运行会加快国内自然资源的枯竭速度,从而导致环境进一步恶化,不利于环境能源的可持续发展。欧洲工业化进程中的环境危机与我国当前面临的环境危机有诸多相似之处,但目前整个欧洲的环境治理模式与环境状况在全世界都堪称是领先的。我国当前经济发展中面临着严峻的环境治理问题,可以从欧洲的环境危机治理中借鉴经验并吸取教训,使我国当前的环境危机有所缓解,从而真正达到从源头治理、长久治理的效果。

我国经济发展不能再照搬欧洲的经济发展模式,要坚持走自己新型的工业化道路,摒弃"先污染,后治理"的发展理念,学习欧洲环境危机治理的先进理念和方法,坚持走中国特色的新型工业化道路。作为党的工业化建设理论的最新成果,"新型工业化道路"在党的十六大上被正式提出,并对这一"新型工业化道路"进行了严谨的定义,即"以信息化带动工业化,以工业化促进信息化,走出一条科技含量高、经济效益好、资源消耗低、环境污染少、人力资源优势得到充分发挥的新型工业化路子"。它强调工业化与信息化之间的关系,并且要加快科学技术的产业化,提升工业水平的整体科技水平,在工业化进程中同时要注重环境效益,实现人力、经济、环境的协同发展。新型工业化道路完美契合可持续发展观,不仅要在工业化建设进程中关注科学技术的重要性,同时也要在工业发展过程中降低对生态环境的影响,提升环境效益,借助我国的高素质人才队伍实现工业建设的更新换代。其基本内容可从以下几个方面来总结:首先,强调信息化进程对工业化进程的促进作用,同时也关注工业化建设对信息化建设的积极作用。当社会生产与信息化建设相结合时,蕴含大量高科技技术的信息化建设可以显著提升工业生产效率,实现工业产业的结构升级和优化。而在通常的情况下,信息化建设需要以工业化为基础,只有在工业化进程中吸纳了足够的高新技术手段才可以最大限度地提升对信息的收集和分析能力,从而实现信息化的完美建设。马克思的工业思想中分析并肯定了科技进步对工业化发展的有利一面,信息化建设对工业化进程的促进就是科技对工业建设作用的直观表现,在马克思理论中,根据这一论断提出了科技水平不高的国家应当采用加快产业转型升级的方法来促进国家的工业化,这也是我国新型工业化道路的理论基础。其次,由于人民生活水平的提升,发展工业再也不能以破坏环境为代价了。所以必须要在工业化建设中跳出传统的"先污染,后治理"的旧的工业化道路,在工业化进程中时刻关注生态环境的变化,利用科学技术的发展,降低工业化进程对生态环境的负面影响,通过统筹的方式实现人力、环境、资源之间的协同发展。为实现这一目的,需要把工业化建设和先进生产力发展相结合,实现生产观念的革新,从而提升整个工业化体制的可持续发展能力。再次,进行工业化建设的基础是坚实的人力资源。因此在实现工业化建设的进程中,不仅要关注工业生产相关的直观数据,也要关注从事工业生产的每一个个体的成长。劳动力素质的提升可以最大限度地提升劳动生产力,从而提升整个工业化发展效率。

  首先,新型工业化道路中的"新型"二字,就表明这条工业化道路是不同于其他国家曾经或者正在实施的工业化道路。这二字强调了信息化和工业化的相互促进关系,并且要加快科学技术的产业化,提升工业水平的整体科技水平;在工业化进程中同时要注重环境效益,实现人力、经济、环境的协同发展。新型工业化道路基于中国特色社会主义市场经济体制,也就是说工业化建设并不是盲目的,而是将满足市场需求作为根本目的,让工业化进程中的各个产业协调发展,共同进步。

  其次,相较于我国之前的工业化建设,新型工业化建设标志着我国的工业化建设终于走上了与国际社会接轨的坦途。通过深入参与到国际社会发展的分工之中,采用高科技创新技术,实现工业的可持续发展。

  再次,由于历史因素,长久以来我国的城乡发展极不均衡,通过提出新型工业化道路,我国将在协同发展城乡经济的道路上继续前行。实现城乡经济协同发展的关键就是要提升农村的工业化生产水平,提高农民的收入,调整产业布局,促进我国整体工业水平的发展。

  工业化的最终目的是实现人的自由和全面的发展,虽然马克思工业思想是针对资本主义工业化的,但由于它深入探究了工业化进程的本质,从而极大地适用于社会主义工业化建设,成为社会主义建设的理论基础,并且给后来的社会主义者如列宁、斯大林、邓小平等的工业理论提供了思路和借鉴价值。我国是在一个比苏联更为落后的农业国基础上开始工业化建设的,落后的国内经济水平为我国的工业化进程提出了很大的挑战,我国不能完全照搬西方发达国家的工业化进程,需要吸收先进经验,实现工业化建设的中国化,也要发挥我国具有的优势,统筹兼顾,因地制宜,坚持以市场调节为主,避免过分行政干预。

7.1.2 工业化进程中环境问题的成因

西方工业革命将人类社会推进到工业文明社会,由此开启了现代化的时代,现代社会经济以惊人的速度快进。资本主义生产方式的确立使人与自然的关系发生了质的变化。资本成为资本家追逐的唯一目标,为了实现利润的最大化,资本家不惜任何代价,无止境、无尽头地对自然加以改造和利用,对盲目生产造成的环境后果毫不关心,只追求眼前利益,对自然环境的破坏程度空前绝后。资本逻辑必然是人对自然进行支配和剥削的逻辑。在资本逻辑的统治下,现代化运动也不可避免地陷入了矛盾中——现代化程度越高,对环境造成的伤害就越大。到了20世纪,现代化的弊端和危机集中突显出来。水土流失、耕地退化、森林资源骤减、水资源短缺、大气污染、海洋污染、全球气候变暖、物种减少等一系列不胜枚举的生态问题实实在在地摆在现代人的面前,威胁着人类的生存。因此,人类不得不检讨现代化过程中出现的生态问题。资本逻辑是造成生态危机的最终根源,在工业化运动中具体表现在以下几个方面:

(1) 不合理的生产方式

人类维持生活需要消耗物质材料,物质财富的创造速度取决于生产力的发达程度,而物质材料不足的社会就会失去活力止步不前。创造物质财富是现代社会运行的基础,它本身和生态环境是不存在矛盾的,但不正确的物质生产方式却会给生态环境带来很大的影响。生态环境和物质生产方式两者间的主要矛盾表现为污染性及无节制的生产。通常在将物质经济看作社会发展的唯一动力时,极易使人误认为物质经济可以无限度增长,生产加大的同时,经济会更活跃,创造的物质财富会更多。对于物质财富增长的无限夸大就导致了资源开采利用的无限度。一方面,物质的发展是社会发展的主要途径之一,给人类的生存和生活创造了更加舒适的社会环境;另一方面,物质生产需要向自然界源源不断地索取其赖以维系的物质资料,当无限度的物质生产超出了生态系统自身所能够承受的极限范围时,物质生产将会终止,而依靠物质经济带动的社会也将停滞发展。自然资源是大自然对人类的馈赠,但自然资源是有限的且不可再生的。对物质生产的过分追求,使对自然资源的开发利用超出其客观承受能力,这会使生态环境和物质生产两者之间的矛盾加剧。实现物质生产持续进行的方式有两种:第一种是使地球拥有取之不尽、用之不竭的能源资源;第二种是采用科学合理的物质生产方式。显而易见,第一种方式是根本行不通的。物质财富不可能通过无限度的开发利用自然资源来获得源源不断的增长,所以经济的持续发展需要采取新的方式与渠道来实现。

污染性的生产是粗放型的生产方式。机械化工业社会一方面无节制地向自然索取能源,另一方面也无限度地排放着不计其数的污染物和废弃物。传统工业社会依靠大工业生产和自动化技术保持其生产模式高速运行。从生产链的角度来看，机器大生产的前端是对资源能源的滥采滥伐，生产的过程是对资源的低效消耗，后端则是大量排污和大量废弃。传统工业社会生产过程的每一个环节都与自然环境有着直接的关联。这种粗放型的工业生产以牺牲资源环境为代价，终有一日会导致生态危机的爆发。

（2）对科学技术的盲目崇拜

"科技是第一生产力"这一理论是毋庸置疑的。自第一次工业革命以来，科学技术的发展前所未有地推动着整个社会方方面面的大发展。科学技术的发展极大地提高并满足了人们的物质需求与精神需求，然而科学技术同样也带来诸多问题，环境污染问题则是科学技术发展带来的诸多问题之一。对科学技术如此理解很容易刺激整个社会对物质生活的无限制追求，这就必然会引起诸多的环境问题。如此一来，当人们的物质生活空前繁荣的时候，也开始面临前所未有的灾难。科学技术的不确定性，一方面是因为科学技术具有不可控性，在当前的科学技术工作中，人们还不能完全把握科学技术带给社会的长远影响；另一方面，科学技术的不确定性还表现在当前在某些领域科学技术的落后性，科学技术对于环境危机的成因论证不够及时，会导致预防不到位或人们用错误的方式去治理环境污染。

现代化的一个显著标志就是科学技术的高速发展，它大量地、快速地转化为直接生产力，实现生产的机械化以及工业化的飞速进行。科技的革新在人类历史的演进过程中起到关键作用，在历次工业革命中其关键作用都表现得尤其明显。第一次工业革命将人类带入到了早期的工业社会时期，机械化大工业阶段的到来代替了之前低效率的手工业时期，为资本主义制度在国际格局中占据领导地位的确立奠定了基础；第二次工业革命促进了资本主义的进一步发展；第三次工业革命推动了人类社会的现代化发展，实现了信息化的进程。但是，在300多年的发展中，人们高估了科学技术的作用，形成了盲目崇拜的思潮，忽视了科学技术是一把双刃剑。18世纪末至20世纪初，蒸汽机的发明带动了工业的发展，使煤炭成为工业革命初期最主要的能源，导致人类对地下蕴藏的煤炭资源进行大规模的开采和利用。为了开矿，大批森林被砍伐；工厂生产中大量使用煤炭导致烟尘、SO_2、CO_2、CO的大量排放，空气开始被污染。20世纪20年代后，人类发明了内燃机以代替蒸汽机。以内燃机为动力的汽车、机车、飞机等制造业在工业先进国家如美国快速发展，动力燃料从煤炭过渡到石油制成品——汽油和柴油，导致石油炼制和石油化工业兴起。随着以石油和天然气为主要原料的有机化学工业兴起和发展，橡胶、塑料、纤维与大高分子合成材料得到大力生产和应用，有机化学制品如合成洗涤剂、合成油脂、有机农药和食品饲料添加剂的生产引发了环境毒害。20世纪50年代起，在第二次世界大战中受到重创的大国由经济恢复期进入高速发展期，大多数发展中国家也步入工业化和城市化进程，全球经济持续高速增长。人类社会对资源的掠夺性开采以及大量排污导致人与自然的冲突加剧，甚至影响到人类的健康。

经济的发展与科技的进步往往把消耗资源的一面给抹去了，人们错误地认为技术提高了，经济也会随之腾飞，社会从而得到进步。人们在经济社会建设中蔑视自然、无视自然规律，从而形成技术万能论，认为在技术的进步与经济的发展面前，资源的消耗必须做出牺牲与退让。随着技术的发展，大规模的生产逐渐得以实现，于是人们完全沉浸于对物质经济的狂热追求中，最终资源大量的消耗使得生态环境的破坏不断加深，造成了无法挽回的伤害。

(3) 异化消费

随着资本主义国家现代化的推进，人们的生活水平得到大幅提高，对消费的需求也发展到一定高度。但这种消费是被异化了的消费，目的是占有物质，满足人们享受物质消费的需要，而不是他们真实的需要。生产品不是用来为人们的生活提供便利的，相反，在这种社会关系下人已被物品统治。异化消费可以有效抑制资本主义社会经济危机的爆发，但却造成了资源的日益枯竭、环境的严重破坏、生态系统的失衡，最终的结果是导致资本主义生态危机爆发。因此，异化消费是生态危机的根源之一，要想挽救生态危局，必须变革异化消费这种消费模式。

(4) 人类中心主义的价值观

渊源于古希腊的原子论，欧洲文艺复兴以后就产生了一种机械论自然观，这种自然观认为自然是由死气沉沉的、毫无主动精神的粒子组成的，是全由外力而不是内在力量推动的系统，因此机械论本身也使人类对自然的操作合法化。这样的一种观念加之社会的发展，技术的不断进步，人类生存困境的加剧，工业社会追求技术至上主义，这强化了人与自然的对立，人类把自己作为自然的征服者，力图使自然按人的意志存在，人类变得更加肆无忌惮。公众环保意识淡薄，人们普遍出现一种追求物质至上的思想潮流。这种不良的社会价值观当时并没有得到政府的有效监管。在工业大发展时期，欧洲各国都想通过发展工业成为强国，因而政府对于企业、企业家，以及社会的无序经营采取了一种默许或者纵容的态度，导致环境愈加恶化，一度出现大规模致命性的连锁污染。

人类中心主义是传统工业文明的灵魂。正是人类中心主义的伦理观引起了人类无节制地掠夺资源与无限度地征服自然，进而使生态危机波及全球，涉及全人类。人类中心主义起源于希腊哲学，在近代社会中渐渐发展为一种时代的主流思想。它与笛卡儿所开创的主客二分思维模式之间的关系非常密切。主客二分的思维模式从人和自然的关系出发，认为人和环境是相互对立的，并以人为标准去判断和衡量一切事物的价值。笛卡儿片面强调人对自然界的自由、自主，人可以按照自己的意愿来改造和主宰自然。康德的先验哲学论提出了"人为自然立法"及"人是目的"的观点，这些观念为伦理学中的人类中心主义提供了理论依据。西方传统伦理学正是在康德区分的"工具价值"与"内在价值"的基础上发展起来的。人类中心主义的伦理观认为人以自身为目的，只有人才具有"内在价值"，自然界中的其他事物都是为人的目的服务的，仅具有"工具价值"。因此，人类中心主义的本质就是将人和自然对立起来，并且在处理人和自然关系时提出，为了实现人的价值，过程中不管如何对待自然界均是合情合理的。人类中心主义实际上是将人的物质利益作为价值导向，进而指导人们处理人与自然关系的方法，导致人类撕裂了与自然的友好关系，一味盲目追求经济的增长，把自然当成了肆意占有的对象。

(5) 巨大的贫富差距

现代化进程使得全球财富快速增加、大量积累，但是国家与国家、人与人之间的贫富差距却越来越大。全球还存在着极度贫困的国家,所有国家都还存在人数不等的贫困人口,少数国家贫困人口甚至还占主体。尽管发达国家在财富分配上有各种各样的调节和限制权力的机制,但是资本主义制度存在着根本性缺陷,贫富间的巨大差距是难以解决的。贫富差距的产生,原因很多,例如,宗主国对其殖民地能源资源的大肆掠夺、经济危机的转嫁、资本所有者对劳动者的压榨等。由于地方之间发展的不平衡,国家层面和发达地区的现代化实践也许会进一步扩大社会差距,并将其环境改善的成本转嫁给落后地区和弱势人群。一方面,发达国家利用其技术优势和经济实力对殖民地自然资源进行大规模开采,并占为己用,不仅给殖民地造成了严重的生态破坏,还使当地居民与他们的子孙后代的正当利益遭受损害;另一方面,随着发达国家环境保护力度不断加大,它们逐渐将高排放、高污染产业转移到落后地区,将本国经济增长的环境成本转嫁他国。这样的环境负担转移造成广大落后地区生态系统严重退化,甚至不再适宜人类居住。综上所述,现代化进程中所伴随的不合理的生产方式、对科学技术的盲目崇拜、以人类为中心的价值观、巨大的财富差距都将导致自然环境恶化和生态系统退化。如今,森林、草原、湿地面积急剧减小,可用耕地面积越来越少,土地沙漠化严重,海洋生态系统生产力大幅下降;全球气候变暖,旱涝灾害频发,大气污染有增无减,水资源严重短缺,饮水和粮食安全存在隐患。正是资本主义生产方式与生态关系之间的矛盾造成了生态危机。在人类中心主义与物质主义的主导下,现代化与工业文明的发展实质上是不可持续的,也会导致人与自然间的关系日益紧张,将人与自然之间的矛盾激化。

(6)片面追求经济发展

人们不断追逐以货币为中心的利己主义,不考虑自然发展的客观规律,为了最大化地获取市场利益不择手段,这就加速了对不可再生资源的开发。战后重建、重振国家经济成为国家政治首要目标,工业化发展观恰好满足了当时的发展需求。市场调控失灵是指通过市场的自发性资源配置却不能实现最优化的资源配置,一般认为,垄断是导致市场失灵的主要原因之一。19世纪末20世纪初,在欧洲工业革命进程中,欧洲的主要资本主义国家中都出现了垄断组织。经济发展的高度垄断造成了资源的严重浪费,奉行自由主义的经济政策使资本主义经济的自发调节不受限制,这就加重和拖延了对于环境危机的治理。

(7)政府职能意识缺失

欧洲的环境问题日益严重,一个重要的原因就是政府缺乏及时的治理政策。早期的西方理论家们在关于国家职能的理解上,将环境治理看作并非天生就是国家治理的内容,在经历了复杂的理论进化和现实抉择后才形成了今天的理论观点。政府部门认为环境保护政策就是对国家经济的干预,政府不会自主地运用手段职能制定相关的环境保护政策,加之环境危机在当时并没有得到政府的高度重视,自然也不会有人真正制定有效的环境政策。

7.1.3 工业化进程中环境问题研究的发展

环境史最早是于20世纪六七十年代在美国诞生的,欧洲对于环境史的研究著作也颇丰。相较于国外,国内的环境史研究起步较晚。在对自然环境危机的思考上,美国学者彼得·索尔谢姆在其著作《发明污染:工业革命以来煤、烟与文化》中,阐明了英国依靠其丰富的煤炭资源成为 19 世纪的霸主，同时也深刻指出英国城镇由于煤炭的消耗形成了严重的浓密烟雾，人们对于污染的概念因工业革命而发生巨大变化。美国学者彼得·布林布尔科姆在《大烟雾：中世纪以来的伦敦空气污染史》一书中探讨了英国从中世纪到 20 世纪 50 年代以来的伦敦空气污染。克拉普在《工业革命以来的英国环境史》一书中从经济、科学和美学角度探讨了英国环保运动兴起的根源，全面回顾了工业革命以来英国空气、水和土壤污染，以及为防止环境恶化而采取的保护措施。本书还从大量使用耗竭性资源对经济影响的角度进行了阐述，回顾了产品回收再利用、使用副产品以及提高产品质量等生产方式，讨论了如何在有限的资源世界发展无限经济的可行性。

在以全球化眼光去思考环境危机上，德国学者 G·费伦贝格在《环境研究——环境污染问题导论》中从广义和狭义两个方面定义了环境污染，并指出环境污染的两个重要原因就是人类工业生产的突飞猛进和人口的增长。该书还指出环境污染在当今社会比古代和中世纪都更加广泛，已变成国际性问题，并且指出避免环境污染的可能性，从物理、生理等多个方面进行了讨论。克莱夫·庞廷在《绿色世界史：环境与伟大文明的衰落》一书从全球化的角度提到改变卫生条件是人们主要为之奋斗的目的，主要挑战则是获得无污染的水供应。人口和城市数量的增长使这些问题变得越来越尖锐，到 20 世纪后期，地方性的污染发展为前所未有的大规模环境污染，然而早期人们对污染反应迟缓，当权者也没有采取防止或者控制措施。丹麦学者哈勒莫斯主编的《疏于防范的教训：百年环境问题警世通则》一书中详细讲述了 1898—1998 年西方国家 100 年间发生的相关环境危机的一些事件，其中探讨了在应对公害时，如何有效正确使用"预防原则"来最大程度地减少那些最后才被验证是有害事物造成的伤害，并展示了能够帮助欧盟和欧洲环境署成员国搭建和识别健全的保护环境和促进可持续发展政策的有效信息。在希夫尔勒的论文《环境史研究前景》中，作者引入了"生态文化"的概念，分析出世界环境史要研究的核心问题就是人口问题、导致污染的工业化问题等，并提出环境问题就是人对自然环境的认识和态度问题。

近年来，国内有关于环境史方面的论述也越来越多。梅雪芹在其著作《环境史学与环境问题》中，对欧洲工业革命以来出现的一系列环境问题进行了研究，此外还探究了环境史学的发展历程、研究对象等。韩民青在其著作《新工业论：工业危机与新工业革命》中表示工业化生产本质上是"采集和利用天然化学物质资源的生产"，这决定了其历史局限性以及它必然是一种不可持续的生产方式，带来的危机之一就是生态环境危机。在工业革命时期，随着工业发展水平和社会生产力的提高，对工业原料的需求增大，人们不得不加大了对资源和燃料的开采规模，以破坏生态平衡和污染环境为代价去发展社会生产力。但是生态系统的自我修复能力使当时人类的开采基本还能处于良性循环、保持生态平衡的状态。随着生态系统的自我修复能力越来越差，甚至到了无可挽救的地步，马克思对工业化的声讨便由此而来。马克思重新审视了人与自然的关系，强调人依赖自然环境而生存，是"直接的自然存在物"，资本主义工业化造成的越来越深的人与自然之间的矛盾，主要体现在资源消耗、环境污染和城市污染等方面，人们过分陶醉于在工业上和对自然的征服上取得的胜利，又不断地对工业化进行资本主义利用，最终导致了全球性的生态危机。

早在 150 多年前，马克思、恩格斯在批判资本主义、参与无产阶级革命的斗争实践中就已经开始关注人与自然的关系，并且认识到自然对人的重要性。他们认为，人和自然、社会是一体的。其中，自然是人和社会得以产生的前提，人的劳动创造活动使自然走出蒙昧，完成了自在自然向人化自然的飞跃，为人类社会的发展、文明的进步奠定了坚实的基础。马克思说："人本身是自然界的产物，是在自己所处环境中和这个环境一起发展起来的。"恩格斯说："从最初的动物中，主要由于进一步的分化而发展出了动物无数的纲、目、科、属、种，最后发展出神经系统获得最充分发展的那种形态，即脊椎动物的形态，而在这些脊椎动物中，最后又发展出这样一种脊椎动物，在它身上自然界获得了自我意识，那就是人。""我们连同我们的肉、血和头脑都是属于自然界和存在于自然之中的。"人生成于自然界，其本身是自然界的一部分。人要在自然界中存活，要延续子孙后代，从事创造历史的活动，离不开阳光、空气、水、食物等自然资源和自然产品，离不开气候适宜、环境优美的自然生态环境。因此，马克思指出："无论是在人那里还是在动物那里，人类生活从肉体方面来说就在于人（和动物一样）靠无机界生活。"马克思说的"无机界"就是我们所理解的自然界。人作为自然界的一部分，人的生存与发展无时无刻不需要大自然的物质滋养和哺育。所以，自然是人类"物质的无机身体"。同样地，自然界也是人类精神产品创造的重要源泉。正如马克思所说："植物、动物、石头、空气、光等等，一方面作为自然科学的对象，一方面作为艺术的对象，都是人的意识的一部分，是人的精神的无机界，是人必须事先进行加工以便享用和消化的精神食粮。"所以，它为人类提供了进行精神创造的素材，从而在不断创造中实现自身理性思维能力的发展、进步。马克思提出了自然生产力和劳动一样共同构成了物质财富创造的源泉，我们应当充分发掘自然力潜在价值的观点。他在《资本论》中多次强调了这一观点。他指出，支撑资本主义生产过程的许多自然条件，诸如土地、河流、森林、矿藏等，虽不是价值的要素，但是，资本主义在无须增加预付货币资本的情况下，仅仅通过提高劳动工人的工作效率"就可以从外延方面或内涵方面，加强对这种自然物质的利用"，进行价值创造。所以，最大限度地发挥自然在生产力发展过程中的重要作用，挖掘自然本生的内在价值，无论是对创造物质财富来说还是对保持自然富源，缓解人与自然关系的冲突来说都具有极其重要的意义。马克思说："应用机器，不仅仅是使与单独个人的不同的社会劳动的生产力发挥作用，而且把单纯的自然力——风、水、蒸汽、电等变成社会劳动的力量。"长期的人类实践经验表明，有效开发利用自然生产力，对于原料的节省，降低污染物排放有着不可估量的作用。因此，开发自然生产力对于缓和人与自然之间的冲突意义非凡。马克思、恩格斯的生态危机思想在国外，"生态文明"一词最早由罗伊·莫里森提出。他指出，这是与社会政治制度的重建式变革相对应的工业文明之后的一种文明形态。

马克思在《资本论》第一卷中高度评价了李比希及其发明，他说："李比希的不朽功绩之一，是从自然科学的观点出发阐明了现代农业的消极方面。"受李比希影响，马克思对资本主义工业影响下的农业进行了批判。他指出："资本主义生产使它汇集在各大中心的城市人口越来越占优势，这样一来，它一方面聚集着社会的历史动力，另一方面又破坏着人和土地之间的物质变换，也就是使人以衣食形式消费的土地的组成部分不能回到土地，从而破坏土地持久肥力的永恒的自然条件。资本主义农业的任何进步，都不仅是掠夺劳动者的技巧的进步，而且是掠夺土地的技巧的进步。"资本主义农业生产是为大规模工业化生产服务的,所以,工业化和农业生产的共同作用间接地加剧了人类对土地的剥削和掠夺,进而导致土地利用的不可持续性,造成人与自然的常规交往断裂。

7.1.4 环境问题对我国工业发展的启示

(1) 正确认识人与自然的统一

在人类文明进步的过程中,自然既是生产所需各种原材料的来源,也是制约人类无度开采的外界环境因素,两者之间的影响是相互的,这就要求人类明确自身与自然的关系,由人引起的生态危机和环境污染也必须由人在进一步发展中解决。自然是孕育人类的摇篮,即使当今的人类文明已经比较发达,但是仍不具备脱离自然独自发展的能力,更谈不上谋求经济和社会的发展。我们在处理目前的雾霾问题时也应该遵循马克思工业思想中人与自然的观点,既要注重经济的开拓创新和发展,更要注重生存需要的碧水蓝天。对此,人类只有加强自身对环境和未来发展的反思,才能实现可持续发展。

我国走工业化建设道路以来,没有从根本上转变粗放型的经济增长方式,由于对自然资源的不合理开发,水土流失、草原退化、水生生物资源日益减少,工业废水、废气、废渣不合理排放,旱涝灾害频繁发生,放射性和化肥农药污染等问题日益严重,引起人们的恐慌。过去生态环境对能源资源开发的承载能力相对较强,而现在环境承载能力已经到达或者接近上限。我国的污染物排放和工业化进程是密切相关的。针对这样的情况,我国制定了诸多治理方式,并取得了可喜的成效。在国内政策层面上,坚持生态文明建设,同时制定了很多污染物的排放标准,使治理工作做到了有据可依,与此同时,国务院还在环境治理方面加大了资金投入,由此表明治理的决心;在国际层面上,我国积极参与联合国气候变化谈判,提出了差别原则这项建设性合作标准,在《巴黎协议》的内容里也能看出我国在减排方面所制定的短期目标,要将二氧化碳的排放总量降低至原先的一半以下。由于在国内和国际都定下了相应的目标,所以在今后的一段时间里减排工作就势在必行了。虽然国家近年来提出了全面深化生态文明体制改革、建设美丽中国的目标,但还需进一步将理论与实际结合,深入思考人与自然的关系。正如习近平总书记指出:"我们既要绿水青山,也要金山银山。宁要绿水青山,不要金山银山,而且绿水青山就是金山银山。"面对亟须解决的环境问题,我国应当根据以下几点来努力达到生态的重新平衡状态:一是利用科技创新的方式降低毒害物质的生成,并选择性回收利用其中有用的资源,改进农业耕作方式,合理开发土地;二是走适应自然环境发展的新型工业化道路,以"绿色""智能"为工业发展方向,发展绿色能源和循环经济,构建人与自然和谐关系,最大限度地保护生态环境,努力实现利用自然、保护自然以及改造自然的和谐统一。

自从党的十八大提出"大力推进生态文明建设"的战略决策以来,"十三五"规划也首次提出了"绿色"的发展理念,生态文明建设已经被摆在我国经济社会发展的重要位置。相对于西方国家为了自身利益开采煤炭、石油、天然气等而颁布"能源独立"行政令,无视气候变化、《巴黎协定》的做法,我国始终保持清醒的底线,环境和经济两手抓,不可偏废,这不仅体现了社会主义制度的优越性,更是对马克思工业思想的继承和坚持。我国当前的新型工业化道路能最大限度地实现经济、环境、资源的平衡，贯彻全面、协调、可持续的科学发展观；同时，我国实行需要突破经济增长、改善福利和排放增加、环境恶化并行的发展模式，走新型工业化道路就必须要以清洁低碳为前提，而不是一味地追求经济发展的速度和数量。为此，可从以下几个方面进行优化：一是完善地方官员行政效率考评机制，从根本上杜绝粗放型生产；二是将"科学技术是第一生产力"的理念，运用到企业生产经营过程中；三是加快自然资源和环境立法建设，把保护自然资源尤其是不可再生资源提高到战略高度。

(2) 坚持科技创新，走适合自己的路

我国的新型工业化道路是一个在实践中提出来的观点，没有相似的先例以供参考，也不是一成不变的僵化模式。我国的新型工业化道路要求我们要摸索出符合社会主义现状的前进途径，但又不能偏离马克思工业思想的核心理念。可以说新兴工业化道路的开拓是颇具难度的，我国要在这个过程中充当先行者的角色，要不断完善、摸索、创新现有的工业化道路，最终推动整个社会的前进。

面对目前国际形势的复杂多变，我国的工业化遇到了新的机遇和挑战。马克思工业思想虽然是对人类工业化一般规律的高度概括和总结，但毕竟是工业化初期的产物，不可能预见现在所面临的新问题，这就要求在推进工业化进程时不断完善工业思想中的内容，让这个伟大的思想精华适应时代的发展，在工业化的道路上继续发挥指导作用。马克思工业思想是新型工业化道路的理论基础，一旦偏离了工业思想就无法实现当前我国工业化的跨越式发展。

当今国家之间的竞争是科学技术水平和核心技术能力的竞争，信息技术已经渗透到全球各地。我国当前正处在工业化进程的中后期，信息技术和科学技术的应用成为我国与西方发达国家缩小差距的主要方式。我国必须在信息化领域增加投入的力度，给予制度上的支持，为新技术的创造提供良好的环境。从历史的角度看，每一种新科技的诞生都经历了漫长的积累过程，操之过急就会产生预料不到的负面影响。当前的国际政治经济格局已经与马克思所处的年代有了翻天覆地的变化，我国社会面临更复杂的社会经济形势，如区域发展不平衡、城乡二元结构、生态环境破坏严重等，在现实上要求我们的政策和制度都要具有更大的开放性和包容性。所以，当前我国工业化发展应该在以下几个方面有所侧重：一是要大力支持第三产业，吸纳剩余劳动力，统筹城乡发展；二是在发展工业的同时注重生态文明建设，拒绝走粗放型发展的老路；三是建立以市场为主导的惩治体系，调整产业结构，贯彻落实科学发展观；四是进一步增强对教育的重视程度，提升劳动者素质和技能，贯彻落实科教兴国和人才强国战略。

(3) 加快城市化进程，促进工业化发展

马克思深入描述了工业化与城市化之间的关系。工业化与城市化之间存在着紧密的联系。工业化是城市化的动力和基础，城市化的推进离不开工业化，其实在某种程度上两者相辅相成、相互促进。我国的人口总数世界排名第一，并且我国的城市化是区别于西方发达国家的。当前我国的城市化暴露出很多不足，导致城市化的进度受到影响，包括农村耕地非法征用、城市化推进效率较差等。要针对性地解决我国在城市化进程中面临的问题，可以采取以下措施：一是通过制度支持帮助农村劳动力进入城市从事生产活动，开拓新的工业领域，从需求上带动劳动力转移，充分利用在资源总量方面的优势，进而推进城市化的发展；二是大力发展第三产业，进一步优化中小企业融资机构，为中小企业提供金融服务，缓解经济硬性难题；三是大力开发劳动密集型产业，这类产业通常没有较高的专业要求，可以在短时间内为群众提供基数庞大的工作岗位；四是从思维上进行革新，以往的城市化建设已经不能满足于当前的社会情况，城市化建设的内容也不再局限于城市建设，要意识到城市化建设是各种产业相关联的聚集区，要充分发挥各个产业之间的互补效应。

7.2 工厂生态环境工程

(1) 19 世纪到 20 世纪 70 年代期间的治理措施

因为环境危机带来的不良影响与普通民众的利益息息相关，因而这一时期先是由工业区的一些非政府机构自下而上地开始呼吁保护环境，并付诸实践；随后，政府层面也意识到治理环境危机的必要性，开始以立法的形式治理危机。

(2) 20 世纪 70 年代至今的治理措施

20 世纪 70 年代至今所采取的生态环境治理措施包括以下方面：

①技术手段治理：英法两国对于水污染的治理，到 80 年代两国的城市污水管网和污水处理设施已相当健全，无论城市还是农村集中的地方都建有污水处理设施，且运用技术在因地制宜地调查研究的基础上进行严格地科学管理，从而取得较大的经济效益与环境效益。

②政府干预治理：英国对于煤烟的成功治理很大程度上就归功于政府的干预，英国政府设立无烟区，在无烟区内，除了无烟煤、电、无烟炭等低燃料排放，其他燃料皆被禁止。英国政府着手改变造成污染较大的传统锅炉，并且给此措施提供大量资金支持，等于就是政府带头承担部分费用，地方承担一部分，剩下的由居民分摊。

③联合治理(国际联合治理)：随着环境污染超出某一区域或者某一国家的范围，凭借某个国家的单一力量已不能有效控制某些污染因素，在经济全球化范围内，环境保护也需要多国联合治理，尤其像欧洲这样具有密切联系的共同体。在国内联合治理环境问题方面，德国是典型案例。德国在空气污染方面的治理，坚持多方合作的原则，保证政府、市场、社会、公众在充分交流信息的基础上地位平等地参与到公共治理中。

④发展绿色环保经济：以新能源为代表的低碳绿色环保经济变革发端于欧洲：英国把发展绿色能源放在首位，德国发展的重点是生态工业，法国的经济重点是发展核能和可再生资源。

7.2.1 工业环境污染分析方法

工业环境污染排放与工业化程度之间的关系，存在着类似于环境库兹涅茨曲线(EKC 曲线)的倒"U"形关系，即在工业化初期，随着工业化程度的加深，工业污染排放增加，环境污染恶化；但是随着工业化程度的进一步加深，环境污染恶化的趋势逐渐减缓，直到工业化程度超过某一临界值之后，工业环境污染随着工业化程度的进一步加深而逐渐缓解。

将排污费的征收视为工业企业污染排放的私人成本,将工业污染排放治理投资视为工业企业污染排放的社会成本(我国 70% 以上的环境保护投资由政府和公共部门投入),当排污费的征收金额不足以弥补工业企业污染治理投资时,企业污染排放就会因负的外部性而导致排污过多,环境恶化。而如果排污费的征收金额占工业企业污染治理投资比例降低,则意味着企业外部的负效应加重,企业排污的成本更多地被全社会所承担,从而会促进企业更多地生产,更多地排污。而实证检验的结果也表明,排污费与工业污染排放治理投资比值的降低加剧了工业污染排放问题。

环境污染指数用来衡量地区的环境污染程度,取代了以往文献只采取单一变量测度环境污染,类似于将 6 种空气污染物折合为单一的空气质量指数的做法,采取"熵值法"将工业废气、工业废水、工业固体废弃物三种污染物折合成为工业环境污染指数,不仅可以更加直观地观察污染程度的变化,而且避免了只选取某一类型污染衡量环境状况所存在的片面性,从而提高了研究的科学性。

产业结构的变动在减少排污和改善环境中发挥了重要的作用。Stern(2002)分析不同国家的 EKC 曲线时发现,产业结构的变动在各国环境改善的过程中发挥了重要的作用,第二产业和工业的比例降低,第三产业和服务业所占的比例提升,都有利于污染减排和环境改善。诸多研究均印证了上述观点,但是 Viguier(1999)的研究认为,产业结构与环境污染的关系也存在地区间差异。

工业化进程中环境恶化的罪魁祸首是经济增长和经济规模的不断扩大,而环境保护技术的推广和应用则为减轻污染作出了最大的贡献。

研究经济发展阶段与环境污染之间的关系,结果发现虽然整体污染、水污染、空气污染和固体污染都呈现出 EKC 曲线的形状,但是不同污染拐点出现的时机有所不同。整体污染和水污染要在工业化后期才会出现反转,而空气污染和固体污染则在工业化的发展中期就出现了倒"U"形,根据现阶段各地区的工业化水平,除了广东、浙江等省完成了工业化,其他地区各种环境污染仍然有继续恶化的趋势,因而依靠 EKC 曲线的反转来实现环境状况的改善是不可取的,尽快转变经济增长方式势在必行。

分析 EKC 曲线的形状后发现,虽然近年来随着工业化程度的加深和经济增长,环境恶化逐渐放缓甚至趋于平稳,但是并没有出现预期中的环境污染改善,即倒"U"形的反转特征。这表明我国环境污染与工业化程度和经济发展水平的可能并不存在倒"U"形关系,不能依靠工业化的加深和经济发展自动减轻和改善环境污染的状况。因此,研究也同样认为只有依靠转变经济的增长方式和产业的更新换代才能解决环境污染问题。

EKC 曲线倒"U"型反转的原因正是由于经济发展带来的技术进步效应,才导致当经济增长超过某一临界点后,其与环境污染的关系有负转为正相关。

近些年来,我国在推进循环经济发展方面成效显著,许多特色企业所形成的发展模式具有很好的示范性带头作用。例如,北京的生态农业企业——德青源。德青源致力于发展生态农业,在生态养殖、食品加工、清洁能源、有机肥料、订单农业、生态种植等方面实现了农业经济发展的有机循环。该企业生产的鸡蛋不仅畅销北京各地,更畅销海内外。这是一种典型的经济效益与生态效益双赢的企业,值得我们大力推广。通过对德青源这种循环经济产业的大力推广,我国过去资源产出率提高 20% 以上,回收利用各类再生资源近 2.6×10^8 t,相当于节能近 2×10^8 t 标准煤,减少废水排放

$90×10^8$ t, 减少固体废物排放 $12×10^8$ t。在能源消耗强度上, 单位国内生产总值能耗降低 20.9%。那么, 为了使循环经济能够得到更好的贯彻落实, 我们仍然需要进一步统筹规划各项举措, 助力中国特色社会主义生态文明建设。

7.2.2 生态工厂建设——以污水处理为例

生态工厂是指在促进工业创造经济和社会效益的过程中, 不影响基本生态化进程的一种工厂模式。这种工厂模式通过对资源的充分、高效利用, 工业产品在生产和消费过程中对环境的污染程度最小化, 对废弃物的多次综合再利用, 从而建立起工业与环境之间的和谐关系, 实现经济效益与环境效益的双赢。例如, 贵港国家生态工业示范园区通过蔗田系统、制糖系统、酒精系统、造纸系统、热电联产系统、环境综合处理系统等六大系统, 使园区内各种资源得到最佳配置, 废弃物得到有效利用, 环境污染得到最大化控制, 真正实现了产品生产与废弃物利用的有效衔接。

在我国推进经济发展和城市建设的同时, 环境也产生了比较严重的污染。在目前的环境问题中, 水资源的污染成为最为突出的问题之一。随着全社会对于环境保护问题的重视程度越来越高, 污水的有效处理及合理开发利用水资源成为我国实现可持续发展的重要因素, 也成为国家和各级地方政府需要重点关注并解决的问题。虽然我国近年来加强了污水的处理整治工作, 也规划建设了一批规模较大的污水处理厂, 然而对于污水污染源还缺乏充分准确的认识。因此, 在规划设计中还存在很多的不足之处, 造成水池的结构无法完全满足实际使用的需要, 在日常运营的过程中付出了大量维修养护成本; 污水处理设施无法进行满负荷的正常工作, 对有限的资源造成了浪费, 同时也在客观上增加了污水处理的成本。因此, 相关部门和设计人员要对污水处理的水池结构进行更加深入的研究, 不断总结经验, 完善设计方案, 以保证污水的处理工作能够达到预期的效果, 从而实现对水资源的循环利用。

在注重基础设施建设的同时, 还要对污水水质进行严格把控。无论何种污水, 比如生活污水和工业废水等, 均需要经过相应的处理, 达到污水排放的具体标准和规范才能排放; 不能排放有毒污水, 并且要严格按照国家相关标准, 保证污水的水质能够达到规定要求。在进行污水处理时, 要注重体现污水水质特点, 做好污染物调查, 明确污染物类型和污染程度。

从当前污水处理实际情况来看, 虽然可选择的方法较多, 但受到技术操作以及成本等因素的限制, 污水处理效果难以保证。针对此问题, 要做好处理工艺评价工作, 明确污水处理工艺具体操作存在的问题, 提出改进和优化的措施, 保证污水处理工作顺利开展。从当前国内外污水处理厂所用的污水处理工艺具体情况来看, 主要分为一级处理和二级处理。其中, 一级处理主要采用的是物理方法, 具体包括格栅拦截和沉淀等手段; 二级处理主要采用的是生化方法, 具体包括传统活性污泥处理技术和氧化沟等。在环保工程中, 常用的处理方法为活性污泥技术和生物膜处理技术等。在进行选择时, 要结合污水处理实际情况来确定。

7.2.2.1 目前我国常用的污水处理技术

(1) 连续循环曝气系统污水处理技术

连续循环曝气系统污水处理技术(continuous cycle aeration system, CCAS), 是在连

续进水式的序批式活性污泥法(sequencing batch reactor activated sludge process, SBR)曝气系统的基础上进行改进而形成的。也就是说，CCAS属于一种SBR系统。CCAS的特点是对污水预先处理的要求较低，其间所设置的机械格栅和沉淀池的间隙只需要15mm左右。CCAS由反应池、除磷系统、脱氮设备、有机物的降解设备，以及处理悬浮物的设备所组成，这些功能都可以在反应池内部完成。污水经过预处理之后，进入预反应池，污水当中的很大一部分可溶性BOD能够被预反应池当中的微生物所吸附，从而一起经过预反应池下部的孔洞，以0.05m/min的流动速度向反应池流动。在反应池中，按照CCAS的曝气、闲置、沉淀和排水过程，进行周期性的运行。污水在反应池中进行好氧以及缺氧的过程，从而完成去碳、脱氮以及除磷的过程。每个过程需要的时间以及相应的设备运行都要事先进行安排，且由计算机来进行自动控制，其间可对具体的程序进行调整。CCAS的运行模式以及其所具有的特点使其相对于其他污水处理技术有着一定的优势。首先，在曝气的过程中，污水和污泥能够处于一种混合的状态，使BOD、COD能够得到有效去除。其次，好氧和缺氧的运行模式能够有效提升磷的吸收程度，通过硝化和反硝化作用，污水中的氮和磷能够得到有效去除，从而保证出水的合格率。最后，CCAS在进行污水沉淀的过程中，整个反应池都处于一种理想的沉淀状态，使悬浮物有效下降，同时也能够有效提升除磷的效果。但是CCAS也有缺点，由于需要在预反应池和反应池进行间歇运行，需要由电脑来进行操控，所以对于污水处理厂的工人素质要求很高，不管是在操作培训上还是在安装和调试上，都需要进行严格要求。

(2)氧化沟污水处理技术

目前来看，氧化沟污水处理技术已经被世界各国广泛应用，并且得到非常快速的发展。氧化沟污水处理技术在我国的发展相对缓慢，到了20世纪90年代才得到一定的发展。氧化沟污水处理技术是我国当前应用最为广泛的处理技术，目前我国已经有上百座氧化沟污水处理厂在运行。氧化沟污水处理技术属于活性污泥处理技术的一种变形形式，并且在近些年的发展过程中，也逐渐体现出以下特点。

首先，氧化沟的形式和结构比较多样。一般来说氧化沟的基本形式是封闭沟渠型的曝气池，而沟渠的造型则是多种多样的，如圆形、椭圆形、方形等都可以组成单氧化沟系统和多氧化沟系统。多氧化沟系统属于一种尺寸相同的平行的沟渠，可以和两个沉淀池分别建造或者合体建造。氧化沟的沟渠形式从整体上决定了氧化沟在具有混合流态的同时，在局部也具有一定的推流性。各式各样的沟渠形式，给予了氧化沟污水处理技术更多的运行特点，从而能够满足各种各样的出水水质需求。

其次，氧化沟的曝气装置除了能够提供氧气之外，还能提供0.3m/s的流动速度，从而保持氧化沟的持续循环，并且能够保持活性污泥的悬浮性。目前使用的曝气系统一般可以分为转刷式、转盘式、表面曝气式和射流曝气式等类型。采用不同曝气装置形成的氧化沟形状不同。

最后，氧化沟污水处理系统能使污泥的处理过程简单化，氧化沟的水和污泥的停留时间较长，从而使悬浮物和溶解性有机物能够处于较好的稳定状态，所以，不需要设置预沉淀池。此外，氧化沟所排出的污泥稳定度较高，没有过多的剩余，因此不需要进行厌氧硝化的过程，仅仅需要进行浓缩和脱水的过程。

(3) SBR 反应器污水处理技术

以往的 SBR 反应器在运行过程中由曝气装置和沉淀装置相结合,这也是 SBR 的基本特点。SBR 的反应器在长期发展过程中也出现了很多种形式,包括 CCAS 型、CAST 型以及 ICEAS 型。以往的 SBR 反应器在出水和进水的过程中都是采用间歇的形式进行,并且在此过程中可以带回流污泥。另外,SBR 反应器污水处理技术还具有投资低、运行费用低等特点。具体来看,SBR 反应器污水处理系统的优点主要可以概括为以下几个方面。

①由于没有进水的干扰,沉陷效果更好。
②推流式反应器具有更好的有机物去除能力。
③该系统根据微生物的多样性特点,能够同时具备厌氧、缺氧以及好氧的生态条件,从而促进有机物的降解。
④能够有效地抑制丝状菌的膨胀。
⑤具有多样的生态条件,从而能够有效地去除磷和氮。
⑥系统较为简单,无须回流以及沉淀的过程。
⑦SBR 反应器可以有效地利用生物的反应过程,使得 SBR 反应器和活性污泥系统成为一种综合性的处理系统。

(4) 其他污水处理技术

除了上述几种污水处理系统,还有一些传统的活性污泥处理系统,包括吸附再生法、延时法等多种新型污水处理系统,以及多种形式的稳定塘技术和土地治理技术,等。其中吸附-生物降解工艺法(absorption biodegradation,AB)相对于一般的活性污泥处理方法具有比较良好的污染物处理效果,具有很强的抗冲击能力,同时也具有良好的脱氮除磷效果,运转费用较低。

7.2.2.2 污水处理新技术

(1) 超声波污水处理技术

超声波污水处理技术是指利用超声波来降解废水的处理技术,此项技术主要是利用超声波(纵波)将废水中污染物质进行降解,对于水体中难以降解的物质的去除,具有了良好的效果。超声波穿过污水时发生超声空化现象,水体中的污染物质经历自由基反应和高温分解两种过程,使污染物脱离水体,水体的各项水质指标均得到有效降低。

超声波废水处理技术具有降解速度快、适用范围较广等特点,不仅可单独使用,与其他污水处理设施相融合也能取得较好的处理效果,是一种极具发展潜力的污水处理技术。

(2) 矿物质污水处理技术

矿物质污水处理技术利用物理吸附手段,将废水中的污染物质吸附于矿物质材料之中,达到净化废水的目的。一般常见矿物材料为膨润土、沸石和凹凸棒等。其中,蒙脱石是膨润土的主要成分,不仅具有较好的吸附与乳化效果,还能有效去除废水中的 Pb、Cr、Hg 等重金属;沸石内部存在大量的孔道与空穴,能高效吸附废水中的重金属及有毒离子;凹凸棒是一种硅酸盐矿物质,具有催化性、吸附性和胶体性等性能,改性后的凹凸棒,可使废水中的酚和苯得到有效去除。

矿物质污水处理技术具有两大优势:一是矿物质种类繁多、储量较多、经济实惠,并且可操作性较好;二是污染物质去除效果明显,二次污染率低,利用率较高。

(3) 地下渗滤系统污水处理技术

地下渗滤系统污水处理技术是将污水投配至具有一定构造、距地面一定深度和具有良好扩散性能的土层中，使污水在土壤毛管孔隙浸润和渗滤作用下向周围运动，在土壤、微生物、植物的综合净化功能作用下，达到处理利用要求的一种污水处理系统。污水地下渗滤处理系统一般可分为土壤渗滤沟、土壤毛管渗滤系统、土壤天然净化与人工净化相结合的复合工艺。

地下渗滤系统具有以下优势：一是不破坏地面环境；二是建设及运行费用较低，运行管理简单；三是去除污染物能力强。

(4) 光催化污水处理技术

在污水处理中，应用光催化技术，能够获得不错的效果。光催化技术的技术含量较高，对污水处理设备有着较高的要求。在具体应用的过程中，发挥光催化剂的作用，对污染物进行还原反应，使其分解为 CO_2 和 H_2O 等，起到净化的作用。在实际应用中，可以选择的原药种类比较多，如氧化锌和二氧化钛等，从净化效果来说，二氧化钛的效果较好。二氧化钛具有稳定性并且没有毒性，受到紫外线照射，能够分解自由电子，活化氧气，生成活性氧和自由基；当遇到污染物时，还能够发生氧化还原反应，有效去除杂质。

(5) SPR 高浊度污水处理技术

SPR 高浊度污水处理技术通过合并污水处理程序，集中一级处理和三级处理，使其功能集中在 SPR 污水处理装置内，在 30min 内快速完成处理。从实际应用范围来说，容许直接吸入浊度在 500～5000mg/L 范围的污水，经过处理后，出水的浊度小于 3mg/L。除此之外，容许直接吸入 COD_{cr} 在 200～800mg/L 范围内的有机污水，经过处理后，出水的 COD_{cr} 小于 40mg/L。在实际应用中，此技术不仅成本低，而且处理效果较好，能够实现城市污水回收再利用，提高水资源利用率。

(6) MBR 污水处理技术

膜-生物反应器(membrane bio-reactor，MBR)是一种将膜分离技术与传统污水生物处理工艺有机结合的新型高效污水处理与深度处理回用工艺，近年来在国际水处理技术领域日益得到广泛关注，在国内再生水处理工程中也得到了较大的推广和应用。MBR 工艺的工作原理如下：根据生物处理的工艺要求，建造 3 个生物反应区(池)，分为厌氧区(除磷池)、缺氧区(反硝化池)、好氧区(硝化池)。膜组件浸没于好氧区内，各区之间通过潜水推进器(水泵)来循环混合液。通过厌氧、缺氧、好氧过程实现有机物消除及脱氮除磷功能，之后借助 MBR 膜(膜的孔径小于等于 0.4μm)，针对已经净化的水以及活性污泥，实施相应的固液分离。因为膜中高效固液分离能够提高出水水质，这时的悬浮物和浊度均会趋近于零，同时还能够截留大肠杆菌等生物，通过这种方式，保护了生物多样性。为了对膜进行持续稳定的使用，可以在膜的下方位置，通过一定强度的错流空气，对膜进行适当的抖动，不但能够为生物氧化提供氧气，还能够确保活性污泥不会附着在膜的表面。

7.2.3 工厂生态工程发展动力

马克思、恩格斯曾指出："科学技术是最高意义的革命。"他们关于科技在解决生态问题中的相关论述启发我们要转变经济发展方式，实现经济效益与环境效益的双赢。

其中，生态化科学技术是关键。因此，在习近平新时代中国特色社会主义生态文明建设的实践中，必须大力实施创新驱动发展战略，加强对科技创新的财政投入力度，创新科技人才培养模式，将生态化科学技术渗透到原料的采集、生产、消费过程的每一环节，让更多的清洁能源、更先进的设备机器、更加绿色的产品为企业所用、消费者所获；让更多废物得到有效循环再利用，更少的污染不再让环境所忧、民生所困；让生态产业成为参与全球化竞争的优势，成为经济增长的新动力。

第一，完善制度建设，全面激励科技创新。政府是生态科技创新的重要引导者，在新能源技术、清洁生产技术、节能技术和环境治理技术等生态技术方面要加大财政的投入力度。完善科技成果使用、处置、收益管理制度。鼓励企业与科研院校通力合作，发挥市场在资源配置中的决定性作用，让机构、人才、装置、资金、项目都充分活跃起来，形成推动科技创新的强大合力。加强自主知识产权保护立法，完善生态文明建设的科技创新监测与评估指标方法建立，全面激活全社会的创新创造活力。

第二，充分发挥企业在生态创新技术研发和成果使用中的主体作用。习近平总书记说："企业是科技和经济紧密结合的重要力量，应该成为技术创新决策、研发投入、科研组织、成果转化的主体。"企业要加大生态科技投入，成立专门的科研团队，将生态科技融入产品的研发、设计、生产全过程。同时，企业要加强与科研机构的通力合作，将清洁能源、污染治理、资源循环利用等方面的科技诉求与科研机构的具体研究相结合，进一步促进科研成果的市场化转化。

第三，加快生态科技人才队伍建设。转变经济发展方式，强大的科技人才支撑是关键。高校是培养科技人才的中坚力量，高等院校和科研院所要结合生态文明建设的实际需求，培养大批在生态科技领域既熟悉各项业务又精通管理的应用型、复合型科技人才。实施更加积极、开放、有效的人才引进政策，建立健全高层次生态科技人才引进机制和激励机制。同时，我们的社会要根据市场对科技人才的实际需求，重视继续教育和"高精尖"人才的技术培训，不断精进他们的业务能力，以更好地满足社会的需要，努力构建推动生态文明建设的强大科技人才保障体系。

7.2.4 工厂生态工程发展趋势

7.2.4.1 发展主体的转型

人类社会相继经历的原始文明、农业文明、工业文明与生态文明四种文明形态，对应着无色（虚无）发展、黄色发展、黑色发展、绿色发展四种发展范式。黑色发展即依赖黑色金属加工的发展道路，主体是以利益最大化为导向、无视生态利益的"单一理性经济人"。追求利益最大化是"单一理性经济人"的本质目标，这就使得经济人把资源环境看成追求利益最大化的工具性条件，生产者把资源环境当作实现最大利润的成本，消费者则把资源环境看成效用最大化的工具。这种"单一理性"造成了经济人只注重经济利益，无视以资源环境为代表的生态利益，在外部不经济负效应累积作用机制下，使人类社会由"空的世界"转变成"满的世界"。

7.2.4.2 发展目标导向的转型

绿色发展必须深入反思黑色发展只注重经济发展数量、忽视经济发展质量的不可持续目标导向，构建起优先注重经济发展质量、同时兼顾经济发展数量的新型目标导向。发展目标导向不同,发展道路的选择也就不同。所以,黑色发展与绿色发展就有各自不同的归途,黑色发展走向不可持续的危险境地,而绿色发展走向可持续发展道路。从这个角度看,不管是发达国家,还是发展中国家,势必会选择绿色发展道路,放弃黑色发展道路。

7.2.4.3 发展模式的转型

发展模式是不同发展道路的"显性"特征。黑色发展道路下的经济发展模式具有粗放型发展特征,这种特征尤其对中国更具"普适性",这也得到了国内知名经济学家的论证。绿色发展道路要求摆脱原有的"低成本竞争、高资源环境代价"的发展模式,构建起"高成本竞争、低资源环境代价"的新型发展模式,这是绿色发展道路对经济发展模式的内在要求,也是绿色发展道路的精华特质。所以,要全面理解"高成本竞争、低资源环境代价"的新型经济发展模式。

第一,"高成本竞争、低资源环境代价"经济发展模式要求在经济发展过程中,要按照外部不经济内在化的思路,把自然资源价格、污染排放成本反映到经济发展成本中。所以,相对于低成本竞争发展模式,此模式由于内化了资源环境成本,肯定具有较高的经济发展成本(当然,随着工业化、城镇化进程加快推进引起的劳动力、资本、土地、原材料等需求增加,这些生产要素价格也会上升,从而也会加速高成本竞争发展模式的形成)。但是,并不能因此就认为这种经济发展模式一定会削弱一个国家或地区的国际竞争力。因为国际竞争力的影响因素很大程度上是由比较优势决定的,而研究发现,适度强化的环境管制可以"强化"污染密集商品的出口竞争优势。可见,内化了资源环境成本的高成本竞争即使在短期内可能影响到一个国家或地区的国际竞争力,但从长期来看,将会提升其国际竞争力。

第二,"高成本竞争、低资源环境代价"经济发展模式的实施,一定会带来经济发展的同时资源环境代价逐渐降低、资源环境约束逐渐弱化的双赢态势。高成本竞争要求经济发展主体(企业等)把资源环境成本纳入经济发展成本中,随着资源环境成本的提高,经济发展主体必然要进行技术和制度创新,努力摆脱资源环境的约束,不断降低资源环境成本。在这样的发展模式下,经济不断发展(可能发展速度不及黑色发展道路速度快),资源环境代价不断降低,资源环境约束日益弱化。于是将逐渐实现绿色发展"相对脱钩",即资源消耗总量、污染排放总量在增加,但是增长速率不及经济发展速率的"弱双赢"状态;进而实现绿色发展"绝对脱钩",即经济发展的同时资源消耗总量、污染排放总量减少的"强双赢"状态。

7.2.4.4 发展过程的转型

黑色发展过程与绿色发展过程表现出极大的不同。黑色发展过程是典型的"线性强物质化"过程,是建立在假定资源环境具有无限性的基础上的,在"物质资源投入—产出增长—污染排放"线性机制的作用下,以经济增长为核心目标。所以,在这种过程中,一定会存在"高投入、高产出、高排放"的经济发展悖论,这是因为,它忽略了经济活动中非交换产品的直接成本,这些成本被经济学家们称为"外部性"——不由市场交换的各方承担,所以也不反映在市场价格上。它们主要包括以污染、资源消耗以及人口密集拥挤等形式体现的环境的恶化,这与理性的经济发展主体预期的经济发展与环境质量提高的目标不一致。

所以，黑色发展的"线性强物质化"过程，达到的是具有负外部性的"帕累托非最优状态"。在这种状态下，经济虽然实现增长，却带来了较大的负外部性，从而影响整个社会福利水平的提高。在原来的基础上，如果负外部性得以降低，经济发展水平即使保持不变，也是帕累托改进过程。而这种降低负外部性的帕累托改进过程正是绿色发展过程所强调的。

7.2.4.5 发展路径的转型

黑色工业化、黑色城市化与黑色现代化共同构成驱动黑色发展的主要力量。黑色工业化为黑色发展提供了产业基础，偏重的产业结构使产业消耗资源量大，环境污染物排放量随之也大。黑色城市化为黑色发展奠定了空间基础，促进了大量黑色生产要素在城市的聚集，城市化发展呈现出资源非节约、环境非友好的特点。在黑色工业化与黑色城市化要求下，黑色现代化构成黑色发展的社会"容忍"形式，整个社会就在环境污染笼罩下，如果超过社会阈值，整个社会将面临崩溃的危险。

所以，从黑色发展到绿色发展，发展路径必须突破路径依赖，实现黑色工业化到绿色工业化、黑色城市化到绿色城市化、黑色现代化到绿色现代化的转型。绿色工业化通过对基要生产函数的生态化改造和产业形态的绿色化升级，形成资源循环利用、环境抗逆自净的新型工业化过程。绿色城市化是通过摆脱粗放型的城市化过程，建立起以资源节约、低碳绿色、环境友好、经济高效为导向的新型城市形态，奠定了绿色发展的空间基础。绿色现代化则要求整个社会形成资源节约与环境保护的良好态势，以及具有生态文明的良好意识和习惯。其中，绿色工业化为绿色发展提供新型产业形态；绿色城市化为绿色发展奠定一定的空间基础，提供生态要素集聚地；绿色现代化为绿色发展提供有利于资源节约与环境保护的社会资本。绿色发展不能依赖路径，只有创新路径才能建立起真正实现绿色发展的基本路径。

7.3 工业园区生态化建设

7.3.1 生态工业园规划基本理论

生态工业园是在生态学、生态经济学、产业生态学和系统工程理论指导下，在一定地理区域内，将多种不同产业按照物质循环、产业共生原理组织起来，构成一个资源利用具有完整生命周期的产业链和产业网，通过最大限度地降低对生态环境的负面影响，求得多产业综合发展的资源循环利用体系。实质上，生态工业园通过模拟自然系统建立工业系统中"生产者—消费者—分解者"的循环途径，进而建立工业生态系统的工业生态链和互利共生的工业生态网，利用废物交换、循环利用、清洁生产等手段，实现物质闭路循环和能量多级利用，得到物质能量的最大利用和对外废物的零排放。废物原料化和极小化能使一个区域的总体资源增值，使区域工业或企业逐步实现"物质最佳循环"和"能量最大利用"。

目前，世界上有几十个生态工业园的项目在规划或建设之中，其中多数在美国，在欧洲的奥地利、瑞典、荷兰、法国、英国以及亚洲的日本等国，生态工业园也在迅速发展。我国自1999年开始启动生态工业示范园区建设试点工作，建立了第一个国家级贵港生态工业(制糖)示范园区，之后生态工业园的推进工作加速，并且在"十八大"

提出生态文明后得到进一步的强化。

7.3.2 生态工业园建设原则

①坚持环境与经济协调发展的原则，促进经济发展与环境保护的良性循环。

②完善工业园区功能区划，明确环境质量目标。

③工业用地的划分应注重土地使用的并存性，根据工业项目性质不同，建立环境保护所需要的缓冲区。

④坚持以高新技术为先导，以无污染或轻污染的现代化工业为主体，开发建设工业园区。

⑤因地制宜，突出重点，解决主要存在的环境问题，力求工业园区建设过程中最小化改变自然状态。

7.3.3 生态工业园规划内容

7.3.3.1 合理引入与原有企业存在潜在协同和共生关系的企业

世界各国的生态工业园中，最为典型和成功的要数丹麦的卡伦堡生态工业园。它位于哥本哈根以西大约100km处，被称为产业生态学中的典范，至今仍高效地运行着。这个工业系统的参加者包括一家发电厂、一家炼油厂、一家制药厂、一家石膏墙板厂、一家硫酸生产厂和若干家水泥厂。在园区内，各个企业通过贸易方式利用对方生产过程中产生的废弃物或副产品，作为自己生产中的原料或者替代部分原料，从而建立了一种和谐复杂的互利互惠的合作关系(图7-1)。

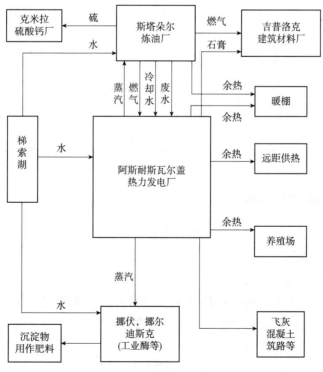

图 7-1　卡伦堡工业共生体

卡伦堡生态工业园的形成是一个自发的过程,是在商业基础上逐步形成的,所有企业都通过彼此利用"废物"而获得了显著的环境和经济效益。据资料统计,在卡伦堡生态工业园发展的 20 多年时间里,总的投资额为 7500 万美元,到 2001 年初总共获得 16000 万美元效益,而且每年还在持续产生效益约 1000 万美元。

7.3.3.2 在区域和企业层次上进行系统集成及园区的管理与服务体系的规划

在系统集成方案中,应用生态学和系统工程方法,把最先进的工艺、最具有市场前景的产品融入生态工业园区的规划中。系统集成包括物质集成、水集成、能量集成和信息集成 4 个方面。

①物质集成:根据园区产业规划,确定企业间的上下游关系,并根据物质供需方的要求,运用过程集成技术,调整物质流动的方向、数量和质量,完成生态产业链网的构建。尽量考虑资源的回收利用或梯级利用,最大限度地降低资源的消耗和有毒物质的使用。

②能量集成:在各企业寻求各自的能源使用效率最大化的同时,通过能源的梯级利用、热电联产等方式实现园区内总能源的优化利用。另外,最大限度地使用可再生能源,如风能和太阳能等。

③水集成:采用节水工艺、直接回用、再生回用、再生循环方式进行集成,下游企业使用的水质要求较低,因而可以利用上游企业的出水。

④信息集成:利用信息技术对园区的各种信息(包括废物的组成、废物的流向信息、相关生态链上产业的生产信息、市场发展信息、技术信息、法律法规信息、人才信息及其他相关信息等)进行系统整理,建立完善的信息库、计算机网络和电子商务系统,并进行有效的集成,充分发挥信息在园区内部、与外界交流以及对园区管理和长远发展规划中的作用。

园区的管理与服务体系需要在政府、园区、企业 3 个层次进行生态化管理。政府着眼于宏观方面,进行战略管理、政策导向、法规建设和激励机制建立。园区管理侧重协调生产企业和技术、环境等多个部门的关系,保证物质、能量和信息在区域内的最优流动,达到园区能源和原材料使用量、废物产生量最小化的目的。企业管理主要推行清洁生产,节能降耗,按照废物交换关系优化原料-产品-废物的关系,保证高效、稳定的正常生产活动。

7.3.4 生态工业园的构建

在企业内部、企业之间建立产业链乃至在更大范围建立生态工业网络,以实现对物料和能量的更有效利用。

7.3.4.1 物质循环生态产业链

生态工业园、生态产业网络中的各成员之间进行物质传递、供应、副产品交换,建立了物质循环生态产业链。如山东鲁北生态产业系统的磷铵-水泥-硫酸联产(PSC)产业链。磷矿粉与硫酸制取得到的磷酸与合成氨反应制得磷铵;副产品磷石膏送往水泥厂生产水泥;富含 SO_2 的水泥窑气送往硫酸厂生产硫酸和液态 SO_2;硫酸送往磷铵厂完成 PSC 工艺的硫循环;液体 SO_2 用于制溴原料。

7.3.4.2 能量梯级利用生态产业链

生态工业园、生态产业网络成员依据能量的品质差异，进行"能量层叠"梯级利用，如热电联产、热电冷三联供。如河南商电铝业集团公司构筑的铝—电—热—化生态工业链，热电厂将生产的电力供给铝厂进行电解铝生产，剩余蒸汽供给化肥厂用于化肥生产，同时向市区居民供暖。

7.3.4.3 水循环利用生态产业链

生态工业园构筑水循环利用生态产业链，循环利用、分级使用水资源，既可节约水资源，又可提高水的利用率。如朔州火电厂生态工业园水循环利用生态产业链，充分利用神头泉的天然泉水生产纯水；所有企业产生的废水进入废水处理厂，处理后的水用于清洁、灌溉和工业循环。

7.3.5 生态工业园系统分析

生态工业园系统分析是对一个已有的生态产业系统进行科学的分析和评价，定量地衡量其在各方面的主要特性，判断系统的发育状况，用以指导系统的进一步发展。一般来说，对一个生态产业系统的分析包括代谢分析和资源分析。

(1) 代谢分析

代谢分析是针对所有进出生产系统的物流和能流的输入和输出的平衡分析。该方法依据质量守恒定律，通过建立物质结算表，估算物质流动与储存数量，描述其行动的路线和复杂的动力学机制，同时指出它们的物理的和化学的状态。通过这种分析，可以为公众或是企业的决策者提供一幅详细的物流图，并从中可以看出某一地区或企业所具有的可持续发展的潜力。

利用代谢分析方法，通过绘制元素代谢网络，建立物质结算表，计算元素利用率(RU)，即元素进入相关有用产品的百分率和产品转入率(RT)即元素进入所有产品的百分率，例如，对鲁北生态产业系统中的磷、氟、氯、钙等元素的利用情况进行分析，结果表明磷、氟、氯、钙的 RU 值分别为 0.923、0.558、0.587 和 0.984；RT 值分别为 0.973、0.999、0.587 和 0.984。由此可以看出鲁北生态产业系统的物质利用情况已经达到了较高的水平，在系统中部分元素得到了循环利用，主要元素得到了充分利用，较好地体现了生态产业系统的物质利用原则。

(2) 资源分析

资源分析是针对某种具体物质在一个储库内或几个储库间流动开展的分析。资源分析根据物质的化学形态开展不同层次的分析，即元素分析、分子分析、物质分析、材料分析。

其中元素分析是一种比较常用且简单的资源分析方法。元素分析是研究某种元素从一个储库到另一个储库的迁移速率。资源分析的结果可以为提高资源循环利用率、评估现存的和潜在的各种环境危害和相关政策的实施提供依据。

采用了投入产出分析方法对鲁北生态产业系统的磷铵-水泥-硫酸联产产业链和海水"一水多用"两条产业链中硫元素的转化速率进行分析，得到硫元素的系统平均路径长度 PL(即一股物流从进入系统到流出系统所经历的节点数)为 10.44，系统循环指数

CI(即元素在系统中的循环利用率)为 0.710。由此可知,在鲁北生态产业系统中,PSC 产业链的关键在于突破了磷石膏分解制水泥的技术难点,实现了硫元素的循环;液态 SO_2 和磷石膏在园区的硫代谢网络中将 PSC 和海水"一水多用"产业链关联起来,是两条链间主要的物质交换。

7.3.5.1 科学城发展用地的生态适宜度分析

(1) 生态调查及评价因子选择

影响科学城开发建设的生态因素很多,以广州为例,综合考虑广州科学城用地现状、开发目标、性质以及广州当前城建出现的问题等因素,搜集下述 8 类要素的基础资料文字或图片,依据对土地利用方式影响的显著性及资料的可利用性,筛选出以下评价因子。

①坡度:科学城地处丘陵地带,地形起伏较大,坡度是影响建设投资、开发强度的重要控制指标之一。

②地基承载力:地基承载力主要与地层的地质构造和地基的构成有关。影响到城市用地选择和建设项目的合理分布,以及工程建设的经济性。

③土壤生产性:科学城用地多为农业用地,保护良田是在开发建设过程中必须重视的问题。土壤生产性是综合反映土地生产力的指标。

④植被多样性:植被多样性是自然引入城市的重要因素,它的存在与保护使城市居民对自然的感受加强,并能提高生活质量,是保护城市内多样的生物基因库和改善环境的重要指标。

⑤土壤渗透性:充足的地下水源对维持本地水文平衡极为重要,在开发建设中应保护渗透性土壤,使之成为地下水回灌场地,顺应水循环过程。土壤渗透性也是地下水污染敏感性的间接指标。渗透性越大,地下水越易被污染。

⑥地表水:地表水在提高城市景观质量,改善城市空间环境,调节城市温度、湿度,维持正常的水循环等方面起着重要作用,同时也是引起城市水灾、易被污染的环境因子。

⑦居民点用地程度:居民点规模是影响开发投资、工程建设的重要因素之一,也是规划中确定居民点保留或集中搬迁的依据。

⑧景观价值:景观价值评价依据自然和人文因素两方面进行。人文评价主要考虑视频、视觉质量(悦目性)、独特性。自然评价主要考虑地貌、水系、植被三方面。综合人文评价与自然评价得出 3 类景观类型:一类为有丰富植被的山峰、河流,视觉条件好,有一定独特性;二类为自然条件较好,视觉质量一般,独特性中等;三类为其他区域。

(2) 制定单因子生态适宜度分级标准及其权重

科学城发展用地各生态因素的适宜度分级标准及其权重见表 7-1。

对表 7-1 中的 8 个生态因素加权叠加得出科学城发展用地综合评价值 S_i 在 1.97~4.79 之间变化,取 1.97—2.69—3.15—3.55—3.95—4.79 区段为综合适宜度分级标准。其中 $3.95<S_i\leqslant4.79$ 为最适宜用地;$3.55<S_i\leqslant3.95$ 为适宜用地;$3.15<S_i\leqslant3.55$ 为基本适宜用地;$2.69<S_i\leqslant3.15$ 为不宜用地。

表 7-1 科学城发展用地单因子分级标准及权重

编号	生态因子	属性分级	评价值	权重
1	坡度	<5%	5	0.15
1	坡度	5%~20%	3	0.15
1	坡度	>20%	1	0.15
2	地基承载力	承载力大	5	0.10
2	地基承载力	承载力中	3	0.10
2	地基承载力	承载力小	1	0.10
3	土壤生产性	生产力低	5	0.10
3	土壤生产性	生产力中	3	0.10
3	土壤生产性	生产力高	1	0.10
4	植被多样性	旱地，无自然植被区	5	0.15
4	植被多样性	荒山灌木草丛区	3	0.15
4	植被多样性	自然密林，果林	1	0.15
5	土壤渗透性	渗透性小	5	0.10
5	土壤渗透性	渗透性中	3	0.10
5	土壤渗透性	渗透性大	1	0.10
6	地表水	小水塘及无水区	5	0.10
6	地表水	灌溉渠及大水塘	3	0.10
6	地表水	支流、溪流及其影响区	1	0.10
7	居民点用地程度	<5%	5	0.12
7	居民点用地程度	5%~30%	3	0.12
7	居民点用地程度	>30%	1	0.12
8	景观价值	人文、自然景观价值低	5	0.18
8	景观价值	人文、自然景观价值中	3	0.18
8	景观价值	人文、自然景观价值高	1	0.18

对照科学城现状土地利用情况可看出，最适宜用地为坡度小于5%的区域、无自然植被或荒山区域、低产田地分布区及景观差的区域；适宜用地为坡度小于5%的区域、低产田区域，植被较差等区域；基本适宜用地为坡度为5%~10%的区域，低中产田区、居民点较集中区域，但经一定的工程措施和环境补偿措施后也可作为城市发展用地；不宜用地一般为坡度大于10%且植被良好区域、高中产田区、溪流影响区，从生态学及保护生产性土地的观点看不宜用于发展用地，但在一定限度内可适当占用；不可用地一般为坡度大于20%的区域、溪流水域及植被景观优良的区域，该区域完全不适宜作为城市发展用地。

科学城五类用地百分比分配为：最适宜用地(约6.736km^2)占总用地的30.96%，适宜用地(约5.856km^2)占总用地的26.91%，基本适宜用地(约4.540km^2)占总用地的20.87%，不宜用地(约3.290km^2)占总用地的15.12%，不可用地(约1.336km^2)占总用地的6.14%。可以看出属于适宜用地范围的用地(前三者)占78.74%，说明科学城用地大部分是适宜开发的，适宜用地主要分布于科学城西部及中南部。

7.3.5.2 生态敏感性分析

影响一个地区生态敏感性的因素很多,选用对科学城开发建设影响较大的5个自然生态因子,即土壤渗透性、植被多样性、地表水、坡度、特殊价值作为生态敏感性分析的生态因子,其分级标准及权重见表7-2。

表7-2 科学城生态敏感性分析单因素分级标准及权重

编号	生态因子	评价标准	分级	敏感性评价值	权重
1	土壤渗透性	保证地下水恢复,减少对地下水、土壤的污染	渗透性高	5	0.1
			渗透性中	3	
			渗透性低	1	
2	植被多样性	景观游憩、生物多样性、环境改善、水土流失	密林、立体种植果园	5	0.3
			一般果园、灌木草丛区	3	
			农地及其他	1	
3	地表水	景观游憩、野生生物生境、污染敏感性	溪流及其影响区	5	0.1
			大水塘、灌溉渠	3	
			其他	1	
4	坡度	水土流失、土壤侵蚀	>20%	5	0.2
			5%~20%	3	
			<5%	1	
5	特殊价值	生态保护、美学价值、历史文化价值、娱乐价值	价值高	5	0.3
			价值中等	3	
			价值一般	1	

经单因素图加权叠加、聚类,得出综合评价值 S_E 最大为4.4,最小为1.0,即在1.0~4.4间变化,取4.4—3.6—2.8—2.0—1.0为综合评价值分级标准,按此分级标准分为四类敏感区。其中 $3.6 < S_E \leqslant 4.4$ 为最敏感区; $2.8 < S_E \leqslant 3.6$ 为敏感区; $2.0 < S_E \leqslant 2.8$ 为低敏感区; $1.0 \leqslant S_E \leqslant 2.0$ 为不敏感区。在此基础上进行生态环境区划。

最敏感区为河流及其影响区,坡度大于20%,生态价值高的成片的林地,该区域对城市开发建设极为敏感,一旦出现破坏干扰,不仅会影响该区域,而且也可能会给整个区域生态系统带来严重破坏,属自然生态重点保护地段;敏感区一般为平缓区域上的林地等,对人类活动敏感性较高,生态恢复难,对维持最敏感区的良好功能及气候环境等方面起到重要作用,开发必须慎重;低敏感区为有荒山灌草丛及经济作物分布区,能承受一定的人类干扰,受到严重干扰会产生水土流失及相关自然灾害,生态恢复慢;不敏感区主要是旱地、农田等,可承受一定强度的开发建设,土地可作多种用途开发。科学城不敏感区、低敏感区所占面积最大(各为总面积的49.03%和29.60%),而敏感区和最敏感区面积最小(各为总面积的16.85%和4.52%),说明科学城发展用地潜力较大。

7.3.5.3 科学城发展模式及用地选择

为突出自然生态优先的原则,不仅考虑科学城发展用地适宜度模型,同时兼顾生态敏感性模型,二者相互对照、串联考虑,揭示如下发展模式。

科学城用地范围内分布的生态最敏感区及部分生态敏感区必须保护成为科学城的自然骨架,如建设自然公园或生态保护区;科学城用地内覆盖率较高且景观价值大的区域或生产力较高的果林区不适宜开发,或为生态农业区,或开辟为生态经济果林观光区;科学城东部、中北部生态敏感性较高,不宜作高强度开发;科学城未来发展方向宜向东北部、南部发展;科学城土地利用、布局应顺应以上揭示的生态联系,才能保证科学城优良的自然生态环境。

在土地利用规划的用地选择中,首先控制生态敏感地段,确定不宜建设区域和适宜用地,合理安排土地开发顺序,避免开发活动对其的"过度消费""不当消费",保证科学城的发展环境。

7.3.6 新型工业化发展道路

坚持新型工业化道路是我国当前的主导发展模式,党的十六大提出新型工业化的概念,其中"资源能耗少、环境污染低"的提法是解决环境危机的重要指导思想。我国当前的环境问题和能源利用有极大关系,从我国目前的能源消费结构来看,煤炭和石油还是占了很大的比重,因而短期内完全改变我国能源结构是不现实的,但可以做出更协调、合理的能源结构调整。首先,与其他制造行业不同,新能源产业发展的根本动因在于其产品的环境收益和对化石能源的替代,而不是产业发展本身。然而,由于我国新能源市场开发相对滞后,新能源发电装机基本上集中在发达国家,新能源产品使用的环境收益基本上被发达国家收入囊中。

调整能源结构单纯依赖政府的政策进行较为缓慢,欧洲对于能源利用有一套高效有利的模式。欧洲政府以优惠政策或者国家补贴鼓励开办发展新能源企业,运用市场机制使得新能源企业不断自主研发探索新型能源,这样不仅可以更有效地利用我国现有的能源,还可促进企业开发新型能源。丹麦利用本国的风能资源不仅完全做到了自给自足,还将风电观光发展成特色产业,促进旅游业的发展,这样既获得了经济效益,又为环境保护做出了巨大贡献。我国也应该借鉴这种经济方式来促进能源结构调整。还可以借鉴"政府投资,企业运作"的低碳经济发展模式。这种模式主要是以政府为主导,对企业进行投资以鼓励其发展低碳技术改造并在全国进行推广研发,如英国政府的财政扶持政策促进企业开发低碳技术,在低碳市场技术开发、基础设施和供应链建设方面加大投资,在帮助高风险企业获取资金方面的作用非常明显。除了政府直接投资,英国知识产权局还推出了在专利体系中向低碳技术发明提供优先权的举措,并与其各大贸易伙伴协商签署环保专利快速通道体系。这一举措不但着眼于帮助英国低碳技术领域的创新企业更为快速地获得高质专利权,而且为企业产品提供更快速地进入市场的机会。此类鼓励企业发展的良性举措值得我们学习借鉴。

7.3.6.1 生产方式——转变经济发展方式

(1)转变经济发展方式

过去,我们主要依靠增加要素投入和物质消耗的粗放型增长方式推动经济发展,这样的发展方式仅仅是依靠加大投入来实现的，造成了资源的消耗、环境的污染，破坏了人们生存的生态环境，日益发展的经济给资源和环境带来了相当大的压力，二者之间的矛盾愈发尖锐。这种粗放型的发展方式已经脱离了我们所追求的全面、协调、可持续发展的经济社会的初衷。因此，实现从粗放型向集约型经济增长方式转变，才能实现现代化的生态发展。要实现集约化的经济发展方式就要追求经济的循环发展，促使产业结构不断优化。

转变经济发展方式，追求经济的可持续发展，就要发展循环经济，这同样也是科学发展观的要求。就经济发展方式来说，发展循环经济要求从以往的"末端治理"的被动方式转化为主动的生产全过程严控的创新方式，进而实现消耗更少、成本投入更低、污染排放更少、可循环发展、可持续发展的经济增长方式，最终改善环境质量，维护生态系统安全。首先，要对煤炭、石油、钢铁等一些高能耗、高污染的大宗商品产业实施循环经济，应用清洁工艺，实现其节能减排；其次，发挥政府干预引导作用。政府可以制定经济可持续发展的相关能效标准及法律法规，并且督促或强制企业执行；对发展循环经济的工程项目和技术开发，政府给予税收优惠政策或财政补贴政策等。

产业结构优化升级是发展环境友好经济，从源头上减少能源浪费和废物排放的关键措施。传统工业化模式的主要症结就是其产业结构不合理，主要表现在传统大宗商品行业在产业结构中占重要比例，服务业、信息产业等高新技术产业的发展跟不上传统产业发展速度，节能环保产业没有得到国家重视等。这导致我国的经济发展长期处于粗放型的发展方式，需要大量的物质资源来支撑。在环境污染和资源枯竭的代价面前，粗放型发展方式产生的效益却又是十分低下的。优化产业结构就要努力做到下几点：第一，改变以往的依靠物质资源的经济发展方式，通过提高科学技术水平、提升劳动力素质以及建立新型管理方式来构建新的竞争优势，这种优势充分体现在科技和创新上。第二，改变以往以工业为主的经济发展方式，实现农业、工业和服务业三大产业互相协调发展。要巩固第一产业的基础地位，建设工业强国，加快第三产业的发展速度。此外，要高度重视知识产业和环保产业在经济发展中的重要作用。第三，改变浪费能源和资源、肆意排放污染物的现象，对传统产业进行优化改造，淘汰落后产能，通过信息化的发展来促进工业化的发展，进一步促进二者的融合。第四，对于低能耗、低污染、高产出的现代服务业，应加大投入力度，提升第三产业的比重。第五，强调预防性原则。预防性原则是生态现代化理论中的一个重要原则。在市场经济中，生产活动对环境的影响不能仅仅依靠末端治理的事后修补手段，而应该未雨绸缪，贯彻落实预防性原则，使生产活动的环境影响程度降到最低。

(2) 倡导绿色科技进步和创新

马克思曾指出，生产力也包括科学。人类社会的生产离不开科技，人类的文明要不断进步也无法忽略科技的作用。社会生产引发的生态环境问题愈发严重，这二者之间的矛盾不断尖锐，这就促使了绿色科技的出现。绿色技术除了关注科学技术的经济效益，更注重科学技术的生态效益，本质上要求经济的发展不能建立在对生态环境的牺牲之上。它考虑人类的长远效益，将科技纳入社会这一个整体中来思考和评价，妥善处理与人类、发展以及生态三者之间的关系。现代社会生产的发展与生态环境之间的矛盾，必须要依靠绿色科技的发展才能得到解决，促使经济发展动力由要素驱动、投资驱动转向创新驱动,推动建立绿色低碳循环发展产业体系。

社会发展的主体是人,其目的也即人类的发展,推动人类社会实现现代化最终是为了实现人的自由全面发展。在社会现代化的进程中,科技固然给人们的生活带来许多便利,但是伴随科技的发展而不断产生的种种恶果也日益浮出水面。发展绿色科技,并不是要阻碍科技进步,更不是要求科技倒退。作为一种新的发展理念,绿色科技是适应社会发展本质要求的,它不仅关注科学技术的经济效益,还注重科学技术的生态效益。在价值观领域,我们要追求绿色消费理念,追求勤俭节约的生活方式,而不是崇尚金钱至上、利益为先的物质观念。当然,除了促使人们在观念上的转变,绿色技术更希望人们能够将科技运用到生态保护当中。在社会生产领域,绿色科技主要体现在合理利用自然资源、洁净处理污染物及开发利用清洁新能源上,要将绿色技术融入工业生产的每一个环节。在生产这一环节,坚持发展绿色科技可以在很大程度上保护生态环境。坚持绿色发展,必须坚持节约资源和保护环境的基本国策,坚持可持续发展,坚定走生产发展、生活富裕、生态良好的文明发展道路,加快建设资源节约型、环境友好型社会,形成人与自然和谐发展现代化建设新格局,推进美丽中国建设,为全球生态安全做出新贡献。

7.3.6.2 制度保证——完善政府管理制度

国家顶层设计肩负着打通生态各项方针政策实施"最先一公里"的责任。政府在生态现代化中起着不可替代的作用,中国共产党领导下的政府在市场资源配置、对企业的影响力、社会利益协调等方面更具有先进性。生态现代化理论告诉我们,在我国生态文明建设过程中要充分发挥政府的主导作用。完善的政府管理制度是我国生态建设的制度保障。要推动生态文明建设,就必须在政治领域推进生态变革,加强政府对环境保护的力度,做到合理干预市场行为,完善生态立法,积极转变政府职能,做生态文明建设的引导者。正如耶内克等学者强调的政府主导地位,开展生态现代化需要政策的引导和规范,为生态现代化提供良好的政治环境。合理干预市场行为可从以下几个方面着手:第一,利用税收政策调节环境污染行为,开征排污税和开采自然资源的行为税。排污税指对各种形式的垃圾征税,包括企业三废和居民生活垃圾。目前有许多发达国家已经开始征收生态税,如美国、德国通过征收居民垃圾税来保护环境,效果显著。我国应当取其精华,积极借鉴国外在建设生态文明中的有效措施,结合我国的实际情况,按地区、时间以及批次来征收不同形式的生态税,从而充分实现资源的循环利用和可持续利用,减少资源浪费,同时减少污染物的排放,进一步改善生态环境。第二,增加财政政策对高新技术型生态产业的扶持。高新技术型生态产业不仅可以创造很高的附加值,而且消耗的能量更少,产生的污染也比较小,有助于实现生态现代化。针对此类产业,政府应当给予一定的财政支持,如减免税收、拨款资助以及融资便利,通过有意识的扶持促进其又好又快地发展。法是治国之重器,良法是善治之前提。强化生态法律体系,可以促进环境法制建设的完善,同时环境保护行为也因此有了足够的法律依据和法律保障。当前我国改革开放不断深入,经济不断发展,环境法制建设迫在眉睫,应当着重保护自然资源,发展可持续经济及环境体系。针对上述情况,制定生态保护法律十分紧迫,不仅可以改善如今岌岌可危的生态环境,还可以推动社会整体的开发建设。为生态立法,一要遵循保护自然资源的原则;二要遵循污染防治的原则,在实践中不断完善好这一立法体系。一方面,我国要将起草和修订生态保护法落到实处,确保立法的专业性;另一方面,我国要加快填补法律的空白,尤其是自然资源保护、噪声防治、海洋环境保护以及固体废物防治等专业性的法律;最后,法律法规的配套措施同样不容忽视。

当今我国正处于社会转型的时期,很多领域都缺乏其自身的规范,生态保护制度化和法制化对于生态现代化的实现来说非常重要,同时价值观、制度和执行这三者之间的配合也不容忽视。若是价值观、制度和执行三者各自为营,那么生态现代化也只是一场空谈。所以,我们除了要倡导的培养生态意识,建立保护生态环境的政治制度,执行制度的有效性和及时性同样需要关注。除了党和政府宣传和推动生态环境保护法之外,广大人民群众还需不断加强环境意识和法律意识,承担社会责任,遵法守法,唯有这样我们的民族才会更加团结,经济才能不断发展,生活或生存质量才能不断得到提高,人与自然才能实现和谐相处,美丽的中国梦才能早日实现。

生态文明作为一种文明形态,具有可持续的、积极的发展特性,生态文明不是拒绝发展,更不是停滞或倒退,而是要更好地发展,对自然生态系统所具有的循环再生能力进行充分的利用,使人类适应、利用、修复自然的能力得以提高,从而使人与自然实现健康和谐的发展。它既包含人类的可持续发展,又包含自然的可持续发展,二者是相统一的。可以说,生态文明作为人类文明发展进程中的一个间段,否定的是工业文明中不合理的生产方式,并非不是全盘否定工业文明,而是继承农业文明与工业文明所具有的优秀成果,并且将这些优秀成果予以进一步发展。人类社会文明必然是由农业文明发展为工业文明,再由工业文明发展为生态文明。

思 考 题

1. 工业化对生态环境造成了哪些危害?
2. 欧美国家工业化进程中产生的环境问题有哪些?对我国工业化进程的启示是什么?
3. 目前污水处理技术有哪些?各有什么优缺点?
4. 构成生态工业园的要素有哪些?生态工业园规划的主要内容是什么?
5. 如何走出一条符合我国国情的新型工业化道路?

推荐阅读

1. 工业生态学. 李素芹, 苍大强, 李宏. 冶金工业出版社, 2007.
2. 生态文明与绿色生产. 卞文娟. 南京大学出版社, 2009.
3. 污水处理技术与设备. 江晶. 冶金工业出版社, 2014.

第8章 城市生态环境工程

[**本章提要**]人类社会逐步发展,分工越来越细,聚集形式从农村、城镇到城市。随着城市的扩张,城市作为人类聚居地的一种形式,带来了人口集中、产业集中、资源能耗集中、需水量增加、地面硬化、绿地减少等一系列生态环境变化。自20世纪70年代以来,社会经济的高速发展,使得城市环境污染、生态破坏达到了极其严重的地步,继而产生了一些影响人类身心健康的"城市病症"。因此,人类开始关注自身生存的环境,尤其是近几十年,人们生活质量的不断提高,渴望回归自然,要求建设"园林化""生态城市""森林城市""海绵城市"的呼声越来越高。城市生态环境工程适逢前所未有的机遇,其经历了从皇家园林—城市公园—大众绿地的发展过程,理论体系不断完善,建设的最终目标是实现以人为本,经济效益、社会效益和生态效益的统一,人、自然与环境的和谐发展。

8.1 城市生态环境问题与风险

8.1.1 城市生态环境问题形成

随着城市化进程的不断加快,我国经济得到快速发展,城市中的高楼大厦不断出现,人们的物质生活水平也不断提升。但这些发展和进步的背后,是城市环境问题的不断恶化,生态环境问题逐渐成为阻碍城市发展的主要问题。在城市化进程加快的过程中,地下水枯竭、固体废弃物堆满城市、河流污染、雾霾严重等问题,严重影响人们的生活。这都是由于在城市发展中,没有很好地处理资源消耗、环境保护与城市发展的关系所导致的。

8.1.2 城市生态环境问题表现

(1)自然生境破碎化

城市发展中,生态环境破坏严重,连续性分布的植被被各种人工建筑进行了分割,导致了土地利用出现变化。土地利用变化通过影响物质流、能量流在生境斑块之间的循环过程,从而改变区域生境的分布格局和功能。即使城市中有绿地系统规划,但绿地空间主要呈点线状分布,面状分布不连续、层次单一,未能形成完整的、层次分明、类型多样、色彩丰富，达到具有较好生态调节功能面积阈值的立体绿地系统，也难以满足公众对城市景观的诉求，更无法为城市的网络化绿地系统提供骨架支撑和联系廊道。

(2) 水资源短缺与内涝，城市水体污染严重

随着我国城市化进程加快，原始下垫面特征发生了改变，生态空间受到挤压破坏，导致河流、湖泊、绿地等生态环境不同程度地受损，原始自然水文特征逐步消失。如地面不透水硬化面积增加，原本可以大量渗入地下的雨水在短时间内形成径流，经管渠、泵站等灰色基础设施快速排放，造成排水系统不堪重负而发生内涝，大量雨水不能入渗和有效利用，带来了城市洪涝和缺水的双重问题，诸多城市内涝频发，造成巨大经济损失，严重威胁城市安全。

在饱受内涝影响的同时，由于我国水资源缺乏且时空分布不均，水资源供需矛盾亦尤为突出。水环境污染是城市面临的另一个严重问题。近年来，我国的大多数城市河流水质无法达标，处于Ⅲ类、Ⅳ类甚至更恶劣的状态。城市面源污染已成为城区水质恶劣的主要原因之一。

(3) 固体废弃物污染严重

一般情况下，固体废弃物按照属性进行分类，可以分为3类：城市生活垃圾、危险固体废物、工业固体废物。当前，我国城市环境污染问题突出，各种生活垃圾和工业固体废弃物等已经严重影响我国城市的发展。随着城镇生活垃圾迅速增加，垃圾处理缺口巨大，处置效率低、难度大。很多固体废弃物一旦被倒入江河，就会对水环境产生影响，饮水安全得不到保障。日常生活中的纸张、餐巾纸以及食品包装袋都会对环境造成一定的影响。相关数据显示，国内城市垃圾已达60多亿吨，很多中小城市没有固定的堆放垃圾的场地，这些都进一步导致了环境恶化。近年来，随着科技水平的提高，电子产品的应用范围逐渐扩展，且电子产品的淘汰速度十分快速，造成国内电子固体废弃物污染情况也不容忽视。

(4) 城市大气污染与空气质量下降

城市无序扩张的"水泥森林"，形成一道道建筑屏障，影响了近地面大气流场，阻碍了空气流动，改变了空气的垂直结构和大气组成，城市热岛、城市风、逆温等不利于污染物扩散的气象条件频发。另外，城市机动车保有量逐年增加，尾气污染已成为影响大气质量状况的重要因素。机动车尾气污染在呈现局部性特点的同时，又凸显了连续性和累积性。在能源结构仍以燃煤为主的城市，工业污染排放以及城市建设过程中因管理粗放，施工扬尘污染贡献率依然不可忽视。

(5) 城市土地占用扩大，绿地面积减少

城市绿地尤其是林地是减少大气污染、调节小气候、改善局部生态环境的关键。联合国生物圈与环境组织标准提出，城市人均绿地应达到60m^2、绿化覆盖率应达到60%，我国国家城市绿地标准也规定城市人均公共绿地为7~11m^2、绿化覆盖率为50%。然而城市化建设过程中，城市建筑用地增长过快，不断挤占城市绿地，绝大多数城市无法达到联合国标准甚至国家标准，且存在绿地分布不平衡、绝大部分绿地位于城区边缘的现象。市民休闲绿地服务半径过大，环境景观缺乏生机活力。居住小区绿地、单位附属绿地、公共绿地比例严重失调，在老的建成

区，绿地更少。

(6) 城市小气候变化异常

随着原生态林地系统的减少，植物种群发生巨大变化，原生物种逐渐消失，生物系统结构趋于简单。城市湿地不断减少，绿地、林地缺乏连接，生态空间"孤岛化"带来生态调节功能的弱化等严重现象。因城市绿地不足，且存在分布不均衡的特点，不仅影响城市景观价值，更由于缺乏能够改善微环境的立体绿地系统的调节作用，加聚了城市"热岛"效应。

8.1.3 城市生态环境对人群健康的影响及风险

8.1.3.1 城市化进程中生态环境的变化

近年来，随着人们生活水平的不断提高，人们在生活中不仅重视物质保障，同时也更加注意精神上的追求，追求精神上的愉悦。特别是随着人们公民权利意识的提高，"健康权"等权利意识逐渐深入人心。

我国的城市化水平迅速提高，到2011年城市化水平已达到51.3%，远远快于发达国家历史上的发展速度。然而由于城市人口、工业、交通运输等过度集中，人口拥挤、交通拥堵、资源短缺、环境污染、效率低下等一系列问题，使得城市化和经济社会发展宗旨逐渐背离，形成所谓的"城市病"。"城市病"是与现代性相伴随出现的，从18世纪英国工业革命后期开始的"城市病"至今已有200多年历史，现代人对此毫不陌生。从其表征上看，一方面表现为由于人与自然之间的严重失衡所带来的环境问题，即对于水、空气、土壤等人类生存必需条件的破坏与污染；另一方面表现为由于人口激增而出现的交通拥堵、城市犯罪率增长、城市居民贫富差距扩大、就业医疗紧张、房价高昂等社会问题。

8.1.3.2 城市病的形成原因及主要表现

(1) 忽视生态环境建设

先污染后治理是发达国家在城市化过程中对待发展的一般思路。在经济发展之中对环境的不重视，对资源的肆意开发已经让我们尝到了恶果。目前，环境问题已经不仅仅是单纯的自然科学问题，破坏环境所造成的影响也不仅仅体现在生态危害层面上，其往往被视作社会课题，在对经济造成损害的同时还影响着人们的心理。

(2) 产业结构单一

城市病产生的一个基本前提是一个城市变为了"大城市"，而城市的规模扩大最直接的因素是城市人口的增加。人口集聚的时段大多处于该国进行现代化发展最快速的时期，即工业化发展时期。工业化带动城市化，在工业化进程之中人口持续地向大城市集中，造成城市化进程中的"大城市"趋势。

(3) 城市规划不科学

城市化的发展过程尤其是总体性视域下的城市规划越来越多地被视为一种"空间实践"，对城市空间的合理规划利用是城市化有序发展的前提和基础。城市化发展过程中出现的交通拥堵问题就是因为城市在城市化的过程中缺乏"准备"，没有对城市的发展做出系统规划，使城市交通系统的发展滞后。

(4) 缺乏住房保障性政策

城市化的快速推进往往导致居民贫富差距的加大，而城市中的弱势群体（如外来务工人口）无法形成充分就业，继而无法得到住房信贷，只能在周边的公共用地上搭建简易房屋落户，久而久之形成贫民窟。

8.1.3.3 城市生态环境恶化对人群健康的影响

(1) 城市人口极度聚集，社群压力增大

据统计，2005年全球城市人口的1/3左右生活在人口超过100万的大城市。由于大城市的区位优势，可以发挥更好的经济功能和生活功能，使人口持续向大城市聚集。根据联合国人口与发展委员会报告，随着世界各国城市化进程的加快，人口超过1000万的"超级城市"数量在迅速增加。1950年，世界上人口超过1000万的城市仅有纽约和东京2座；1975年，上海和墨西哥城也跻身这一行列；而到2005年，世界上已有20座人口超过千万的大城市，而其中发展中国家城市数量达到16个；到2010年，全球千万人口以上的城市已经超过25个。人口的过度膨胀使得城市的公共服务和政策处于缺位状态，城市人口的增加为城市提供了充足的劳动力，发挥了城市的经济生产力，但是同时也造成社群压力增大，这是诱发社会冲突的重要因素。

(2) 城市交通严重拥堵，社会效益下降

随着城市化进程加速，那些超级城市的发展如同"摊大饼"一般蔓延扩张。随着城市规模的扩大，城市交通起着越来越重要的作用。随着人口和产业向大城市的集聚，原有的交通布局造成难以解决的城市困境，具体表现为交通拥挤、空气污染等一系列问题。如伦敦是目前英国最为拥挤的地区，每日交通高峰时段内每小时有超过100万人和4万辆机动车进入中心城区，造成了严重的交通拥堵。

(3) 生态环境污染恶化，身心健康受损

城市化进程不仅仅是人与人的互动，更是人与自然的互动，在城市快速扩张的时期，大城市往往在取得经济利益的时候忽视了生态环境。城市对自然胜利之后，自然也同样报复了城市。20世纪中期的洛杉矶光化学烟雾事件是个很好的例证：1955年9月，由于大气污染和高温，短短两天之内，65岁以上的老人死亡400余人，许多人出现眼睛痛、头痛、呼吸困难等症状。直到20世纪70年代，洛杉矶市还被称为"美国的烟雾城"。生态环境在城市中的重要性地位正在越来越深刻地凸显出来，生态环境的污染不仅仅影响生态系统自身的平衡和可持续发展，最为关键的是，它终究会影响城市居民的身体健康乃至心理健康。

(4) 土地资源紧张，贫民窟现象突出

发达国家在发展过程中出现了界限比较分明的富人区和穷人区，即所谓的"隔离社区"。例如，巴黎西部的富人区，街道和社区整洁宽敞，而东部和北部的穷人区的许多街道狭窄、肮脏，甚至没有路灯。美国则出现许多白人、非洲裔、西班牙裔、亚裔等相同族裔集中，不同族裔分离的种族隔离现象。在这种情况的作用下，弱势群体没有居所，极易在城市周边形成贫民窟。然而，贫民窟在发展中国家更为突出，2003年联合国人类住区规划署在一份名为《贫民窟的挑战》的报告中称，"世界上有1/3的人口居住在贫民窟里，而且大部分位于发展中国家"。

8.2 城市生态环境治理

现阶段,全球都面临着资源紧缺和环境恶化的问题,污水随意排放、生活垃圾围城、森林被乱砍滥伐、雾霾随风而起等问题,已经成为国际上备受关注的环境问题。人们迫切需要有效而科学的方法来解决问题和改善环境。地球是人们赖以生存的家园,为解决这些环境问题,构建人类美好的生活环境,就需要全体人类参与到保护环境、节约资源的行动中来。

开展城市生态环境治理,进行顶层设计,坚持生态理念,形成低碳、生态的经济体系,系统规划先进、科学、绿色的基础设施和运行管理措施及对策,具体需要从生态、经济和社会的多层面进行治理。

8.2.1 生态资源层面的治理

8.2.1.1 开展污水的回收利用

加强污水的回收利用不仅能够减少城市环境的污染,同时能够实现城市水资源的循环使用,从而减少城市发展过程中的水资源消耗。在城市发展的过程中,污水处理应当坚持集中处理和分散处理相结合的策略,逐渐形成点源、面源、区域共3个层次的中水回收利用循环系统,提升城市水资源利用率。近年来,部分城市实现"雨污分流",加强对雨水的回收利用,不仅减少了城市对水资源的浪费,同时也减少了城市的水污染。运用一些技术手段,提升污水的质量,达到基本水资源用水要求后,将其运用到保洁、景观、工业、绿化等用水的环节中。另外要加强对城市生活污水和工业污水密集排放区域的集中处理,避免污水随意排放,提升污水资源的再利用率。

8.2.1.2 积极推广节能减排技术

近年来,我国加强了环境保护的力度,特别是对于企业生产中产生的污染加强了监管,对削减城市环境污染问题起到了积极的作用。在城市环境污染中,企业不仅消耗了大量的资源,同时也产生了巨量的污染物。我国很多环境污染严重的城市,具有钢铁、水泥等污染型企业规模大、数量多的特点,通过积极地应用节能减排技术,能够有效降低工业对于城市环境的影响。对一些产能落后的企业,实施淘汰或促进调整的方案,积极制定调整企业产业结构的政策和方针,不断完善和优化生产工艺。同时对于积极应用节能减排技术的企业,以及运用先进的科学技术来提升资源利用率的企业,给予一定的奖励,有利于节能减排技术的落实。例如,许多城市已实行了"煤改气"工程,不仅减少了煤炭资源的消耗,而且也减少了城市的污染。

8.2.1.3 落实固体废弃物循环应用

全国每年仅"城市垃圾"的排放量就超过 1.5×10^8 t,许多城市出现垃圾围城的危机。在解决固废再利用问题上,首先政府及相关部门应该采取综合管理措施,制定完善的固体废弃物循环利用体系,严格落实各个环节的各项措施,防止固体废弃物被胡乱处理和随意丢弃。政府应该加大重视程度和宣传力度,利用新媒体和互联网,提升人们的环保意识,鼓励全体人民参与进来,一起完成固体废弃物循环利用。其次,需要建设垃圾处置系统,设置垃圾分类处理试点,对可再利用的垃圾,尽最大可能地回收利用。并完善固体废弃物回收循环再利用系统，在节约资源、保护环境的理念下，提升城市经济效益，最大可能地降低资源损耗，有效节约资源。

8.2.1.4 构筑生态安全空间格局

一个城市要保持其生态性、自然性、历史性，规划是关键。在深入研究城市复合生态系统基础上，对城市发展的经济、社会、环境进行结构与功能的生态化规划，而其中生态安全空间格局构建是基础和核心内容。以生态分区和生态单元的划分为基础，建设以河流、山脊和沿路、沿河绿化隔离带以及其他生态过渡区构成的生态廊道，从而在不同空间尺度上，利用其生态空间结构特征，科学构建城市的生态安全空间格局。

8.2.1.5 构建城市绿地空间

绿地生态系统既能提高城市品质，为公众营造文化内涵丰富、生态功能多样、景观层次多元的环境，又是有效改善微生态环境、减缓大气污染的重要手段。合理构建分布均匀、适当集中、点面结合、配置合理、功能完备、层次丰富的城市绿地，能发挥良好的生态效应。

8.2.2 社会资源层面的治理

8.2.2.1 增强节能意识

城市化一方面需要做到"经济平衡"，即经济内部要素之间的平衡，而更为重要的是要做到"经济-生态"平衡。对生态环境的保护在城市化过程中已经越来越重要。如纽约加大公共投入，倡导节能减排，将1万多盏信号灯换成节能的发光二极管灯具，可减少90%的耗能；将公共场所18万个低效灯箱换成节能灯箱，减少75%的耗能；将15万盏路灯换成节能灯等，从而加强环境保护。

8.2.2.2 调整产业结构

人口的集中与产业结构单一有着紧密联系，通过产业结构调整带动就业人口流动是一个有效的手段。例如，日本在1959年通过了《首都圈建成区内工业等设施控制法》，在首都圈内的部分城市，对一定规模以上的工业、大学等设施的新增项目进行控制。这个方案的实施，使得大批劳动力密集型企业和东京原有的一些重化工业相继迁往郊区、中小城市甚至海外，而以研究开发型工业、都市型工业为主的现代城市型工业开始聚集。资本和技术密集型产业代替劳动密集型产业在东京高密度聚集，既增加了地区生产总值和人均地区生产总值，也为控制东京城市的人口总量起到一定的作用。

8.2.2.3 统筹公交系统

针对交通拥堵问题，国际经验主要有两种解决办法：一是致力于建立更加完善的公共交通体系。例如，伦敦地铁线路超过400km，目前75%在中心区上班的人通过铁路网络通勤。此外，伦敦还拥有近300km的公交车专线，并且采用低票价吸引公众通过乘坐公交车的方式出行。二是增加交通成本，征收交通拥堵费。新加坡人口密度居全球第二位，其解决交通拥堵问题的方法就是从1975年开始征收交通拥堵费。新加坡不断改进其收费系统，并且规定每辆汽车必须配备一部与一个资金账户绑定的电子应答器，通过遍布全城的电子拱门收取费用。

8.2.2.4 完善住房保障政策

重点解决低收入家庭的住房问题，例如，美国政府在立法、金融、税收等方面出台了一系列措施，提出了许多针对低收入家庭的住房计划，并将住房平等作为市民的一项基本权利。纽约实行多样化的住房政策，为低收入者提供的资助主要有3种形式：一是直接资助，通过政府的专门项目支持具体住房工程(如公共住房)建设；二是帮助租房者获得私人市场的住房；三是政府实施提供资金、免征贷款利息税和所得税、减征财产税等政策。此外，纽约市还对住房租金的涨幅进行干预，控制居住成本以及保障低收入家庭的住房，并出台了《租金控制法》，住房租赁市场上的租金管制住宅和租金稳定住宅占到总量的50%以上，完全按市场租金的住房仅占1/3。据统计，纽约大约有833万居民，纽约市人口的1/4以上是住在租金受管制的公寓里的。

8.2.2.5 建立完善的城市固废受运处理体系

为了确保城市固体废弃物可以得到妥善处理，国内相关城市需要根据自身的发展状况制定相关政策。地方环保部门需完善固体废弃物管理信息网，不定期组织和检查所辖范围内的固体废弃物收集和处理工作，不断加强和落实废弃物管控工作并进行申报登记，对日常的废弃物防治工作进行定期的监督，加大固体废弃污染物违法的处罚力度；同时鼓励城市固体废弃物的再利用，并建立相对完善的运行体系。相关的专业从业人员也需要依据所居住城市的地理条件和城市发展水平，不断优化垃圾的处理路线。以保证城市垃圾得以妥善处理为基础，合理控制垃圾处理成本，进一步降低城市固体废弃物给居民和环境带来的危害。

8.3 典型城市生态环境工程建设范式

城市生态环境工程随着城市化进程推进，不断发展变化，从城市园林角度看，经历了从皇家园林—城市公园—大众绿地的发展过程。进入21世纪，我国城市人口急剧增加，城市化进程迅速推进，由于人类活动产生大量的固体、液体和气体废物，水质与空气被污染，加之噪声、光、热及视觉污染等，给人们的生活带来了严重影响。然而现在随着人们生活质量的不断提高，人们渴望回归自然，要求建设"园林化""生态城市""森林城市""海绵城市"的呼声越来越高。

8.3.1 城市生态环境工程建设原则

(1) 自然与经济平衡发展原则

长期以来，我国的主要目标是发展经济，单方面追求经济复苏和增值，严重忽视了城市生态环境，甚至造成不可逆的环境污染和资源枯竭。进入21世纪以后，我国开始意识到自然对城市的重要性，对经济发展给环境带来的影响采取了一系列有效的治理措施，在进行城市生态环境工程过程中，应理解自然生态和经济发展规律，建立完整、高效、自然和经济均衡发展的生态城市。

(2) 规划性原则

在进行城市生态环境工程建设时，城市规划人员需要遵循规划性原则，对生态环境工程建设进行统一规划，例如，进行"海绵城市"建设时，需统筹规划雨水系统、雨水径流排水系统和城市雨水管道系统之间的有效衔接，切实做到城市绿色和灰色的有效结合，将源头减排和末端调节衔接在一起。与此同时，在进行"海绵城市"建设时，需要注重"海绵城市"的复杂性以及长期发展性,各级政府与有关部门需要加强沟通、协调配合,共同谋略与规划。

(3) 高效经济与生态安全平衡原则

生态和经济之间的关系是相互影响和相互制约的,建设生态城市需要全面考虑。不仅要考虑资源情况、生态环境特点,也要结合国民经济结构来开展城市生态环境工程建设。

(4) 自然资源可持续原则

对于可再生自然资源,应尽可能合理规划利用方式和强度。对于不可再生资源,宜采取开发和节能两步一起走的方式,有计划地合理开发,因为在有限的时间内其难以再生,所以应注意开采速度并开发绿色新能源,保障经济社会可持续发展。

(5) 系统性原则

城市生态环境工程建设具有较强的系统性,城市建设人员需要从整体角度,进行绿地配置状况、水循环流程、工业区位分布、城市公共资源的存量状况分析,并与城市的发展需求相结合,确保城市生态环境工程建设的科学性。

(6) 城市远景规划原则

城市生态环境工程建设需综合考虑人口、社会、经济和环境等动态发展因素,以及对交通、运输、能源和其他资源的需求,并考虑未来气候变化等不确定因素。确定生态环境工程建设与生态环境保护的目标,制定相应的策略,并列出存在的问题以及应该采取的行动。同时,根据问题的轻重缓急,技术及财政力量等因素,将这些措施行动按时间排序。

(7) 人与自然和谐共处原则

城市生态环境工程建设应该体现人与自然的和谐。"低影响开发"不等于"零影响开发",保护自然不等于让人类远离自然。例如,海绵城市建设过程中,将雨水作为人类发展不可缺少的资源,将自然基础设施作为提高人民生活质量、美化环境的根基。在规划实施时应考虑城市用地紧缺的矛盾,尽可能考虑生态环境工程的规划与城市土地规划相结合,为城市居民的生活和工作提供方便。例如,绿色基础设施的建设规划,可以是具有吸引力的户外活动空间,安全舒适的散步小径,步行、骑车等短途通道等,为城市居民提供休闲、聚会、娱乐场所,增强人与自然的互动。人与人之间的互动。同时还应考不同年龄、不同阶层民众的多元需求。

(8) 多生境要素交融原则

城市生态环境工程建设应注重多重生境的"堆叠",多元要素的交融,为人群提供多样化的生态环境体验。常被生态学家称为"大自然的奇迹"的湿地就是很好的例子。某一特定规模的湿地在某一特定位置的具体功能及效益往往是特定的。自然状态的湿地包含水体、植被、岸带、陆地等多元要素,无须维护管理就能发挥自然的多重功能。城市生态环境工程建设可以效仿复合生态系统——湿地,发挥其立体功能。

8.3.2 典型城市生态环境工程——园林绿化工程建设范式

8.3.2.1 城市绿化的含义

城市绿化的含义与内容随着社会的发展不断变化,其类型也不断丰富,其所含的范围也越来越广泛。由最早的宫苑、庭院发展为城市公园、绿地,由一个个公园构成了由各种园林绿地组成的园林绿地系统，由各种类型绿地组成的城市园林绿地系统延伸到风景名胜区、自然保护区等，从而形成了风景园林。

城市园林绿化是城市生态环境工程建设的重要内容，是在改善城市生态环境，创造融合自然的生态游憩空间和稳定的绿地基础上，运用生态学原理和技术，借鉴地带性植物群落的种类组成、结构特点和演替规律，以植物群落为绿化基本单元，科学而艺术地再现地带性群落特征的城市绿地。

8.3.2.2 城市园林绿化建设中存在的问题

(1) 城市园林绿化工程植物种类单一

城市绿化由于植物种类较少，无法构建立体生态绿色屏障，使绿化带净化空气、隔绝噪声、减少交通事故发生的功效大大降低。尤其是道路两旁栽种的植物大多是单行道树，只能起到基本的绿化和遮阴作用，绿化带作用较弱，再者是道路两旁选取的植物种类不合适，要根据艺术效果和功能效果，选取庇荫、株型整齐、生命力强健、耐污染、抗烟尘的乔木，易繁殖、耐灰尘和路面辐射的灌木，以及地被植物和草本花卉。不仅可以美化环境，还可以使人们在紧张的生活氛围中感到一丝惬意。

(2) 城市园林绿化工程不能体现地区的文化氛围

城市园林绿化是城市园林建设的一项基础性公共设施，由于盲目地追求植物的艺术效果，没有因地制宜地选择合适的植物种类，忽略了植物自身的生长习性和大自然的规律，造成植被的成活率较低，建设成本大大增加，一系列人力、物力以及财力的浪费。植物、花草色调比较单一，色彩搭配不协调，不能体现地区的文化氛围，也达不到让人赏心悦目的作用。

8.3.2.3 城市园林绿化工程建设范式

从城市绿地系统角度出发，绿地的布局、规模应重视对城市景观结构脆弱和薄弱环节的弥补，考虑功能区、人口密度、绿地服务半径、生态环境状况和防灾等需求进行布局，因害设绿，按需建绿和扩绿。从市民生存空间和自然过程的整体性和连续性出发，重视绿地的镶嵌性和廊道的贯通性，将人工要素和自然要素整合成绿色生态网络。从绿地群落角度出发，应顺应自然规律，利用生物修复技术，构建层次多、结构复杂和功能多样的植物群落，提高植物自我维持、更新和发展能力，增强绿地的稳定性和抗逆性，实现人工的低度管理和景观资源的可持续维持及发展。

(1) 因地制宜，适地适树

由于不同植物的生长习性以及对环境的适宜程度不同，所以要根据气候因素、环境因素和地理因素合理地选择园林建设植物。在园林建设之前，要对城市的地理环境、土壤的酸碱度、湿度、对水分的吸收能力进行详细的调研，并根据对城市园林植物的功效要求来选择合适的植物，一般都要求这些植物易于管理、适应环境的能力较强、防病虫害、美观，并且净化作用和隔绝噪声的作用较强，这样不仅可以愉悦身心，让人有回归大自然之感，还可以降低绿化成本，使资源得到合理的利用。此外，还可以引进一些外来物种，在选择外来物种时，也要在不伤害乡土植物的基础上，使乡土植物和外来物种能够和谐相处，共同保护生态环境。

(2)构建物种丰富的园林绿地

城市园林植物的单一发展不仅不利于生态植物的良性循环,会使生态系统层次简单脆弱,而且植物色调单一,不利于改善空气质量和文化氛围,观赏价值大大降低。国家和政府要加大保护濒危物种、保护植物多样性的力度,并在保护本地物种的基础上,引进外来植物,建立植物园,由植物专家建立物种基因库,保护珍稀植物。此外,还要加强宣传工作,使保护植物多样性成为一种社会公益行为,让每个人都参与进来,共同保护我们共同的生存家园。

(3)合理搭配植物

在建设城市园林的过程中,要根据气候变化、景观效果、季节需求合理搭配植物种类,不仅要体现在不同种类植物的颜色、形状、味道和高低层次上,还要考虑整体的艺术效果和今后的可持续发展,使园林建设更加协调和实用。园林植物配置应遵循生态学原理和植物生长的自身规律,注重乔、灌、草的结合,并根据季节变化和对土壤的要求,增强植物群落的稳定性,充分利用生存空间,提高生态效益。国家也要不断研发新的植物品种,使它们与现有的物种能够合理搭配,使园林建设的发展更上一层楼,推动城市园林建设的长久发展。

(4)园林绿化建设与人文相结合

我国的园林有着悠久的文化历史。由于不同地域的文化、风土人情、人们的居住环境要求、气候、环境的污染程度不同,城市园林建设受这些因素的影响,在植物的选取、色调的搭配和功能上也存在较大的差异。空气质量较好的地区比较重视城市园林的整体艺术效果,而污染比较严重的地区则更重视植物的净化作用、降低烟尘的吸收作用和隔绝噪声污染的功效。还有一些地区把两者看得同等重要,不仅要营造良好的文化氛围和艺术气息,而且同样注重植物在城市中的绿化作用。不同的城市有着不同的生活理念,所以我们在进行城市园林建设时,要将其与当地的艺术风格、人文景观、风土人情、生活格调完美地融合,提高园林的艺术鉴赏效果,使我国的城市园林建设朝着文化的发展方向不断前进。

8.3.3 典型城市生态环境工程——生态城市建设范式

8.3.3.1 生态城市的含义

生态城市是城市生态化发展的结果,是由联合国教科文组织提出来的。生态城市,即为运用生态学原理和知识,建设人与自然和谐相处的生态城市系统,综合运用环境工程、系统工程技术相关理论、技术与研究方法等,来协调城市发展与环境保护,有效解决环境问题,实现城市发展与环境保护的共同发展。

建设生态城市的最终目标是运用生态理论改善城市子系统间及与城市周边城镇间的共生关系,提高城市生态系统的修复能力。在低影响、低消耗的前提下运用科学的方法手段实现人类的可持续性发展。具体可通过营造生态环境(如景观设计)、修复生态再生能力(如人工湿地)、扩充环境容量(如水环境治理)、提高生态承载力(如增加森林覆盖率)等方式来实现。生态城市是生态文明背景下的必然选择,是对城市在工业过度化时期异常发展的明确否定,从而成为更为高级的新城市形态。

8.3.3.2 生态城市建设理论

生态城市的理论主要强调回归自然，对资源进行合理应用，以社会、人与自然进行复合式发展，特别强调维持资源高效利用；继承传统文化特色，依赖于强大的科技实力与政策、财政的支持，形成以市场为导向的发展模式和以企业为导向的城市经营模式。

目前对于生态城市的建设没有统一的标准，但一般认为生态城市具有和谐性、可持续性、高效性、整体性、全球性 5 种特征。目前，国外将生态城市的理念应用于土地利用模式、交通运输方式、社区管理模式与城市空间绿化等方面。而国内，将建设生态城市的内容具体概括为：生态安全、生态卫生、生态产业代谢、生态景观整合与生态意识培养。

8.3.3.3 生态城市建设范式

建立经济、社会、文化相融合的一种可持续性发展的生态城市景观模式是城市发展的趋势与方向，也是构建和谐社会、建设宜居城市的必然选择。城市的稳定发展需要节约资源和保护环境，建设生态城市才能实现有效节约资源和保护环境。城市生态化是实现城市社会-经济-自然复合生态系统整体协调而达到一种稳定有序状态的演进过程，在生态自然观视野下推进生态环境工程建设的一项重要实践。这种实践设计必须具备科学性、综合性、预见性和可操作性。

(1) 以生态文明观为指导

当前，生态文明正处在从观念形态向实体建构发展演变的过程中。生态文明理念使我们认识到，建设生态城市就是在建设一种新的文明形态，要求我们对整个城市系统，从社会生态经济过程与功能方面来规划设计，构建良好的生态城市。

(2) 以生态学理论为基础

生态城市建设的基础是人与自然相互依存、和谐相处、共同发展。要建设好生态城市，首先要遵循自然规律，合理规划城市总体建设。着重解决基础设施选址和重大原则性问题。同时在城市的电力、电信、电讯、给水、排水、污水、燃气等专项规划中，进行综合治理、优化配置、资源节约、加强保护，从而解决城市的发展建设、人口基数的增长与资源环境的利用间的冲突矛盾。

(3) 应用可持续发展理论，优化产业结构

在生态城市建设中，必须满足自然生态学与经济学高效原则。在城市规划设计时，应考虑尊重自然，恢复城市河流生态系统的自我调节功能，减少太多人为系统的参与和干扰。放眼当下，国内众多城市产业结构不够合理，第二产业比重过高，对环境污染危害较大。在经济发展中，应优先发展循环型经济，做到资源的最大化再利用，从而转变经济的增长方式。在产业结构中，倡导"退二进三"，在循环经济模式下，实现物质资源、空间资源、人力资源最大化利用。

(4) 构筑多元景观要素

生态城市景观构建中，坚持以功能为基础的原则，进行多元素的整合。简单来说，即功能类型多元化、功能载体多样化、功能设施交通可达、功能设施周边环境宜人等，既满足游人与市民的基本需求，也是生态景观营建的考虑因素之一。

(5) 营造特色人文景观

特色人文景观空间的建构是提升环境质量的关键因素之一，它将形成城市的个性

特点。通过景观的解构、重建等方式，让其有故事、有内涵、有联想、有记忆、有体验。尤其可结合当地古建筑特色与建筑空间特色等其他本土文化，进行相关特色景观空间的规划设计。

8.3.4　典型城市生态环境工程——海绵城市建设范式

8.3.4.1　海绵城市的含义

海绵城市是新一代城市雨洪管理概念，是指城市在适应环境变化和应对雨水带来的自然灾害等方面具有良好的"弹性"，也可称为"水弹性城市"，国际通用术语为"低影响开发雨水系统构建"。其理念是指充分发挥建筑、道路、绿地和水等生态系统对雨水的吸纳、蓄渗和缓释作用，从而有效控制雨水径流，实现雨水的自然积存、自然渗透和自然净化，并在调节城市小气候方面做出积极贡献。

8.3.4.2　海绵城市建设范式

海绵城市环境工程建设的重点在城市园林绿地的雨水径流削减和雨水的净化，故海绵城市规划和城市园林绿地建设相结合。城市园林绿地建设的绿量越多，城市的蓄水能力就越强，从而促进海绵城市的建设。与此同时，基于"海绵城市"理念，园林绿地建设可以有效改善城市的生态环境，为城市的排水问题提供新的解决途径。

（1）依据地形设计纳水绿地

进行绿地地形建设时，要根据海绵城市的特点，改造城市地形附近的水池，以蓄纳和滞留雨水。目前，应用最广泛的绿地地形建设方式是下沉式绿地，在降雨时，让雨水较大程度地入渗，增加土壤中的水资源，减少绿地浇灌量，通过土壤渗透、植物吸收、微生物等一系列作用，逐步改善城市土壤性质，有效削减污染物排放。

（2）构建促渗下垫面

"海绵城市"中的水体建设，应采用雨水过滤和自然促渗技术实现城市绿化的目的。雨水过滤技术可通过透水性沥青、混凝土和地砖等透水铺装工程来实现，促进雨水快速地渗透到地下，削减径流和洪峰。

（3）"大地块"设置景观带

在广场周边空间对雨水进行精细化处理，开展绿色街道的建设。在景观附近建设小型蓄水池（雨水花园），如供人观赏的水景和园林道路上设置的排水系统，将地面上的绿化植物和地下种植、渗排水管道相结合，即将植被的净化作用和地下设施的过滤作用相结合，共同进行雨水的处理。

（4）"小地块"设置缓冲带

在道路和广场、停车场等面积较小的空地附近，建设渗透沟以及植物缓冲带，非雨时易于周边景观结合，降雨时，从雨落管、道路偏沟汇集的雨水在进入其他设施之前，流经渗透沟可得到净化，且有利于防止水土流失，改善其他低影响开发设施的性能。

（5）"点地块"发挥立体效应

海绵城市建设过程中聚焦"点"的设计，发挥生态沟的灵活应用。例如，将普通停车场改造成生态停车场，即在停车场下层和四周设置生态沟，其中种植大量可以吸收污染物以及径流的植物，车场油污、灰尘等污染物会随着雨水进入生态沟。通过植被层、种植土层和砾石过滤层作用后，水中污染物能够被有效处理，雨水可汇集到收集系统，还可补给地下水。生态停车场的建设不仅能有效降低面源污染，还可为城市居民提供良好的生态环境。

8.4 城市生态环境工程建设案例

8.4.1 泰国曼谷城市森林公园生态环境工程

(1) 建设背景

森林公园项目区位于曼谷东部边缘一处缺乏规划的郊区——巴威区，结合曼谷当地拥有悠久种植历史的低地热带树种的种植，将一处面积约为 $2hm^2$ 的重要地块重塑为一个可应对城市扩张、城市热岛效应以及洪水频发等城市问题的城市森林景观典范。

(2) 设计理论

项目采用宫胁生态造林法，即基于潜在植被理论和演替理论而提出，强调并提倡使用乡土树种建造乡土森林，以在较短时间内建立适应当地气候、带有浓密树冠层的群落结构的造林方法。

(3) 关键技术

土壤基质采用三份表层土、一份生稻壳、一份椰糠、一份鸡粪混合均匀制成。

沿堤岸种植榄李等耐盐耐湿的树种，在河滩两侧种植能够经受短时间雨水浸泡的树种，而落叶树和龙脑香科低地植物（如具翼龙脑香和香坡垒），则栽在坡地之上。幼苗初植密度为每平方米 4 株（间距约为 50cm），随后通过自然演替形成高度不同的多层次林冠层。

土方设计是生态环境工程的核心，需满足众多设计要求。通过土方塑造而成的坡地可以利用其间形成的通道对人工瀑布中的渗流进行导流，效仿了最简单的自然排水方式，即让水流沿着不同的地形蜿蜒流动，可为新建林地提供水分。同时坡地的选址需考虑通风、外来污染防范、视野范围控制等因素，并利用坡地横断面的高差，栽植不同种类的植被，提升树林及其林冠的美感。

(4) 生态效果

经过 10 年的生长，所营造的森林已形成茂密的冠层，为植物和其他小动物生长创造出适宜的微气候，促进物种间的共生发育，且有益于周边区域环境的改善。从林冠层角度看，以最适密度种植的林木既有利于幼苗的健康生长，也有助于良好的林冠截留量的形成，以促进雨水下渗并补给地下水，最终达到零流失标准。

8.4.2 云南省昆明市某小区海绵城市生态环境建设案例

8.4.2.1 建设背景

云南省昆明市作为西部缺水地区，人口密集、滇池水体污染严重，人均水资源拥有量极低，仅为 $611m^3$，整座城市面临着严峻的水资源危机，加上水资源再利用相关政策法规及管理较为落后，其城市雨水长期被忽视，严重影响了雨水收集利用技术的发展。

根据《海绵城市建设技术指南——低影响开发雨水系统构建（试行）》和《昆明市城市雨水收集利用的规定》相关内容，将昆明某小区雨水进行收集利用，建设小型的海绵城市范本，供其他住宅小区的海绵城市建设参考。

项目区位于昆明滇池国家旅游度假区海埂片区金家社区，所在地东临盘龙江，西临正大河，北侧和南侧均为在建小区，项目区总建筑面积 $86.58 \times 10^4 m^2$。

8.4.2.2 设计理论

"海绵城市"环境工程设计可从"渗、滞、蓄、净、用、排"六字方针出发，探索出更多的可行性的海绵元素以及相应措施，促进城市雨水的渗透、净化和排放，有效存储和利用城市雨水，从而促进城市的可持续发展。具体工程可通过雨水收集、储存、渗透、净化、再利用等方面开展，从而实现水源涵养城市，形成现代绿色城市可持续发展模式。

8.4.2.3 关键技术

项目区已配套市政中水管网，雨水收集后主要考虑下渗补充地下水，且区内地下水位偏高，故不考虑渗排一体化管网等深层雨水渗透利用方式。为了项目的整体效果，本项目雨水收集利用设计主要为：部分绿地设置为下凹式绿地、透水铺砖地面、渗透井，从而对周边道路及屋面的径流雨水进行收集。收集的雨水主要用于储存供道路浇洒、景观绿化，多余雨水进行调蓄排放，缓解市政管网压力。

(1) 下凹式绿地设计

根据《建筑与小区雨水控制及利用工程技术规范》(GB 50400—2016)要求，整体绿地尽可能平整，以便于雨水储存入渗，植物选择耐淹品种；下凹式绿地周边道路上的雨水口设置在该绿地内，种植土顶面下凹低于周边路面 10cm，绿地内雨水口高程高于种植土顶面 5cm，使道路雨水优先进入下凹式绿地储存入渗；当降雨大于设计收集量时，可通过雨水口将雨水排至市政雨水管网，市政管网口设置拦污雨水口，拦污筐为镀锌钢材，绿地配置与整个项目区环境协调一致，确保景观效果。

(2) 透水铺装设计

本方案考虑将部分人行、非机动车通行的硬质地面、广场设置成透水性铺砖地面，加强雨水入渗，减少雨水地表径流。透水铺装地面的各个部分包括透水面层、找平层和透水垫层等，符合与材料、孔隙率、厚度、渗透系数及承载力等设计参数，但透水性地面的透水能力因透水砖空隙堵塞而减弱，因而需要通过合理的清扫管理恢复其渗透功能。

(3) 渗透井设计

本项目将各单体室外散水沟末端汇入雨水管道的第一个检查井设置为雨水渗透井，渗透井可对屋面雨水进行截留处理。设计渗透井底部及周边土壤渗透系数大于 $5 \times 10^{-6} cm/s$；渗透面设置过滤层，滤层表面距地下水位距离不小于 1.5m。车库范围内设置防护虹吸排水收集系统，实现车库顶板上有组织排水。另外设施内因沉积物淤积导致调蓄能力或过流能力不足时，应及时清理沉积物，每年检修清淤 2 次，分别在雨季之前、雨季中进行。

(4) 雨水弃流池、储水池设计

根据雨水收集设计规范及昆明实际降雨情况，弃流径流厚度取 3mm。初期雨水弃流通过泵实现，随之排至附近污水井，经沉砂后进入雨水调蓄排放池，累计弃流量达到设定值 3mm 时，弃流过程结束，开启电动弃流阀，雨水进入收集管道，从而实现对雨水的收集；连续 24h 无降雨，系统恢复到初始状态。当蓄水池内处于高水位时，关闭电动弃流阀，阻断雨水进入蓄水池。

8.4.2.4 生态效果

实施雨水收集利用工程方案后,计划总节水量 3315.63m²,将收集处理后的雨水资源用于绿化、道路浇洒或公共卫生间设施的用水等方面,从而缓解了该小区局部水资源紧缺、用水紧张的局面。对于整个城市而言,通过雨水的收集利用,不但可以补充地下水源,缓解水资源紧缺问题,还可以减缓降水洪峰期对城市排水的压力,并有效地控制地面水体的污染,对于改善城市的生态环境、贯彻实现可持续发展战略具有重要的现实意义。

8.4.3 城市生态环境工程成功个案简介

8.4.3.1 加拿大多伦多市的舍博恩公园

舍博恩公园(Sherbourne Common)位于加拿大安大略湖畔,占地面积约 14230m²,原址是一片约 8km² 的工业废弃场地。由于地势低洼,雨季时附近城区合流管网溢流的污水通常汇积在这里,在美丽的安大略湖畔形成一条污水滩地。设计人员综合考虑城市建设、景观设计、住房开发和公共设施,将污水处理与景观建筑、工程和公共艺术融于一体,修建了世界上第一个融污水处理于城市园林中的艺术奇观。

该公园的地下修建了雨污蓄滞沉积净化设施。地面径流由排水管网收集后排入地下沉积设施,进行固体悬浮质沉淀。澄清的水被输送到设置于一座公共亭台地下室的紫外线(UV)水处理设施。经过 UV 净化的水再由水泵抽送到公园中最醒目的 3 个 9m 高的雕塑。从雕塑的顶端,雨水呈水帘瀑布状流入下面的生化过滤池,然后经一条渠道流入安大略湖。

该案例不仅将雨洪管理功能融入城市娱乐休闲,还突出体现了其艺术价值。地下-地上相结合的污水处理方式增加了绿色基础设施的多功能特性,保护了水质;其高超的艺术设计提高了城市景观美感,成为北美热点景观之一。由于其独特的创新设计,该项工程获得了 2009 年加拿大建筑师杰出奖。

8.4.3.2 荷兰鹿特丹的本森普林雨洪广场

鹿特丹是荷兰有名的水城,全市大部分地区处于海平面以下。为解决雨季暴雨成灾的问题,该市采取了一系列措施,其中最具有创新的是修建雨洪广场。第一个雨洪广场——本森普林雨洪广场(Benthem Square)(图 8-1)于 2013 年 12 月 4 日正式开放;该广场由 3 个蓄水池组成,总蓄水容积为 1700m³。该雨洪广场不仅解决了附近社区的洪涝问题,还为居民提供了休闲娱乐场所。

图 8-1 本森普林雨洪广场(引自 Dutch Water Sector)

该环境工程建设是在建筑密集的老城区融入绿色基础设施的成功案例。将雨洪管理功能融入城市娱乐休闲设施,既突破了土地奇缺的局限性,发挥了绿色基础设施的多功能特性,又提高了城市景观多样性,体现人与自然的和谐,同时构建了雨洪设施相互连接的整体框架。此外,该雨洪广场作为城市娱乐休闲设施之一,运行维护经费来源可以落实,其可持续性得到保障。

思 考 题

1. 伴随城市化进程的推进,城市生态环境发生了哪些变化?这些变化给人类带来怎样的影响?
2. 城市面临的哪些生态环境问题可以采用工程措施来解决?
3. 城市生态环境工程建设所遵循的原则有哪些?
4. 比较分析生态城市、园林城市、森林城市的共性和差异。
5. "海绵城市"这一城市生态环境工程涉及哪些生态学理论?

推荐阅读

1. 城市生态环境学(第2版). 杨士弘. 科学出版社,2003.
2. 景观与恢复生态学. 那维. 高等教育出版社,2010.
3. 城市生态学(第3版). 杨小波,吴庆书. 科学出版社,2018.
4. 城市生态学:城市之科学. 查理德·福尔曼. 高等教育出版社,2017.

第9章 农业与农村生态环境工程

[**本章提要**]本章主要阐述了我国现阶段农业与农村生态环境面临的突出问题,重点阐明了我国农业与农村面源污染的现状、成因以及目前所采用的治理方法和控制技术,着重介绍了如何运用生态方式控制面源污染问题。本章还阐述了我国生态农业发展历程,以及生态农业园、农业科技园等将生态文明与农业发展相结合的典型发展模式,并对党的十九大所提出的乡村振兴战略中农业农村生态文明建设进行了解读,结合国家对宜居乡村的要求,提出了美丽乡村复合生态系统的。

9.1 农业与农村生态环境存在问题和风险

农村环境是指以农村居民为中心的乡村区域范围内各种天然的和人工改造的自然因素的总体,是一定程度上受人类控制和影响的半自然环境。它包括该区域内的土地、大气、水、动植物、交通道路、设施、居民点等。由于农村环境是农业环境的中心,因此,加强农村环境保护是保护农村经济和维护社会持续、稳定、协调发展的需要,也是保证农民身体健康的需要,对提高农村环境质量与促进农村经济、社会和环境可持续发展极具意义。

农村环境是农民生活和发展的基础,随着我国经济社会的发展和农村城镇化进程的不断加快,农村环境污染问题日益突出,农村已成为继工业、城镇之后的第三大污染源,且绝大部分农村污染通过直接排放进入下游江、河、湖泊和水库等水体,导致区域性水污染问题频发。农村环境污染与生态破坏不仅影响农民经济收入,更对农村"菜篮子、米袋子、水缸子"等功能的发挥产生严重影响。近年来,国家先后推出的社会主义新农村建设、农村环境综合整治、农村连片环境综合整治、乡村振兴战略规划(2018—2022年)等政策,都不同程度地关注农村环境污染治理。农村环境污染问题不但使"三农"问题的解决陷入僵局,严重影响和制约农业发展、农民增收和农业现代化进程,还对农村人居环境和城市社会发展产生了负面影响,已成为我国社会主义新农村建设的重要制约因素。了解农村环境污染的来源、成因,正视我国当前的农村环境污染现状,是推动社会主义新农村建设的基础性工作。

农村环境污染主要指村镇等农村聚居点的基础设施建设因缺乏规划和环境管理滞

后造成的生活污染。按照污染的来源，可以分为外源型污染和内源型污染。外源型污染是指城市转嫁农村的污染，主要包括污染源由城市迁移到农村，以及城市污水、垃圾转移到农村等。内源型污染是指农村居民在日常生产生活中造成的污染，主要包括农业生产造成的面源污染、乡镇企业和集约化养殖场造成的点源污染，以及农民聚居点的生活污染。按污染产生的原因，可以分为农村生产带来的污染和农村生活污染。从农村生产带来的污染来看，又可分为农业生产带来的污染、农村地区工业化发展带来的污染、交通污染。农业生产带来的污染主要是指在农业生产过程中的使用各种农业机械设施带来的污染，化肥、农药、地膜的不合理使用对土壤结构和农村自然生态系统带来的破坏，焚烧秸秆造成的环境污染，集约化畜禽养殖蓬勃发展所带来的大量畜禽粪便对水体、空气造成的污染，以及新兴的温室农业产生的塑料膜等废弃物对环境的污染等。农村地区工业化发展带来的污染指对矿物资源进行开发带来的污染，工业"三废"排放带来的污染等。交通污染主要指不断增加的交通工具所排放的尾气、废气所产生的污染。农村生活污染主要指在小城镇和农村聚居点由于环境基础设施的缺失，大量的生活垃圾露天堆放，其产生的渗滤液、病毒细菌等直接对地表水、地下水和周围环境产生污染，而大量生活污水更是被直接排入田间、河流或者湖泊，对农村的生产和生活环境造成着严重污染。在一些农村地区，由于乡村旅游的兴起，在乡村旅游资源开发、项目建设以及乡村旅游经营、利用过程中也产生了一定程度的环境污染。

农村环境作为城市生态系统的支持者一直是城市污染的消纳所。以往工业化程度低、人口密度小、环境容量较为充裕，农村环境污染问题没有得到相应的重视。但随着我国农业现代化进程的加快，农村污染已经从点污染开始向面污染发展，甚至随着时空的迁移，通过转化、交差和镶嵌等过程，形成污染循环。而农村生态环境与农业发展、农民的生活质量休戚相关，农村生态环境的每一个变化都会对农业经济系统的运行造成影响。在资源有限的前提下，农业经济发展与农村生态环境保护在短期内存在矛盾，但是从长期来看，两者是相互促进的，农村生态环境的改善有助于农村的可持续发展，而农业的发展则可以为农村生态环境治理与保护提供更多的资金和技术。

在农业社会向工业社会的转变过程中，由于农村的产业结构、农民的居住方式都发生了根本性改变，农村的生产生活都具备了现代工业的污染特征，这就使得农村的环境出了"问题"，产生了各种污染。目前，农村环境污染已成为下游湖泊富营养化的主要诱因、饮用水源安全的潜在风险、黑臭水体的重要来源。

一般来说，农村环境污染是由多方面原因造成的，有些是由现代化农业生产造成的，如农药、化肥、地膜以及农业机械设施等的使用；有些是由农村工业发展造成的，如在农村地区开办的造纸、食品加工、印染、化学、制药等企业，以及各类矿采企业；有些是由于农民生产生活习惯不科学、随意而引起的；有些是来自城市污染向农村的转移，一些城市企业邻近农村，大量工业废水、废气和固体废弃物排向农村等。

9.1.1 农业与农村生态环境面临的问题

长期以来，我国农村经济的不断发展、农业综合开发和乡镇企业规模的不断壮大，使农村本来就短缺的资源和脆弱的生态环境面临前所未有的压力。当前，我国政府在农村环境保护方面做出了巨大的努力，如加强环保法制、提升村民环保意识、重视清洁生产等，促使农业经济在保持整体稳定增长的同时，环境污染防治也同步前行。然而，我国农村生态环境仍然面临着相当严峻的污染问题，饮用水源污染、水土流失与荒漠化、森林和草地功能退化、水体黑臭、水体富营养化等一系列环境问题日益突出。因此，保障人口众多的农村环境已经越来越成为环境保护工作中的焦点，更是政府部门关注的热点问题。目前我国农业农村存在的生态环境突出问题如下：

(1) 农业资源日趋减少和退化

农业资源在日趋减少和退化，主要原因包括：

①工业化、城镇化进程使耕地减少：自1998年以来，工业化、城镇化以及其他各种原因的非农业使用土地等使耕地面积大幅度减少，年均减少超过 $66.7 \times 10^4 hm^2$，部分沿海省（自治区、直辖市）的人均耕地面积已经低于联合国粮食及农业组织提出的0.8亩警戒线。

②环境污染造成耕地减少：我国酸雨面积区已占国土面积的40%以上；重金属污染面积至少有 $2000 \times 10^4 hm^2$，农药污染面积 $1300 \times 10^4 \sim 1600 \times 10^4 hm^2$；我国因固体废物堆放而被占用和毁损的农田面积逾 $13.3 \times 10^4 hm^2$。

③农田退化：土地质量差、退化严重的区域也就是生态环境严重恶化的区域，农田退化面积约占我国农田总面积的20%。

(2) 水土流失日趋严重

由于森林、草地被严重破坏，水域、湿地被不当开垦，2020年全国水土流失面积 $269.27 \times 10^4 km^2$，占国土面积（未含香港、澳门特别行政区和台湾地区）的28.15%，我国每年因水土流失而损失的氮、磷、钾总量为 $4000 \times 10^4 t$，大致相当于全国每年的化肥施用量；因水土流失毁掉的耕地达 $266.7 \times 10^4 hm^2$，平均每年近 $6.67 \times 10^4 hm^2$。我国水土流失的特点是：流失面积大，波及范围广，发展速度快，侵蚀模数高，泥沙流失量大，危害严重。

(3) 草原退化、土地荒漠化加速发展

由于持续干旱和超载放牧，加之水利建设长期滞后等原因，我国草原退化、沙化严重。全国牧区饲草料灌溉面积仅占可利用草原面积的0.4%，与20世纪80年代初相比，天然草原载畜能力下降了约30%，而载畜量却增加了46%。目前，我国牧区主要包括13个省（区）的268个牧区半牧区县（旗、市），牧区面积占全国国土面积的40%以上，可利用草原近90%出现不同程度的退化、沙化。一些生态严重恶化的地区，河流断流、湖泊干涸、湿地萎缩、绿洲消失、生物多样性水平下降，有的地方丧失了人类居住的基本条件。全国荒漠化面积 $26220 \times 10^4 hm^2$，占国土总面积的27.3%。目前我国沙漠化土地以每年 $24.6 \times 10^4 hm^2$ 的速度发展，因此而造成的草场退化达 $84.188 \times 10^8 hm^2$，耕地退化达 $2.838 \times 10^8 hm^2$，造成了巨大的经济损失和严重的生态恶化。

(4) 淡水资源严重紧缺

我国是世界公认的贫水国。目前农村水资源的特点包括：

①严重缺水：全国农田平均受旱面积由20世纪70年代的 $170 \times 10^8 hm^2$，减少到2021年的 $74000 hm^2$。每年因缺水造成的粮食减产为 $750 \times 10^8 \sim 1000 \times 10^8 kg$；每年有 $1400 \times 10^8 hm^2$ 草场缺水；有约8000万农村人口和4000多万头牲畜饮水困难。

②水资源利用效率低，浪费严重：目前我国农业灌溉水的利用系数仅为0.3~0.4，水的粮食生产效率为0.8kg/m³，不及发达国家的1/2。

③水资源开采利用不合理：不合理的开采利用加上河流的上下游用水缺乏科学规划和统筹调度，近年来，在我国缺水地区争水、断流现象经常发生，导致环境退化严重、旱化加剧、生物多样性受损。对地下水的掠夺性开采，引起了一系列的生态退化问题。

(5) 内源性环境污染带来的生态问题

由农药、化肥、地膜、兽药、粪便及秸秆引起的污染为内源性环境污染。农村经济的发展，使这些内源性污染物的使用量大大增加，已对农村环境造成了严重的面源污染，许多河道发黑，河岸杂草丛生，垃圾成堆；不少农田土壤层有害元素含量超标、板结硬化。农村水环境的恶化不仅危及农民的身体健康，也影响农产品的安全。许多乡村特别是乡镇企业发达地区和开发项目比较多的地区，很难找到"一块净土""一方净水"。现在很多地方大力开展农村旅游业，从某些方面上讲，农村旅游业确实推动了农村经济的发展，增加了当地人民的收入，提高了当地人民的生活水平，但同时也给环境带来了严重的污染。要发展旅游业，首先就要解决交通、餐饮、住宿、娱乐、购物等方面的问题，但环境污染也随之产生，具体表现在旅游业对大气的影响、对水体环境的影响、噪声污染、对动植物的破坏和干扰、对景观环境的破坏等方面。

(6) 人口增长给生态环境带来的压力

人口增长始终是我国农村环境改善和农村经济发展的一大制约因素。我国的许多生态问题、环境问题，与人口重负直接相关。例如，在生态环境十分脆弱的贵州，人口增长过快，毁林、毁草、开荒现象严重。有的地区对35°以上的陡坡加以开垦，造成的水土流失、水灾、旱灾越来越严重。在素有"北大荒"之称的三江平原，为满足人口增长过快对粮食的需求，经过45年的大面积开发，垦殖率已由1949年的7.22%增至2004年的18.21%，但是森林覆盖率也由1949年的30.41%下降到2004年的18.21%，湿地面积减少$386×10^4 hm^2$之多。滥垦乱伐使得该地区的生物、淡水、土地等资源衰退，生态环境恶化。农村生态环境的保护，是关系农村经济和社会发展的大事，不仅直接影响当代人的生活环境，而且将影响子孙后代的健康。因此，对农村生态环境的保护应该成为发展社会主义新农村建设的战略重点。

9.1.2 农村环境污染现状

农村环境是以农村居民为中心的乡村区域范围内各种天然和人工改造而成的自然因素的总和。其包含的内容有土地、水体、大气、动植物、道路、建筑物等。随着我国现代化进程的加快，城市环境日益改善的同时，农村环境污染日益突出。尤其是工业化和城镇化程度较高的东部发达地区，农村环境质量下降与经济社会的高速发展形成了强烈的反差。而西部较落后地区的农村环境问题，由于各方面条件落后，环境问题得不到重视，同样面临巨大的防治压力。农村环境污染问题对农村社会发展和农民日常生活的阻碍将日趋明显。

根据污染物产生来源和性质，可将农村环境污染分为点源污染、面源污染和生活污染3类。点源污染是由乡镇企业和集约化畜禽养殖场等布局不当、治理不够而造成的企业与养殖场周围的工业污染和畜禽粪便污染；面源污染是因在现代农业生产中使用化肥、农药、地膜等物质造成的各类污染；生活污染是由小城镇和农村聚居点的基础设施建设和环境管理滞后而产生的各种生活垃圾与污水。

(1) 我国农村的点源污染

乡镇企业和集约化养殖场布局不当、污染治理不够导致的污染，是农村环境污染中对农村人群健康危害最直接的污染。农村工业化是中国改革开放40多年经济增长的主要推动力，在东部发达地区尤为明显。这种工业化实际上是一种以低技术含量的粗放经营为特征，以牺牲环境为代价的反集聚效应的工业化，不仅造成了污染治理的难度加大，还加剧了污染带来的危害性。目前，我国乡镇企业废水COD和固体废弃物等主要污染物排放量日益增高，而乡镇企业布局不合理，无任务处理率也显著低于工业污染物平均处理率。与乡镇企业污染类似的是集约化畜禽养殖带来的污染。人口密集区，尤其是经济发达地区，居民消费能力强，农牧业发展空间巨大，集约化养殖场迅速发展起来。对环境影响较大的大中型集约化养殖场大部分集中在东部沿海地区和大城市周围。由于这些地区可供利用的环境容量小，加之其规模没有得到有效控制，养殖业规模还在不断发展，一些地区养殖总量已经超过了当地土地负荷的最高上限，养殖业的不合理布局也严重破坏了农村和城镇居民的生活环境。大多数养殖场畜禽粪便、污水的储运和处理能力不足，且没有污水防治设施，大量畜禽粪便未经处理直接排入周边水体，加速了区域水体富营养化的污染趋势，并危及地下水和流域水环境。除此之外，畜禽粪便中所含的病原体对人体健康的危害也极其严重。

(2) 面源污染

在现代化农业生产中某些手段的过度使用所带来的污染是目前对农村环境影响最大的污染。我国人多地少，土地资源开发已经接近极限。多年来，随着人口数量的增加，对于农产品的需求量也不断增加，为满足需求，只有通过化肥、农药的大量使用才能提高粮食、蔬菜等作物的单产量。加之改革开放以后，农村经济逐步发展起来，化肥、农药、地膜等的使用量随着迅猛发展的果蔬产业而大幅度增加，使我国成为世界上化肥、农药使用量最大的国家。农药、化肥及地膜等的大量使用，对自然环境造成严重污染。

目前，我国农村的施肥结构普遍不合理，导致农药的生物利用率低、流失率高，流失的农药大部分进入水体、土壤中，使自然环境受到不同程度的污染。农药污染严重破坏了生态平衡，威胁生物多样性。此外，还有一些污染是由农业现代化导致的衍生污染。例如，由于化肥的普及以及燃料结构的调整，农民通常将秸秆一烧了之，使其变宝为废，还产生大量的温室气体，由此产生的空气污染不仅影响农村环境，也对城市环境造成了很大危害。总之，现代农业生产方式导致的污染影响面大，且易于通过水、大气、食品等媒介影响城市人口，因此可视为影响最大的农村环境污染。

(3) 生活污染

村镇等农村聚居点因缺乏合理规划和环境管理滞后造成的生活污染，是目前农村环境污染中最敏感、最直观的污染。随着现代化进程的加快，农村聚居点规模迅速扩大。但在"新镇、新村、新房"的建设中，规划和配套基础设施建设未能跟上。环境规划缺位或规划之间不协调，只重视编制城镇总体建设规划，忽视了与土地、环境、产业发展等规划的有机联系；由于缺少规划，城镇和农村聚居点或者习惯性地沿公路带状发展，或者与工业区混杂。小城镇和农村聚居点的生活污染物则因基础设施和管理制度的缺失，一般直接排入周边环境中，造成严重的"脏乱差"现象。例如，大多数村镇没有无害化垃圾填埋场，生活垃圾被随意丢弃在河塘或低洼地，不仅影响城镇卫生，还造成河流淤积、水体污染，使农村聚居点周围的环境质量严重恶化。随着经济持续增长，城市化进程的加快和人民生活水平的提高，城镇生活垃圾的产出量正逐年大幅度增长，简单的垃圾处理方法已经不能够适应可持续发展的要求，然而，在我国城市生活垃圾产生量不断增长的同时，生活垃圾分类、回收和处理能力与水平发展相对滞后，城市生活垃圾问题愈加突出，需采取措施加以解决。目前，我国城市垃圾以每年8%~9%的速度在增长，城市人均年生活垃圾产生量约为450~500kg。

综上所述，我国农村生态环境问题种类繁多、分布面广、治理难度大，已不是农民自己能解决的问题。如不及早重视、防范和治理，将会造成比现在城市生态环境更复杂、更有害、更难治理的被动局面。

9.2 农业与农村面源污染生态治理

9.2.1 农业面源污染的来源和控制技术

9.2.1.1 农业面源污染的概念与特征

水环境污染可分为点源污染与非点源污染两大类。非点源污染又称面源污染，是指污染物在降雨径流的淋溶和冲刷作用下，通过降水、土壤径流、渗透、排水、渗漏等水文过程以及大气沉降进入湖泊、河流、水库等水体而引发的污染。降雨或融雪水的流动形成的径流，携带输送了由自然和人类活动产生的污染物，并最终将它们沉积到河流、湖泊、湿地、沿海水域和地下水中。非点源污染具有间歇性，其发生与降雨径流密切相关，是气候和土地特征(土壤类型、土地管理和地形因子)的函数。

9.2.1.2 农业面源污染的现状与成因

（1）农药、化肥的施用

在农业生产活动中，大量化肥、农药的施用以及农业化养殖导致的农业面源污染已成为导致农村水环境污染的主要原因，而化肥生物利用率低、农药施用过量则加剧了农业面源污染的程度。调查表明，农业生产活动中使用了许多被禁用的农药，不仅对环境造成损害，而且导致食品中农药残留超标，威胁食品安全。施用的化肥除了被植物吸收的部分外，有相当一部分通过农田的地表径流和农田渗漏进入水体，还有相当一部分以 N_2O 气体形式逸散到空气中。特别是化肥中含有的大量氮和磷等营养物质，污染了地下水、湖泊、池塘、河流等水体，使水域生态系统富营养化，水体变绿、发臭、发黑、缺氧，水藻生长过旺，水生生物死亡，河流淤塞等。

重施化肥，轻施有机肥，造成氮肥施用量过多，有机肥缺乏，各种肥料施用比例不合理，氮、磷、钾施用比例失调，少磷缺钾现象普遍，因缺钾而限制了氮素利用率的提高。由于平衡施肥技术推广应用面和复合肥、专用肥应用面小，普遍偏施、重施单一化肥，导致化肥利用率降低，流失量增加，农业面源污染加重。由于化肥本身不具有改良土壤的作用，长期施用还会破坏土壤结构，造成土壤有机质含量偏低，土壤结构板结变劣，削弱了土壤的保水保肥能力，加大了化肥的流失量。由于受眼前利益的影响，农民对耕地只重用、不重养的习惯普遍存在，农家肥施用量逐年减少，土壤可耕性变劣，利用化肥追求高产，对土地进行掠夺式经营，严重破坏了土壤生态循环系统，造成土壤养分流失。

(2) 农业秸秆的无序利用

农业秸秆的无序利用也是农业非点源污染的来源之一。在我国，随着区域能源结构变化，农村用能中液化气、沼气、煤逐渐占据主要地位，秸秆直接用作薪柴的比例不断下降，农业秸秆在生活用能源中所占比例越来越小。多余秸秆的出路，一是就地焚烧，二是弃于田沟或推入河湖中。秸秆的焚烧污染大气环境，弃于田头或推入河湖的秸秆，通过风化、雨淋与腐烂，秸秆中的有机污染物流入水体对水体造成严重污染。

(3) 规模化畜禽养殖污染

畜禽养殖粪便污染是近年来农业产业结构调整带来的新的污染问题。在产业结构调整前，一家一户的小规模养殖粪便基本被农作物生长所消化、吸收，对生态环境的影响并不明显。小量的、季节性的、分散的养殖散户，虽然存在一些环境卫生问题，但并不能造成较大范围的水体污染，对周围环境和水体造成污染威胁的是具有一定规模的畜禽养殖场。随着农村规模化养殖的迅速膨胀，畜禽养殖规模越来越大，集约化和机械化程度越来越高，由此带来的环境污染问题也逐渐凸显出来。随着科技的发展，在经济利益的驱动下，养殖的规模和密度逐年加大，养殖场和养殖基地从牧区、农区向城市、城镇的周边大量转移，从人口相对稀少的偏远农村向人口稠密的城郊地区逐渐集中。由于养殖业废弃物量大、集中运输成本高、还田耗时费力，仅靠养殖场周边地区又难以消纳，局部地区畜禽粪尿的过量施用，往往造成土壤和地下水的污染，还导致大量的营养物流失。

我国每年产生畜禽粪污约 38×10^8 t，全国 90% 以上的畜禽养殖场没有污水处理系统，畜禽粪便大多直接被排入地表水，而很少作为肥料资源通过农田再利用，这样不仅浪费了养分资源，还污染了环境。

(4) 农村生活污水和垃圾

农村生活废物的随意排放也是农村面源污染的另一重要途径。我国的广大农村，特别是近年来在南方地区，人们习惯单家独户修建新房，这为农村生活废物的集中处理带来了相当大的困难。同时，随着农民生活水平的不断提高，农村生活废物的品种也变得多起来，许多地方将其直接排放到环境中，对环境造成直接和间接的影响，再通过降雨的径流作用形成新的农业面源污染。

(5) 水土流失

水土流失是指在水流作用下，土壤被侵蚀、搬运和沉淀的整个过程。在自然状态下，纯粹由自然因素引起的地表侵蚀过程非常缓慢，常与土壤形成过程处于相对平衡状态，因此坡地还能保持完整，这种侵蚀称为自然侵蚀，也称为地质侵蚀。在人类活动影响下，特别是人类严重破坏了坡地植被后，由自然因素引起的地表土壤破坏和土地物质的移动，流失过程加速，即发生水土流失。

水土流失不仅对土地资源造成破坏，而且导致携带了大量养分、重金属、化肥和农药的泥沙进入江河湖库，为水体富营养化提供营养物质，加重水体浊质，污染水体。据研究，水土流失已经成为我国氮、磷、钾污染的主要途径，水土流失严重的地方，往往土壤更为贫瘠，农民对化肥、农药的使用量更大，随水土流失进入水体的各种化学污染物质也更多。

9.2.1.3 农业面源污染对环境的影响

(1) 导致河流水质恶化与湖泊富营养化

由于过量施用化肥和农药，大量的氮、磷元素进入地表与地下水体，造成了水体的污染，甚至造成湖泊的富营养化，破坏水生生物的生存环境，阻碍水生生物的呼吸和觅食，引起水生生物猝死，从而导致水生态系统的失调。

20世纪60年代，我国的水体污染问题尚不突出，70年代以后，各大湖泊、重要水域的水体污染，特别是水体的氮、磷富营养化问题急剧恶化。重要的湖泊水体质量持续下降，五大湖中太湖、巢湖已进入富营养化状态，水质总氮、总磷指标等级已达劣V类。对洪泽湖、洞庭湖、鄱阳湖和一些主要的河流水域如淮河、汉江、珠江、葛洲坝水库、三峡库区等流域的调查发现，工业废水对总氮、总磷的贡献率仅占10%~16%，而生活污水和农田的氮、磷流失是引起水体富营养化的主要原因。在我国水体污染严重的流域，农田、农村畜禽养殖和城乡接合部地带的生活排污是造成流域水体氮、磷富营养化的主要原因，其贡献大大超过来自城市地区的生活点源污染和工业点源污染。对中国重要流域如滇池、五大湖泊、三峡库区的分析结果显示，自20世纪60年代以来，随着这些水域农田氮、磷肥料用量的大幅增加和畜禽养殖业的发展，氮、磷富营养化程度逐步升级，被称为水体污染"元凶"的磷素发生量在这些流域平均增加了12倍，折合为每公顷耕地平均发生量达243kg。

(2) 淤积水体，降低水体的使用功能

在降雨径流的作用下，易侵蚀地区的大量泥沙进入水体，不仅造成河床、湖泊水面升高，降低了水体的蓄水容量，同时由于径流携带了大量泥沙及有害物质，还将对水体的水质产生严重影响，破坏水生生物的生存环境。在我国，洞庭湖、太湖、白洋淀和青海湖等都由于水土流失导致水面缩小，大大降低了水体防洪、抗旱的功能，改变了水生生物的生存环境，降低了水体的使用功能。

(3) 污染饮用水源，影响人体健康

美国环境保护局的调查显示，全美1%公用供水井显示硝酸盐的存在，53%的家庭用水井显示硝酸盐的存在，2%饮用水井的硝酸盐含量超过安全用水标准规定。氮、磷等营养元素是污染河流和湖泊的重要污染物。我国许多地区特别是农业集约化程度高、氮肥用量大的地区，已面临着严重的地下水硝酸盐污染问题。

我国许多城市地下水是重要的饮用水资源，目前集约化种植的农田主要集中于人口密集的城市周边地区，地下水硝酸盐污染已经对这些城市的饮用水安全造成了严重威胁。

(4) 污染土壤，导致农产品质量下降

农药的施用是保证农业稳产、丰收必不可少的条件之一。有资料表明，世界范围内因使用农药所避免和挽回的农业病、虫、草害损失占粮食产量的1/3。土壤既是农药大环境中的储藏库，也是农药在环境中的集散地。田间施药时，大部分农药将直接进入土壤环境，喷洒时附着在农作物上的农药经雨水冲淋也进入土壤中。受农药污染的水体灌溉及地表径流也是造成农药污染土壤的原因。

一般意义上的土壤农药污染是指有机氯残留污染，而土壤中的有机磷由于极不稳定，残留时间一般只有几天或几周，从而容易被忽视。事实上，土壤有机磷污染范围很广，污染形势也不容乐观。大量研究表明，被有机磷农药长期污染或污染较重的土壤会出现明显的酸化、养分减少、容量增加、总孔隙度变小以及结构板结等特征。另外，有机磷农药的大量施用还会对农田和生态系统的结构和功能产生负面影响，通过食物链进入人体，将严重威胁人类的健康。有机氯农药在环境中不易分解，性质极稳定、水溶性低、脂溶性高且传播范围广，已经广泛存在于空气、水体、河流底泥、土壤、地下水、食物和生物体中。近年研究发现，部分有机氯农药具有内分泌干扰性，从而引起了人们的广泛关注。

9.2.1.4 农业面源污染的生态防治技术与对策

目前，世界上一些发达国家和地区已把控制农业面源污染作为水质管理的主要组成部分，根据农业面源污染的组成，其解决措施主要从两个方面入手：一是减少源头污染量，即减少化肥、农药的施用量，科学合理处理养殖场畜禽粪便及有效控制其他有机或无机污染物质；二是减少湖泊流域污水流入量，即减少地表径流和地下渗漏量，采取减少农田排水，进行流域水土保持和其他生态治理等有效措施。

(1) 政策与管理

加强农业面源污染的政策管理力度，走生态农业的道路是农业面源污染治理的关键。首先，从经济手段上采取措施，考虑对农用化肥、杀虫剂征税，以鼓励纳税人减少对环境有损害的工序或活动，引导产业转型。其次，要加强宏观规划，做好市、区的环境保护规划，重视小城镇环境管理措施的制定和环境保护机构能力的建设，出台各种有效的环境管理政策措施，建立环境保护工作的公众参与机制。最后，控制养殖业发展规模，加强污水灌溉的研究和管理，建立健全污水灌溉的规范化管理体系。

(2) 技术措施

①精细耕作与平衡施肥：精细耕作，即基于具体地点的管理，是一种比较新型的实用技术，引起了广泛关注。它是指将一大片田地划分成众多小块区域，并为不同区域制订相应的生产投入计划。通过该技术可以降低投入在种子、水和化学物质上的费用，提高农作物的总产量，并通过使农业投入与特定的农产品需求相匹配，减少农业对环境的影响。实验表明，复合肥造粒后可增强养分缓释性，减少养分流失，在增产5%~10%的情况下，氮素利用率可提高21.9%，旱作施用磷肥比水作施磷可减少90%的流失量。氮肥超量施用以及氮、磷、钾比例失衡会降低作物对化肥的利用率，增大淋溶和径流引起的氮磷损失。根据土壤条件、作物种类将氮肥分次施用并将施氮量控制在合适的施用范围，推广应用"平衡施肥技术"，提倡使用复合肥、专用配方肥，这样既能满足各种作物对养分的需求，又起到改良土壤、培肥地力的效果；增施有机肥，提倡秸秆还田。土壤有机质不仅能提高土壤的保肥性，还可以增强土壤微生物的数量和活力，利用土壤微生物先将氮肥同化，然后再缓慢释放，提高氮肥的利用率，减少氮污染。流域内大量的农作物秸秆是丰富的有机肥源，目前大量的秸秆被焚烧，不仅

造成大气污染，而且焚烧后残物又随水流入水体，对水体造成了污染。提倡秸秆还田不仅能增肥地力，而且可以减少空气污染和水污染，应大力提倡。

②大力发展生态农业：早在20世纪80年代初，我国就提出了"建设有中国特色的生态农业"的发展思路，在我国的广东等省开展了大量生态农业理论研究工作。它以发展大农业为出发点，按照整体协调的原则，实行农、林、牧、副、渔统筹规划、协调发展，并使各业互相支持，从而实现农业持续、快速、健康发展。实践证明，大力发展生态农业可使农业资源得到高效、合理的利用，减少因施农用化学物质造成的环境污染，实现农业的清洁生产。在有条件的地区，可以发展稻田养鱼模式，其主要形式有两种：一是稻鱼兼作，即种稻和养鱼同时在一块稻田内进行，这是山区进行稻田养鱼的主要形式；二是稻鱼轮作，即种稻时不养鱼，养鱼时不种稻。大力发展畜-沼-果（茶）技术，即在果（茶）园内设猪舍或鸡舍，并配建沼气池，利用畜禽粪便经沼气池厌氧发酵，产生沼气供农户作为生活燃料，沼渣、沼液作为果树或茶树的肥料。积极推行立体种植模式，即利用生态位及种间互利共生原理，在同一土地面积上根据生物不同的生长特点，采取分层种植方式，充分利用空间及光、温、水、气、养分资源，提高叶面积指数，达到增产增收的目的。

③农业面源流失的生态拦截技术：采用生态沟渠、生态湿地、生态隔离带等技术，同时开展面源污染控制最佳措施体系的研究和示范工作，尤其是开发适合农村及农田污染物控制的生态技术，吸取各地区发展绿色农业的经验，利用已有的生态县（市）作为改进面源污染控制政策和实践的试点地区，发展以控制地表径流为主的污染物生态拦截技术。

第一，发展生态田埂技术。农田地表径流是农田污染物流失的主要途径之一，由于其量大、面广，控制起来具有较高的难度。目前，农田田埂的高度一般只有20cm左右，遇到较大的暴雨，很容易冲毁田埂，暴雨径流携带大量的氮、磷等物质进入水体造成水体水质恶化或引起湖泊富营养化的发生。根据估计，我国的太湖地区，在目前田埂的基础上加高10~15cm，就可以有效防止30~50mm降雨时的地表径流，从而可减少大部分的农田地表径流；同时，在田埂的两侧可栽种植物，形成隔离带，在发生地表径流时可有效阻截养分流失。

第二，发展生态沟渠技术。在我国经济发达地区，大部分农田沟渠均采用硬质化技术，产生的地表径流通过硬质化渠道直接排放到河流中，造成河流的水质污染。因此，将现有的硬质化沟渠改为生态型沟渠，即在硬质板上留适当的孔，使作物或草能够生长，既能吸收渗漏水中的养分，也能吸收利用径流中的养分，对农田流失的养分进行有效拦截，达到控制养分流失和利用养分的目的。同时，在沟渠的中央可布置一定的植物带，减缓水流速度，延长滞留时间，提高植物对养分的利用效率。

第三，发展生态型人工湿地技术。人工湿地是20世纪70年代发展起来的一种污水处理技术，与传统的二级生化处理相比，人工湿地具有氮磷去除能力强、投资低、处理效果好、操作简单、维护和运行费用低等优点。如果在湿地内选择种植去除氮、磷能力高，有具有一定经济性的植物，既可净化废水，又可为植物生长提供必需的营养元素，经济植物的收获还可创造一定的经济效益。在暴雨期间，人工湿地可输运和储存大量的雨水，减小雨水对土地的冲刷，并可去除雨水中绝大部分污染物，大大减轻了对后续水体的污染。干旱季节湿地还可为多种生物提供良好的栖息地。

目前，采用较多的是潜流型人工湿地。在潜流湿地系统中，污水在湿地床的内部流动，一方面可以充分利用填料表面生长的生物膜、丰富的根系及表层土和填料截流等的作用，以提高其处理效果和处理能力；另一方面由于水流在地表以下流动，故具有保温性能好、处理效果受气候影响小、卫生条件较好的特点。植物是湿地中必不可少的一部分，它们通过自身的生长及参与湿地内的物理、化学、生物等作用，去除湿地中的营养物质。植物还可以延长水在湿地内的停留时间，沉淀悬浮颗粒，为微生物的生长提供可依附的表面。湿地植物的选择应尽量考虑增加湿地生态系统的生物多样性。生态系统中的物种越多、结构越复杂，其稳定性越高。研究表明，季节性挺水植物比一年生植物沉水植物具有更高的去除营养物的能力。湿地系统作为一种投资少、工艺简单、能耗低、维护管理方便的农业面源污染控制系统，与我国的国情十分吻合。它不仅可以有效地去除氮、磷等污染物，还为各种生物提供了良好的栖息地，湿地内的植物收获后还可获得一定的经济效益，在我国尤其是广大城镇和农村地区具有良好的应用前景。

9.2.2 农村面源污染的来源和控制技术

9.2.2.1 农村面源污染来源及其危害

(1) 农村生活垃圾

随着农村经济的发展和城镇化进程的加快，农村垃圾由过去易自然腐烂的菜叶瓜皮发展为由塑料袋、建筑垃圾、生活垃圾、农药瓶和作物秸秆、腐败植物组成的混合体，成分复杂，其中许多东西无人回收，不可降解。生活垃圾中蔬菜叶等新鲜有机物可堆腐垃圾约占55%，废品约占30%。垃圾产生量与组成的季节性波动明显，在春节前后和七八月间，垃圾产生量相对较大，易堆腐的垃圾成分所占比例也较高。调查发现，在苏南河网地区，有2/3的生活垃圾被直接堆放在河道边。由于该地区雨热同期，垃圾易腐败释放出溶解性有机碳、氮和磷从而进入水体。据实验研究，进入水体中的垃圾可在2~6个月内释放出几乎全部有机氮、磷。堆积垃圾在1年内也可释放出几乎全部营养物质。同时，垃圾中的惰性组分在河道中积存，也恶化了水体自净的物理条件，进一步加重水体污染。

(2) 畜禽养殖业

目前，畜禽养殖业已成为农民致富的主要途径，但由其排放的污染物也成为农村面源污染物的主要来源之一。农村户均产生人畜粪便61kg，是城镇的17倍。与速效化肥相比，施用畜禽粪便入田作肥料的比例不断下降。据调查，仅有49%的畜禽粪便得到利用，其余皆与生活污水一样以污水形式直接排入沟渠，汇流入湖。特别是近湖、沿湖农村，污水直接排入湖泊，成为农村面源污染的主要污染源，占全流域总氮、总磷、有机质污染负荷的35%以上。

畜禽养殖业排放废水污染浓度极高，畜禽养殖业在排放大量有机污染物的同时，也排放大量的氮、磷等营养盐，污染物排放负荷较大，对地表水、地下水、土壤和空气造成严重的污染，甚至还会造成传染病和寄生虫病的蔓延。

(3) 农村污水

农村污水包括生活污水、生产污水和村内地表径流水。近年来，随着农村饮水工程的建设,大多数农村皆已使用上了自来水,农村生活污水排放量大幅增长,是农村面源污染的主要来源之一。与城镇生活污水相比,农村生活污水因常清洗生产工具等,污染负荷相对要高,加上混合了农村垃圾的地表径流水和养殖业生产废水,农村污水在数量上和污染负荷上均远高于城镇污水。另外,农村由于无卫生设施或卫生设施不健全,无完整的生活污水收集系统,生活排水大都是随处泼洒,而粪尿污水则通过管道排入化粪池或直接排入河道。目前,农村污水处理基本是空白状态,大量未经处理的污水直接外排,向水体输送污染物,加速了水体富营养化的进程。

(4) 农业秸秆

秸秆作为一种可再生资源,全球年产总量可达 100×10^8 t 以上。农作物秸秆是重要的资源,就全球而言,目前尚有89%的农作物秸秆未被利用。在亚洲每年产出 5.6×10^8 t 的稻草秸秆,占世界产量的90%。据有关资料统计,我国每年产生近 7×10^4 t 秸秆。而我国农作物秸秆的综合利用率并不高,被焚烧或被弃乱堆的数量占一半以上,浪费严重。秸秆焚烧会产生大量的 CO、CO_2、NO_x 等气体,造成严重的大气污染;由于焚烧的秸秆并未完全变干,含有水分,所以燃烧起来浓烟弥漫,遮天蔽日,若是在机场、高速路、铁道附近焚烧秸秆,则会影响飞机起落和车辆的正常行驶,严重的则会引发交通事故,危及人身和财产安全;另外,秸秆焚烧的同时,还烧焦了土壤,驱散了水分,土壤有机质变少,导致土壤板结,破坏土壤团粒结构,对农业的可持续发展极为不利。

(5) 农膜

用塑料膜覆盖土地已成为农民耕作的一道重要工序,给农民的生产活动带来了极大的好处。然而,这样的好处是以损害环境为代价的。由于聚乙烯等塑料原料是人工合成的高分子化合物,分子结构非常稳定,很难被自然界的光和热降解,也不能被细菌和酶进行生物降解。因此,塑料膜散落在农田里会造成永久性污染。目前,我国年产农用地膜达百万吨,且每年以10%的速度递增,随着用量的增加,残留在田间地头、河流中的塑料农膜废弃物必将日益增多。

残留地膜对土壤物理性质有明显的影响。土壤渗透是自由重力水向土壤深层移动的现象。由于土壤中的残膜碎片改变或切断了土壤空隙的连续性,增大了空隙的弯曲度,致使重力水移动时产生较大的阻力,向下移动较为缓慢,从而使水分渗透量因地膜残留量增加而减少。土壤含水量下降,消减了耕地的抗旱能力。另外,残膜还会造成灌水不均匀和养分分配不均,土壤通气能力较弱,影响土壤微生物活动和正常土壤结构的形成,最终降低土壤肥力水平。由于残膜破坏了土壤理化性质,造成作物根系生长发育困难。凡留有残膜的土壤,作物根系串通必然受到阻碍,影响作物正常吸收水分和养分;大块残膜会阻碍根系吸收肥料,影响肥效,致使产量下降。

9.2.2.2 农村面源污染控制技术

(1) 沼气技术

沼气是由微生物产生的一种可燃性混合气体,其主要成分是甲烷,大约占60%,其次是 CO_2,大约占35%,此外还有少量其他气体,如水蒸气、硫化氢、一氧化碳、氮气等。不同条件下产生的沼气,成分有一定差异。例如,人粪、鸡粪、屠宰废水发酵时,所产沼气中的甲烷含量一般为55%左右。沼气发酵过程中除产生沼气外,还产生一些其他物质,这些物质的种类、浓度变化较大,它们存在于发酵料液中,这些物质通常均可作为农业肥料或饲料,对农业生产有很好的作用。

沼气发酵既是一个生产能源的过程,也是一个造肥的过程,还是一个杀灭病菌的过程。在这一过程中,一方面,通过有机肥厌氧发酵产生甲烷,获得清洁能源;另一方面,人畜粪便等通过发酵,不仅保存了农作物生长所需的氮、磷、钾和微量元素,还产生了丰富的氨基酸、B族维生素、各种水解酶、生长素,同时杀灭病菌。

沼气综合利用对促进生态农业建设、保护农业生态环境的作用主要表现在以下几个方面。首先,沼气工程是生态农业的组成环节。在以禽、畜为主体的生态农业建设中,需要用沼气技术来消除生产过程中产生的有机废弃物,以实现生物质能的多层次循环利用,实现无污染、无废弃物生产,从而达到发展生产、净化环境的目的。其次,沼气综合利用能积极参与生态农业中物质和能量的转化,为废弃物、污染物的无害化处理、资源化利用,以及系统能量的合理流动提供条件,保证了生态农业系统内能量的逐步积累,增强了生态系统的稳定性。第三,沼气综合利用还可增加生态系统环节,延长系统的食物链,从而拓宽了有机质能量的循环利用途径,优化了生态系统的内部结构,进一步增强生态农业系统内物质循环和能量流动的基础。总之,沼气的综合利用,不仅能保护与增值自然资源,加速物质循环与能量转化,发展无废料、无公害农业,而且能为人类提供清洁的食品,为农业提供优良的生态环境。

(2) 堆肥技术

堆肥技术是我国民间处理养殖场粪便的传统方法。垃圾的堆肥处理主要依靠自然界广泛分布着的细菌、真菌、放线菌等微生物的作用。在合适的温度、湿度、pH值等条件下,废弃物在这些微生物的作用下分解,向较为稳定的腐殖质转化,病原微生物被杀灭,有益微生物自身同时得到繁殖,这个过程的最终产品是腐熟的堆肥。好氧分解能快速有效地分解有机物,因此,现代堆肥的方法基本上都采用好氧堆肥的方法。

堆肥作为传统的生物处理技术,经过多年的改良和纯化,现正朝着机械化、自动化、规模化、商品化方向发展。目前,国内外专业技术人员已将堆肥发酵时间由原始自然堆沤的超过300d,缩短到目前的30~50d,甚至更短的时间,而且设备使用效率提高。尤其是近年来,日本科学家将堆肥发酵微生物作为研究对象,开发出一系列堆肥发酵特殊微生物,使堆肥效率明显提高,并且避免了传统堆肥过程中散发的臭味和发生的霉变,对环境造成的二次污染。

(3) 污水简易处理技术

①接触水解酸化-生物接触氧化工艺:该工艺在水解酸化-好氧接触氧化工艺的基础上,在水解酸化池中增设填料,采用接触式反应器等形式,提高水解酸化的效果。适合于5000m^3/d规模以下的污水处理。

②水解酸化-潜流型人工湿地工艺:潜流型人工湿地工艺具有处理效果好、运行稳定可靠等优点。处理规模根据需要可大可小,污水水源可就地收集、就地处理和就地利用;取材方便,便于施工,处理构筑物、处理设备少;由于植物池内种植的是湿地植物,选择合适的植物品种可以美化环境,改善地面景观,运行管理,只需要少量人工进行简单的操作和维护管理;由于人工湿地工艺无须曝气、投加药剂和回流污泥,也没有剩余污泥产生,因而可大大节省运行费用;处理效果好,处理后的水可作为饮用水水源和排入景观用水的水库或河流中。适合于规模3000m^3/d以下的污水处理。

③地埋式无动力污水处理工艺：该装置的主要特点是无动力，无须专人管理，不需要运转及维修费用，利用自然落差维持正常运行，因此建成后，除清掏外，平时无须人工管理。该装置的工艺共分为以下3个阶段。

第一阶段：厌氧消化。污水依据重力流，自流进入厌氧消化池，在此阶段，有机物进行沉淀和不完全分解，在无氧条件下，经驯化后的厌氧微生物对有机物进行厌氧分解。调试正常运行后，表面浮渣层逐步形成、增厚，有机物质分解处于厌氧状态，通过自然发酵将有机物降解，使部分大分子有机物分解为小分子有机物，便于有机物在滤池中进一步得到降解。

第二阶段：厌氧生物过滤。其采用的是上流式生物滤池，即经厌氧消化池的污水自底部进入厌氧生物滤池后，通过配水系统进入滤料层，依靠滤料表面生长的大量的厌氧生物膜，对有机物进行吸附和分解。

第三阶段：生物接触氧化。设计中，此阶段依靠工艺中的一整套气路系统，无动力供氧，而实现生物接触氧化。在好氧沟后增设吸附池，吸附池内加入了吸附性能良好的活性炭和焦煤，其作用是吸附处理水中悬浮物，脱色、去臭。

④厌氧-兼氧无能耗污水生物净化处理系统：该系统是无能耗解决农村污水的最有效办法。该系统以厌氧消化工艺为主体，利用生物膜、生物滤池等手段进行兼氧、好氧分解，辅以生物氧化塘做深度处理，通过多级自流、分段处理、逐级降解的形式处理村内汇集来的农村污水，整个处理过程利用重力自然推流，不耗用动力。由于采取厌氧消化工艺，污泥减量明显，一般3~5a清掏1次，运行费用低、维护管理简便。厌氧-兼氧无能耗污水生物净化处理系统一次性投资较大，但相对于环保系统流行的A^2/O和AO污水生物净化处理系统，投资要小得多，效果却差不多。该系统污水处理量一般为50~500m^3/d，污水滞留期一般设计为5d，每立方米容量的建造成本约3500元。

(4) 秸秆综合利用技术

①秸秆还田利用：秸秆还田是秸秆主要的利用方式之一，目前，通过对秸秆还田技术和配套操作规程等方面的研究，秸秆直接还田在我国已有了一定面积的推广应用。秸秆还田后，土壤中氮、磷、钾等养分都有所增加，尤其是速效钾的增加最明显，土壤活性有机质也有一定的增加，对改善土壤结构有一定作用。实践证明，秸秆还田能有效增加土壤的有机质含量，改良土壤、培肥地力，特别是对解决我国氮、磷、钾比例失调的矛盾具有十分重要的意义。

秸秆还田利用技术分为秸秆直接还田利用和秸秆堆沤还田利用两种方法。秸秆直接还田是主要的利用方式之一，包括利用机械粉碎翻压、稻草覆盖和高留茬等形式。秸秆堆沤是以高温堆肥为主，利用广泛存在的微生物对有机物的固化作用，通过控制温度(50℃以上7d)、水分(65%以上)，调节碳氮比(加入0.5%的尿素)堆腐而成。

②秸秆饲料化利用：秸秆的粗纤维含量高，一般在31%~45%；蛋白质含量低，一般平均为3%~6%；矿质含量低，并缺乏动物生长所需的维生素A、维生素D，以及铜、硫、钠等矿质元素等；可消化能值也低，不能直接用作饲料。但如果将它们进行适当处理，即可大大提高其营养价值和可消化性，具体方法一般有微生物处理和饲料化加工两类。

第一类：微生物处理。一般来讲，秸秆中都含有碳水化合物、蛋白质、脂肪、木质素、醇类和有机酸等，这些成分大都可被微生物分解利用。这些微生物含有较多的蛋白质和丰富的维生素，加到动物饲料中可大大提高饲养效果。

第二类：饲料化加工。主要利用薯类藤蔓、玉米秸秆、豆类秸秆、甜菜叶等加工制成氨化、青贮饲料。氨化的原理是利用氨溶于水中形成强碱氢氧化铵的特性使秸秆软化，使秸秆内部木质素纤维膨胀，从而提高秸秆的通透性，便于消化酶与之接触；氨与秸秆有机物产生作用，生成铵盐和络合物，使秸秆的粗蛋白质从3%～4%提高到8%以上，从而大大提升秸秆的营养价值。青贮是利用微生物的乳酸发酵作用，达到长期保存饲料营养特性的一种方法。青贮过程的实质是将新鲜食物紧实地堆积在不透气的容器中，通过微生物的厌氧发酵，使原料中所含的糖分转化成有机酸，主要是乳酸，当乳酸在青贮原料中积累到一定程度时就能抑制其他微生物的活动，防止原料中的养分被微生物分解破坏，从而很好地将原料中的养分保留下来。

③作为生产原料利用：秸秆较多地应用于造纸和编织、食用菌生产等行业，近年又兴起了秸秆制炭技术、纸质地膜、纤维密度板等。利用作物秸秆等纤维素废料作为原料，采用生物技术的手段发酵生产乙醇、糖醛、苯酚、燃料油气、单细胞蛋白、工业酶制剂等。

9.3 生态农业

9.3.1 我国生态农业现状

从20世纪50年代末期我国实行了农业集体化后，又提出了农业机械化、电气化、水利化、化学化的农业"四化"设想，并认为农业的根本出路在于机械化。到70年代末期，随着认识的深化，"机械化、科学化、社会化"又被列为我国农业现代化的基本标志，并强调我国农业现代化必须从人多耕地少、人均农业自然资源不足、自然与经济条件复杂、资金不足和农民文化水平低等国情的特点出发，由长期单一的种植方针，即"以粮为纲"，转变为"多种经营，全面发展"，走综合发展之路。80年代初，农业生态学原理渗入到农业现代化的过程中，引起了认识上的飞跃。人们看到，发达国家的石油农业的生产效率虽然很高，但同时在能源、环境、资源等方面产生了不少严重问题。而我国在农业生产取得巨大成就的同时，由于忽视了生态经济规律，也正面临森林破坏、水土流失、江河淤积、草原退化、土地沙化、水资源紧张、地力下降、能源短缺、环境污染、人口剧增、农产品市场枯萎等一系列难题，有的地区还相当严重。严峻的现实迫使人们不得不对我国农业的未来做出科学的抉择，即要建立一种适合我国国情的新型农业体系，并开展了广泛的讨论，提出了很多对我国未来农业发展的设想，其中尤以建设有中国特色的生态农业的主张，引起了不少专家学者的重视和有关部门的关注。党和政府提出了我国生态农业的发展方向，强调我国农村只有走农、林、牧、副、渔全面发展，农、工、商综合经营的道路，才能保持农业生产的良性循环，提高经济效益。

9.3.2 生态农业的发展趋势

9.3.2.1 生态农业产业化

21世纪全球经济生态化、知识化的趋势，决定了生态产业是产业革命的必然结果。

同样，21世纪的农业现代化发展方向也必然使农业现代化被纳入生态合理的轨道，以可持续发展为基础。当前，我国农业存在的社会效益与经济效益的矛盾、分散农户与大市场的矛盾、市场和自然资源双重约束的极大矛盾并没有完全解决，而农业生产从数量向品种、质量转化，产值贡献弱化、市场贡献以及农业环境贡献功能增大的现实，决定了发展生态农业，特别是生态农业产业化的必要性。

9.3.2.2　规范生态农业生产行为

生态农业应通过规范农业生产行为，坚持农业生产的全过程控制才能达到其目标。在源头，通过生态工程建设、环境治理，创造良好的农业生产条件，生产过程中要通过推广生态农业模式、生态农业技术，实现物质良性循环利用、清洁生产，提高农产品的质量与安全性；通过标准控制及检测，保证向市场提供无公害、绿色或有机食品，提高产品的品牌价值和信誉度，建设完善的市场与流通体系，维护生产者的利益。

9.3.2.3　将高科技融入生态农业

生态农业技术开发的重点是增加高科技含量，为完善与健全"植物性生产、动物转化与微生物还原"的良性循环的农业生态系统，开发、研究以微生物技术为主要内容的接口技术已成为突破口。运用系统方法科学合理地优化组装各种现代生产技术，通过规范农业生产行为，保证农业生产过程不破坏农业生态环境，不断改善农产品质量，实现不同区域农业可持续发展目标。其中，在寻求生态经济协调发展及以市场竞争力为主导的同时，建立新型的生产及生态保育技术、系统技术规范，环境与产品质量保证控制监测体系，建立与完善区域及宏观调控管理体系。

9.3.2.4　可持续发展的网络型生态农业产业

农业现代化的方向必然要走农业产业化之路，形成农业可持续发展的网络型生态农业产业是当前生态农业建设的热点。生态农业产业化只有在建立相应完善、可行的生产技术规范、质量管理标准、产品生产控制与监测体系的前提下，才有可能实施规模化、专业化生产。这也决定了现代生态农业技术体系必然以提高土地产力、土地产值及增加收入为前提，以保证农产品安全、实现资源可持续利用为目标。

9.3.3　农业生态园

农业生态园采用生态园模式，进行农业的布局和生产，将农业活动、自然风光、科技示范、休闲娱乐、环境保护等融为一体，实现生态效益、经济效益与社会效益的统一。

9.3.3.1　农业生态园规划原则和指导思想

(1) 因地制宜，综合规划设计

生态园规划应充分考虑原有农业生产的资源基础，因地制宜，搞好基础设施建设，如交通、水电、食宿及娱乐场和度假村的进一步建设等。另外，生态园规划必须结合生态园所处地区的文化与人文景观，开发出具有当地农业和文化特色的农副产品和旅游精品，服务社会。

(2) 培植精品，营造主题形象

基于观光农业生态园缺乏拳头产品、难以深度开发的现状，生态园规划应以生态农业模式作为园区农业生产的整体布局方式，培植具有生命力的生态旅游型观光农业精品。另外,要发挥生态园已有的生产优势,采用有机农业栽培和种植模式进行无公害蔬菜的生产,体现农业高科技的应用前景,形成产品特色,营造"绿色、安全、生态"的主题形象。

(3)兼顾效益,实现可持续发展

生态园的规划设计以生态学理论作为指导思想,采用生态学原理、环境技术、生物技术和现代管理机制,使整个园区形成一个良性循环的农业生态系统。经过科学规划的生态园主要以生态农业的设计来实现其生态效益;以现代有机农业栽培模式与高科技生产技术的应用来实现生态园的经济效益;以农业观光园的规划设计来实现它的社会效益。经济效益、生态效益、社会效益三者相统一,建立可持续发展的观光农业生态园。

9.3.3.2 观光农业生态园规划

通过科学规划设计,现代化的观光农业生态园应该是一个具备多种功能的生态农业示范园、观光农业旅游园、有机农业绿色园,以及科普教育和农业科技示范园,从而实现生态效益、经济效益和社会效益三者的统一。

(1)生态农业示范园

观光农业生态园设计采用多种生态农业模式进行布局,目的是通过生态学原理,在全园建立起一个能合理利用自然资源、保持生态稳定和持续高效生产的农业生态系统,提高农业生产力,获得更多的粮食和其他农副产品,实现可持续的生态农业,并对边缘地区的农业结构调整和产业化发展进行示范,体现生态旅游特色。

(2)观光农业旅游园

观光农业旅游园规划将紧紧围绕农业生产,充分利用田园景观、当地的民族风情和乡土文化,在体现自然生态美的基础上,运用美学和园艺核心技术,开发具有特色的农副产品及旅游产品,以供游客进行观光、游览、品尝、购物、参与农作、休闲、度假等多项活动,形成具有特色的"观光农业旅游园"。

(3)有机农业绿色园

在"绿色消费"已成为世界总体消费的大趋势下,生态园的规划应进一步加强有机绿色农产品生产区的规划,采用洁净生产方式以有机栽培模式生产有机农产品,并注重将有机农产品向有机食品转化,形成品牌。

(4)科普教育和农业科技示范园

通过在园区内建设农业博物馆、展示厅等,对广大游客和中小学生开展环保教育和科普教育。同时应当前中国农业发展及农业结构调整的需要,把园区规划成农业技术交流中心和培训基地,以及大专院校学生实习基地,体现观光农业生态园的旅游科普功能,进一步营造旅游产品的精品形象。

9.3.3.3 生态园整体规划方案

(1)生态园功能分区规划

依据资源属性、景观特征性及其现存环境,在考虑保持原有的自然地形和原生态园的完整性的基础上,结合未来发展和客观需要,规划中应采取适当的设计实现园内的功能分区。以广东惠东永记生态园为例,介绍生态农业示范区、观光农业旅游区和科普教育功能区因地制宜地设计方案。

(2) 生态农业示范区

生态农业示范区是生态园设计的核心部分，它是生态园最主要的效益来源和示范区域，是生态园生存和发展的基础。生态农业示范区的规划设计应以生态学原理为指导，遵循生态系统中物质循环和能量流动规律，园区设计所采用的生态农业类型中既包含生产者、消费者，也要包括分解者。例如，在永记生态园的新规划中，稻田生态区"动植物共生系统"式的生态农业类型，采用稻鱼鸭萍种养共生模式；果园生态区采用"立体种植业"式的生态农业类型和果园结合养殖的模式；鱼塘生态区设计采用"食物链、加工链式生态农业"类型和猪鸭鱼草相结合的种养模式。这些生态农业类型都充分利用了多种生物的共生关系，将各生态元素以食物链的形式串在一起，相互转化，充分利用能量和物质，由此形成良性物质能量的生态循环，体现较高的生态效益和经济效益。

另外，为了提高生态园的经济效益，生态园中蔬菜栽培区采用大规模产业化的生产模式。不仅有生产效益高、产业带动性强和集中性统一的优点，还能对其他农业产业化企业起到示范性和参考性的作用。花卉栽培区主要生产各种食用性和观赏性花卉，供游人品尝、欣赏和消费。食用菌中心在生态园规划中既是生产者，又是分解者，体现了废物充分利用的功能。经过科学规划后的生态园，将会以生态农业作为生态园主要的"生态旅游"核心内容，体现"绿色、生态、示范"等多种功能，可以成为观光农业生态园的旅游精品和主导产品。

(3) 观光旅游区域

进入21世纪，伴随着人类生产、生活方式的变化及乡村城市化和城乡一体化的深入，农业已从传统的生产形式逐步转向景观、生态、健康、医疗、教育、观光、休闲、度假等方向，所以生态热、回归热、休闲热已成为市民的追求与渴望。生态园新设计着重把农业、生态和旅游业结合起来，利用田园景观、农业生产活动、农村生态环境和生态农业经营模式，吸引游客前来观赏、品尝、习作、农事体验、健身、科学考察、自然教育、度假、购物等。突破固定的客源渠道，以贴近自然的特色旅游项目吸引周边城市游客在周末及节假日做短期停留，以最大限度利用资源，增加旅游收益。

生态园规划以充分开发具有观光、旅游价值的农业资源和农业产品为前提，以绿色、健康、休闲为主题，在园内建设花艺馆、野火乐园、绿色餐厅、绿色礼品店、农家乐活动园、渔乐区、农业作坊、露天茶座、生态公园、天然鸟林等休闲娱乐场所，让游客在完美的生态环境中尽情享受田园风光。

(4) 科普教育功能区

观光农业和农业科普的发展是相统一的，旅游科普是观光农业和农业科普的统一体。旅游科普以现代企业经营机制，开发农业资源，利用农业资源的新兴科普类型。它的引入将解决目前困扰我国现代观光农业和科普事业发展的诸多瓶颈问题，缓解我国农业科普客体过多的沉重压力，为我国农业和科普事业的发展营造良好的环境。

旅游科普规划时应遵循知识性原则、科技性原则、趣味性原则，例如可以通过在生态园中设立农业科普馆和现代农业科技博览区等科普教育中心，向游人介绍农业历史、农业发展现状，普及农业知识和加强环保教育。还可在现代农业科技博览区设立现代农业科技研究中心，采用生物工程方法培植各种农作物，形成特色农业。这样生态园一方面可以为当地及周边地区的科普教育提供基地,为大中院校和中小学生的科普教育提供场所,同时也能为各种展览和大型农业技术交流、学术会议和农技培训提供场所。

9.3.3.4 生态园中的其他规划

(1)园路规划

依照园林规划设计思路,从园林的使用功能出发,根据生态园地形、地貌、功能区域和风景点的分布,并结合园务管理活动需要,综合考虑,统一规划。园路布局既不会影响园内农业生态系统的运作环境,也不会影响园内景区风景的和谐和美观。园路布局主要采用自然式的园林布局,使生态园内景观美化自然而不显庄重,突出生态园农业与自然相结合的特点。园林主干道宽约5m,用于电车行驶和游人集散;次干道连接到各建筑区域和景点;专用道为园务管理使用;游步道和山地单车道主要围绕生态公园而建,宽1.2~2m。

(2)给水排灌工程规划

生态园以生产有机农产品为主,园内农业生产需要完善的灌溉系统,同时考虑到环保及游人、园工的饮用需水,进行系统的给水排水规划。规划中主要利用地势起伏的自然坡度和暗沟,将雨水排入附近的水体;一切人工给水排水系统,均以埋设暗管为宜,避免破坏生态环境和园林景观;农产品加工厂和生活污水排放管道接入城市活水系统,不得排入园内地表或池塘中,以避免污染环境。

(3)园区绿化设计

生态园内的绿化设计,均以不影响园内生态农业运作和园内区域功能需求为基础,结合植物造景、游人活动、全园景观布局等要求进行合理规划。全园内建筑周围平地及山坡(农业种植区域除外)绿化均采用多年生花卉和草坪;主要干道和生态公园等辅助性场所(餐厅、科普馆等)的周围绿化则采用观花树、观叶树为主,全园内常绿树占总绿化树木的70%~80%,落叶树占20%~30%,保证园内四季常青。总之,全园内植物布局目的,既要达到各景区农业作物与绿化植物的协调统一,又要避免产生消极影响(如绿化植物与农作物争夺外界自然条件等)。

9.3.3.5 农业示范园范例

(1)惠州永记高科技农业生态园

永记生态园位于广东省惠东县大岭镇,于1997年由香港永记食品集团独家投资兴建,投资额超过千万美元,占地面积1000余亩,是惠州重点旅游项目之一。于2004年1月12日正式对外开放试营业,通过引进各种外国先进的高科技农业技术,大力发展高科技农业、环保农业、园林农业、观赏农业,处于全国领先水平。各式各样的外国品种蔬果直销海外,其农业不断走向国际化、网络化、专业化、多元化,成为中国农业的模范先锋。

永记生态园是惠州唯一一所集教学、会议、旅游、休闲、度假、娱乐、服务于一身的现代化生态农庄。通过引进外国高科技农业技术,并按照自然生态平衡的模式管理,进一步拓展了生态农业、观光农业的功能,完完全全成为国际级的生态示范园区。

永记生态园采用高科技种植各式各样国内罕见的外国绿色蔬菜,产品销往海外各地。同时,其还是惠东县中小学生的环保教育基地,华南农业大学、惠州农业学校和惠州旅游学校的校外实习基地。永记生态园所有景观设施项目均采用澳大利亚直接进口的开放式建筑设计,具有浓厚的外国风情。永记生态园环境质量高,自然风光优美,全园均按国家级风景区的标准建造,突出欧式农庄特色,在青山碧水中,各种配套设施先进完善,是尽享休闲和美食的最佳场所。

高科技温室种植教育区,数十座大型温室,先进的自动调控装置及无土栽培系统,培植全球各种无公害蔬菜,色彩缤纷。外国蔬菜种植培育区,过百种外国名优蔬菜,展现海外高科技农业文化。全天候多功能用途会议中心,透视式装修设计,可以同时享受室内户外高雅休闲的景致。百花香薰园,缤纷的香草及各种名贵鲜花打造一片花的海洋。

(2) 武汉农业生态园

武汉农业生态园位于武汉市的黄陂区武湖街道,距武汉市中心城区仅10余千米。园区总面积152.4 km^2,规划为蔬菜花卉区、渔牧林结合养殖区、高效农业区、农庄休闲区、社区服务区和林果长廊带。其中起步建设区20 km^2,现已建成武汉现代蔬菜园、武汉田田生态科普园等20多个项目。武汉农业生态园是1998年10月中共武汉市委、武汉市政府批准设立的武汉市农业农村现代建设示范园区。同时,也是武汉市委、市政府确定的黄陂区武湖街道"一主三化"(即民营经济为主,工业化、城镇化、农业产业化)示范工作的重要组成部分。

武汉农业生态园已经成为展示现代农业高新技术的窗口,开展农业观光旅游的乐园,形成了高新技术农业旅游特色,2004年被国家旅游局评为"首批全国农业旅游示范点"。回归自然,享受文化农业,是武汉农业生态园的鲜明主题,其旅游观光具有四大特色。一是农业高新技术特色。武汉现代蔬菜园的全电脑控制玻璃温室、无土栽培无公害蔬菜技术、武汉维生种苗公司现代智能温室、自动播种生产线、移动式喷灌系统、倒金字塔穴盘育苗技术等体现了世界一流的设施农业、工厂化农业生产水平,让游客不出国门就能看到国际农业发展水平。二是种子种苗生产特色。已形成包括种畜、种禽、林业、蔬菜、花卉、水产等涉农的种子种苗生产企业群体,不仅能为农民提供种子种苗服务,而且成为全市农业技术人员和农民参观学习先进农业技术、了解市场动态的窗口。三是科普教育特色。园区企业通过设置参观通道,布置科普宣传展板,播放科普影片,展示实物标本、模型,以及让游客参与体验,最大限度地展示和宣传现代农业科技知识以及发展趋势,努力使每个景点既是现代化农业生产的基地,又是科普教育的场所。四是可持续发展的农业生态特色。园区建设按照可持续发展的思路,以自然资源的综合开发、利用和保护为基础,着力打造生态品牌。注意环境保护和绿化美化,形成路成网、树成林、渠相通的优美外部环境,达到自然、社会、经济三大系统的和谐统一,努力实现生态效益、社会效益和经济效益的最大化,让游客感受到回归自然的无穷乐趣。

9.3.4 农业科技园

农业科技园是以市场为导向、以科技为支撑的农业发展的新型模式,是农业技术组装集成的载体,是连接市场与农户的纽带,是现代农业科技的辐射源,是人才培养和技术培训的基地,对周边地区农业产业升级和农村经济发展具有示范与推动作用。

为了促进农业结构调整,同时规范和引导现有各类农业示范园(区)的健康发展,科技部从2001年开始了国家农业科技园区的建设工作。

9.3.4.1 农业科技园的要求

农业科技园区的基本要求为：园区具有一定规模,总体规划可行,主导产业明确,功能分区合理,综合效益显著；园区有较强的科技开发能力,较完善的人才培养、技术培训、技术服务与推广体系,较强的科技投入力度；园区经济效益、生态效益和社会效益显著,对周边地区有较强的引导与示范作用；园区有规范的土地、资金、人才等规章与管理制度,建有符合市场经济规律、利于引进技术和人才、不断拓宽投融资渠道的运行机制；已纳入地方科技发展计划,并经过了2年以上建设；园区具有典型性和代表性,对周边地区有较强的示范、引导和带动作用；已经成立园区地方协调领导小组,并已建立健全园区管理机构。

科技部联合有关部门,成立农业科技园区协调指导小组、指导小组办公室以及专家委员会,对农业科技园行使宏观指导、考核以及论证、评审等管理职能。

2017年11月23日,科技部公布了第五批国家农业科技园区验收结果,参与验收的45家园区全部通过验收。各省、自治区、直辖市、计划单列市和新疆生产建设兵团科技主管部门,以及园区所在地(市)政府进一步重视农业科技园区的建设和发展,加强工作指导,加大支持力度,强化体制机制创新,力争把国家农业科技园区建设成为产学研结合的农业科技创新与成果转化孵化基地、促进农民增收的科技创业服务基地、培育现代农业企业的产业发展基地、体制机制创新的科学发展试验基地和发展现代农业的综合创新示范基地。

9.3.4.2 农业科技园的发展

为深入贯彻党的十九大关于"实施乡村振兴战略"精神和中央一号文件关于"提升农业科技园区建设水平"要求,落实《"十三五"国家科技创新规划》和《"十三五"农业农村科技创新规划》要求,进一步加快国家农业科技园区创新发展,科技部、农业农村部、水利部、国家林业和草原局、中国科学院、中国农业银行共同制定了《国家农业科技园区发展规划(2018—2025年)》。

(1) 编制背景与需求

当前,中国特色社会主义进入了新时代,我国社会主要矛盾已经转化为人民日益增长的美好生活需要和不平衡不充分的发展之间的矛盾,我国经济也已由高速增长阶段转向高质量发展阶段。深化供给侧结构性改革,加快建设创新型国家,实施创新驱动发展战略和乡村振兴战略,有力推动了农业农村发展进入"方式转变、结构优化、动力转换"的新时期。农业科技园园区发展既存在诸多有利条件和机遇,也面临不少困难和挑战,必须更加依靠科技进步实现创新驱动、内生发展。实施创新驱动发展战略为园区发展提供了新动源,推进供给侧结构性改革对园区发展提出了新要求,打赢脱贫攻坚战为园区发展带来新机遇。因此,必须按照党中央国务院的战略部署,按照党的十九大提出的战略目标,牢牢把握战略机遇,乘势而上,推动园区发展迈上新台阶。

(2) 建设定位

《国家农业科技园区发展规划(2018—2025年)》定位于集聚创新资源,培育农业农村发展新动能,着力拓展农村创新创业、成果展示示范、成果转化推广和职业农民培训的功能。强化创新链,支撑产业链,激活人才链,提升价值链,分享利益链,努力推动园区成为农业创新驱动发展先行区、农业供给侧结构性改革试验区和农业高新技术产业集聚区,打造中国特色农业自主创新的示范区。

(3) 指导思想、基本原则与发展目标

《国家农业科技园区发展规划(2018—2025年)》以全面贯彻党的十九大精神和习近平新时代中国特色社会主义思想为指导,统筹推进"五位一体"总体布局和协调推进"四个全面"战略布局,牢固树立和贯彻落实新发展理念,以实施创新驱动发展战略和乡村振兴战略为引领,以深入推进农业供给侧结构性改革为主线,以提高农业综合效益和竞争力为目标,以培育和壮大新型农业经营主体为抓手,着力促进园区向高端化、集聚化、融合化、绿色化方向发展,发展农业高新技术产业,提高农业产业竞争力,推动农业全面升级;着力促进产城产镇产村融合,统筹城乡发展,建设美丽乡村,推动农村全面进步;着力促进一二三产业融合,积极探索农民分享二三产业利益的机制,大幅度增加农民收入,推动农民全面发展。

《国家农业科技园区发展规划(2018—2025年)》以坚持创新引领,加强分类指导为基本原则,强化示范带动,发挥政府的引导作用和市场在资源配置中的决定性作用。

到2020年,构建以国家农业科技园区为引领,以省级农业科技园区为基础的层次分明、功能互补、特色鲜明、创新发展的农业科技园区体系。到2025年,把园区建设成为农业科技成果培育与转移转化的创新高地,农业高新技术产业及其服务业集聚的核心载体,农村大众创业、万众创新的重要阵地,产城镇村融合发展与农村综合改革的示范典型。

(4) 重点任务

一是全面深化体制改革,积极探索机制创新。以体制改革和机制创新为根本途径,在农业转方式、调结构、促改革等方面进行积极探索,推进农业转型升级,促进农业高新技术转移转化,提高土地产出率、资源利用率、劳动生产率。

二是集聚优势科教资源,提升创新服务能力。引导科技、信息、人才、资金等创新要素向园区高度集聚。吸引汇聚农业科研机构、高等学校等科教资源,在园区发展面向市场的新型农业技术研发、成果转化和产业孵化机构,建设农业科技成果转化中心、科技人员创业平台、高新技术产业孵化基地。

三是培育科技创新主体,发展高新技术产业。打造科技创业苗圃、企业孵化器、星创天地、现代农业产业科技创新中心等"双创"载体,培育一批技术水平高、成长潜力大的科技型企业,实现标准化生产、区域化布局、品牌化经营和高值化发展,形成一批带动性强、特色鲜明的农业高新技术产业集群。

四是优化创新创业环境,提高园区双创能力。构建以政产学研用结合、科技金融、科技服务为主要内容的创新体系,提高创新效率。建设具有区域特点的农民培训基地,提升农民职业技能,优化农业从业者结构,培养适应现代农业发展需要的新农民。

五是鼓励差异化发展,完善园区建设模式。全面推进国家农业科技园区建设,引导园区依托科技优势,开展示范推广和产业创新,培育具有较强竞争力的特色产业集群。按照"一园区一主导产业",打造具有品牌优势的农业高新技术产业集群,提高农业产业竞争力。

六是建设美丽宜居乡村，推进园区融合发展。走中国特色新型城镇化道路，探索"园城一体""园镇一体""园村一体"的城乡一体化发展新模式。强化资源节约、环境友好，确保产出高效、产品安全。推进农业资源高效利用、提高农业全要素生产率，发展循环生态农业。

(5) 保障措施

一是强化组织领导。建立科技部牵头，联合农业农村部、水利部、国家林业和草原局、中国科学院、中国农业银行等相关部门统筹协调，省级科技主管部门业务指导，园区所在市人民政府具体推进的工作联动机制，形成国家和地方共同支持园区创新发展的新模式。

二是加大政策支持。科技部会同有关部门，探索制定园区土地、税收、金融以及鼓励科技人员创新创业的专项政策，赋予园区更大的改革试验权。创新科技金融政策，通过政府和社会资本合作(PPP)等模式，吸引社会资本向园区倾斜，鼓励社会资本在园区投资组建村镇银行等农村金融机构。

三是加强协同发展。进一步转变政府职能、提高服务效能，在投融资、技术创新、成果转化、人才管理以及土地流转等方面进行探索创新，推进园区协同创新。建立园区统一的信息平台、交易平台、成果平台、专家平台，实现园区资源整合和互联互通。

四是开展监测评价。加强园区创新能力监测评价研究，突出对园区科技创新、产业发展、企业培育、辐射带动、脱贫攻坚等方面的考核和评价。建立园区年度创新能力监测与评价制度和工作体系，组织开展园区年度创新能力监测与评价，强化园区动态管理，建立淘汰退出机制。

9.3.5 乡村振兴战略

农业、农村、农民问题是关系国计民生的根本性问题，必须始终把解决好"三农"问题作为全党工作的重中之重。习近平总书记于2017年10月18日在党的十九大报告中提出实施乡村振兴战略。实施乡村振兴战略，是党的十九大作出的重大决策部署，是新时代"三农"工作的总抓手。2018年1月2日，我国公布了2018年中央一号文件，即《中共中央国务院关于实施乡村振兴战略的意见》

9.3.5.1 乡村振兴战略中农业农村生态建设的总体要求

(1) 指导思想

坚持农业农村优先发展，按照产业兴旺、生态宜居、乡风文明、治理有效、生活富裕的总要求，让农村成为安居乐业的美丽家园。

(2) 目标任务

按照党的十九大提出的决胜全面建成小康社会、分两个阶段实现第二个一百年奋斗目标的战略安排。实施乡村振兴战略的目标任务是：到2020年，农村基础设施建设深入推进，农村人居环境明显改善，美丽宜居乡村建设扎实推进；农村生态环境明显好转，农业生态服务能力进一步提高。到2035年，乡村振兴取得决定性进展，农业农村现代化基本实现；农村生态环境根本好转，美丽宜居乡村基本实现。到2050年，乡村全面振兴，农业强、农村美、农民富全面实现。

（3）基本原则——坚持人与自然和谐共生

牢固树立和践行绿水青山就是金山银山的理念，落实节约优先、保护优先、自然恢复为主的方针，统筹山水林田湖草系统治理，严守生态保护红线，以绿色发展引领乡村振兴。

9.3.5.2 乡村振兴战略中农业农村生态建设的目标

（1）提升农业发展质量，培育乡村发展新动能

必须坚持绿色兴农。实施质量兴农战略，建立产学研融合的农业科技创新联盟，加强农业绿色生态、提质增效技术研发应用。构建农村一二三产业融合发展体系，实施休闲农业和乡村旅游精品工程，建设一批设施完备、功能多样的休闲观光园区、森林人家、康养基地、乡村民宿、特色小镇。

（2）推进乡村绿色发展，打造人与自然和谐共生发展新格局

乡村振兴，生态宜居是关键。良好生态环境是农村最大优势和宝贵财富。必须尊重自然、顺应自然、保护自然，推动乡村自然资本加快增值，实现百姓富、生态美的统一。

①统筹山水林田湖草系统治理：把山水林田湖草作为一个生命共同体，进行统一保护、统一修复。实施重要生态系统保护和修复工程。健全耕地、草原、森林、河流、湖泊、休养生息制度，分类有序退出超载的边际产能。扩大耕地轮作休耕制度试点。科学划定江河湖海限捕、禁捕区域，健全水生生态保护修复制度。实行水资源消耗总量和强度双控行动。开展河湖水系连通和农村河塘清淤整治，全面推行河长制、湖长制。加大农业水价综合改革工作力度。开展国土绿化行动，推进荒漠化、石漠化、水土流失综合治理。强化湿地保护和恢复，继续开展退耕还湿。完善天然林保护制度，把所有天然林都纳入保护范围。扩大退耕还林还草、退牧还草，建立成果巩固长效机制。继续实施三北防护林体系建设等林业重点工程，实施森林质量精准提升工程。继续实施草原生态保护补助奖励政策。实施生物多样性保护重大工程，有效防范外来生物入侵。

②加强农村突出环境问题综合治理：加强农业面源污染防治，开展农业绿色发展行动，实现投入品减量化、生产清洁化、废弃物资源化、产业模式生态化。推进有机肥替代化肥、畜禽粪污处理、农作物秸秆综合利用、废弃农膜回收、病虫害绿色防控。加强农村水环境治理和农村饮用水水源保护，实施农村生态清洁小流域建设。扩大华北地下水超采区综合治理范围。推进重金属污染耕地防控和修复，开展土壤污染治理与修复技术应用试点，加大东北黑土地保护力度。实施流域环境和近岸海域综合治理。严禁工业和城镇污染向农业农村转移。加强农村环境监管能力建设，落实县乡两级农村环境保护主体责任。

③建立市场化多元化生态补偿机制：落实农业功能区制度，加大重点生态功能区转移支付力度，完善生态保护成效与资金分配挂钩的激励约束机制。鼓励地方在重点生态区位推行商品林赎买制度。健全地区间、流域上下游之间横向生态保护补偿机制，探索建立生态产品购买、森林碳汇等市场化补偿制度。建立长江流域重点水域禁捕补偿制度。推行生态建设和保护以工代赈做法，提供更多生态公益岗位。

④增加农业生态产品和服务供给：正确处理开发与保护的关系，运用现代科技和管理手段，将乡村生态优势转化为发展生态经济的优势，提供更多更好的绿色生态产品和服务，促进生态和经济良性循环。加快发展森林草原旅游、河湖湿地观光、冰雪海上运动、野生动物驯养观赏等产业，积极开发观光农业、游憩休闲、健康养生、生

9.4 美丽乡村复合生态系统

9.4.1 我国乡村建设发展历程

党的十四届六中至十六届五中全会期间，提出"生产发展、生活宽裕、乡风文明、村容整洁、管理民主"的"中国特色社会主义新农村"，以"多予、少取、放活"为重要方针，着重提高农业生产、提倡节约资源、倡导保护环境、注重民族管理等，逐渐构成资源节约型、环境友好型农业生产体系。《中共中央关于农业和农村工作若干重大问题的决定》提出"建设中国特色社会主义新农村"。

以美丽乡村、精准扶贫、消灭贫困、建设小康、绿色发展为目标的社会主义新农村建设，提出了生态优先、环境保护、传承文化、改善条件、促进产业的全面体系化中国特色社会主义新农村建设理念，形成了民族文化子系统、自然环境子系统、百姓生活子系统和产业发展子系统的美丽乡村综合自然系统，将社会主义新农村提升至美丽乡村建设新高度。党的十八大首次提出"美丽中国"的理念，随后在 2013 年的中央一号文件作出建设"美丽乡村"的决策；同年，农业部发布的《"美丽乡村"创建目标体系》中提出产业发展、生活舒适、民生和谐、文化传承、支撑保障等五大指标体系，共包括 20 个指标内容。同时，在《关于开展"美丽乡村"创建活动的意见》中提出了美丽乡村创建十大模式，财政部采取一事一议奖补方式在全国启动美丽乡村建设试点，并于当年完成了 1100 个美丽乡村创建工作，成为推进美丽乡村建设的重要途径。国务院出台的《国家新型城镇化规划（2014—2020 年）》明确提出要建设各具特色的美丽乡村，并印发关于改善农村人居环境的指导意见。2015 年，住房和城乡建设部颁布了《美丽乡村建设指南》国家标准和《农村危房改造最低建设要求（试行）》，规定了美丽乡村建设具体标准。其中，列出量化标准值的指标达到了 21 项。2016 年，中央一号文件《中共中央国务院关于落实发展新理念加快农业现代化实现全面小康目标的若干意见》中关注"三农"问题，多处涉及且明确提出了"大力发展休闲农业和乡村旅游"。

综上，虽然党的十八大之后党和国家对美丽乡村建设越来越重视，提出了具体的指标要求，但其量化指标主要以自然环境和公共服务两方面为主，而针对经济发展和乡村文明的建设要求仍处于定性化的目标；此外，农业部提出的美丽乡村创建十大模式，属于生产类的产业发展型、渔业开发型、草原牧场型、休闲旅游型模式过于强调产业（如旅游业）的发展而忽略协调自然、生活、文化三者与产业发展的关系，导致乡村发展的不均衡。

2017 年，党的十九大提出了实施乡村振兴战略的总要求，就是坚持农业农村优先发展，努力做到"产业兴旺、生态宜居、乡风文明、治理有效、生活富裕"。建立健全城乡融合发展体制机制和政策体系，推进农业农村现代化。其中，就涉及了农村的产业、农村的文化、农村的社会、农村的环境各个方面的建设，所以农业农村的发展已经站在了新的历史起点上。

新中国成立以来，乡村建设政策不断推进的 5 个阶段如图 9-1 所示。

图 9-1 乡村建设发展历程

9.4.2 美丽乡村内涵解析

我国历史上不乏从各角度描述美丽乡村的诗词歌赋,以此表达人们对田园牧歌式理想生活的向往。如描写乡村优美自然环境的"绿树村边合,青山郭外斜",展现乡村富足生活的"莫笑农家腊酒浑,丰年留客足鸡豚",体现传统节日文化的"千门开锁万灯明,三百内人连袖舞",表现农业生产方式的"凡美田之法,绿豆为上,小豆、胡麻次之"。可见,中国美丽乡村思想内涵的形成可追溯到千年前,当时人们就对山水田园的闲暇生活拥有无限憧憬。在经济技术飞速发展的今天,人们更期望回归美丽安详、恬淡自足的乡村生活,寄托心中的乡愁,美丽乡村建设的重要性也由此凸显。近年来,各省份根据自身的资源与环境条件选择适宜的美丽乡村发展模式,出台了一系列行动计划或建设规划,围绕美丽乡村内涵的解析也各有侧重、各具特色,基于此进行不同程度的扩展或提升,同时采取了适宜各地特色的具体措施(表 9-1)。

表 9-1 我国各省份美丽乡村内涵解析

序号	省份	主题目标	工程建设	相关文件
1	浙江	科学规划布局美、村容整洁环境美、创业增收生活美、乡风文明身心美	①生态人居建设行动 ②生态环境提升行动 ③生态经济推进行动 ④生态文化培育行动	《浙江省深化美丽乡村建设行动计划(2016—2020 年)》
2	安徽	生态宜居村庄美、兴业富民生活美、文明和谐乡风美	①实施村庄建设工程 ②实施环境整治工程 ③实施兴业富民工程 ④实施土地整治工程 ⑤实施管理创新工程	《安徽省美好乡村建设规划(2012—2020 年)》 《全面推进美好乡村建设的决定》

9.4 美丽乡村复合生态系统   ·231·

(续)

序号	省份	主题目标	工程建设	相关文件
3	贵州	富在农家增收入、学在农家长智慧、乐在农家爽精神、美在农家展新貌	①小康路行动计划 ②小康水行动计划 ③小康房行动计划 ④小康电行动计划 ⑤小康讯行动计划 ⑥小康寨行动计划	《贵州省"四在农家·美丽乡村"基础设施建设六项行动计划(2013年)》
4	广西	清洁乡村、生态乡村、宜居乡村、幸福乡村	①清洁乡村活动 ②生态乡村活动 ③宜居乡村活动 ④幸福乡村活动	《"美丽广西"乡村建设重大活动规划纲要(2013—2020年)》
5	山西	生活美、生态美、家园美、田园美	①完善体制工程 ②农民安居工程 ③环境整治工程 ④宜居示范工程	《山西省改善农村人居环境规划纲要(2014—2020年)》
6	海南	宜居、宜业、宜游	①生态人居建设行动 ②生态环境提升行动 ③生态经济推进行动 ④生态文化培育行动	《海南省美丽乡村建设指导意见(2014—2020年)》
7	河北	环境美、产业美、精神美、生态美	①民居改造行动 ②安全饮水行动 ③污水治理行动 ④街道硬化行动 ⑤无害化卫生厕所改造行动 ⑥清洁能源利用行动 ⑦"三清一拆"和垃圾治理行动 ⑧村庄绿化行动 ⑨特色富民产业行动 ⑩电子商务网点建设行动 ⑪乡村文化建设行动 ⑫基层组织建设行动	《关于加快推进美丽乡村建设的意见(2016年)》
8	黑龙江	规划科学生态美、生产发展致富美、村容整洁环境美、服务健全生活美、乡风文明身心美	①基础设施建设工程 ②环境综合整治工程 ③兴业富民工程 ④服务优化工程	《黑龙江省美丽乡村建设三年行动计划(2013—2015年)》
9	福建	布局美、环境美、建筑美、生活美	①村庄整治建设 ②建设美丽乡村景观带 ③公路铁路沿线整治绿化 ④流域治理	《实施宜居环境建设行动计划(2017年)》 《福建省人民政府关于进一步改善农村人居环境推进美丽乡村建设的实施意见》

(续)

序号	省份	主题目标	工程建设	相关文件
10	云南	秀美之村、富裕之村、魅力之村、幸福之村、活力之村	①城乡一体发展工程 ②特色农业壮大工程 ③基础设施完善工程 ④农村民生改善工程 ⑤扶贫开发攻坚工程 ⑥综合改革深化工程 ⑦森林云南建设工程 ⑧社会管理创新工程	《云南省美丽宜居乡村建设行动计划(2016—2020年)》
11	四川	业兴、家富、人和、村美	①扶贫解困 ②产业提升 ③旧村改造 ④环境整治 ⑤文化传承	《幸福美丽新村建设总体规划(2017—2020年)》
12	广东	村居美、田园美、生活美	①提升宜居水平 ②夯实宜业基础 ③改善生态环境 ④提高文明素质 ⑤营造和谐氛围 ⑥建设平安环境	《广东省创建幸福村居六个工作方案》《加快农村人居环境综合整治建设美丽乡村三年行动计划(2016年)》
13	山东	生产美、生态美、生活美	①农业"新六产" ②农村"七改" ③标准化建设 ④脱贫攻坚 ⑤乡村文明建设	《关于推进美丽乡村标准化建设的意见(2016年)》
14	陕西	生态宜居、生产高效、生活美好、人文和谐	①"生态人居"工程 ②"生态环境"工程 ③"生态经济"工程 ④"生态文化"工程	《关于加快全省改善农村人居环境工作的意见》
15	甘肃	千村美丽、万村整洁、水路房全覆盖	①农村畅通工程、安全饮水工程、危房改造工程 ②"三清三有""四化四改" ③"365"现代农业发展行动	《关于推进全省美丽乡村建设(2016年)》
16	江西	村容美、生态美、庭院美、身心美、生活美	①村庄整治建设 ②农村垃圾处理 ③农村水环境治理 ④农村面源污染治理 ⑤绿色乡村建设提升 ⑥历史文化传统村落保护 ⑦农村水电路信改善 ⑧农村公共服务设施提升	《江西省改善农村人居环境行动计划(2014—2020年)》

(续)

序号	省份	主题目标	工程建设	相关文件
17	辽宁	环境整洁、设施完善、生态优良、传承历史、富庶文明	①治理乡村环境 ②改造乡村设施 ③提升乡村发展水平	《辽宁省关于开展宜居乡村建设的实施意见(2014年)》
18	吉林	生态美、村容美、生活美、乡风美	①农村环境清洁 ②基础设施建设 ③农村人畜分离 ④垃圾污水处理 ⑤公共服务配套 ⑥农村生态改善	《吉林省新农村建设领导小组关于开展美丽乡村创示范活动的方案(2015年)》
19	江苏	生态优、村庄美、产业特、农民富、集体强、乡风好	①科学规划设计 ②培育发展产业 ③保护生态环境 ④彰显文化特色 ⑤改善公共服务 ⑥增强乡村活力	《江苏省特色田园乡村建设行动计划》
20	河南	环境更整洁、村庄更宜居、生活更美好、农民更幸福	①农村畅通工程 ②环境净化工程 ③乡村绿化工程 ④村庄亮化工程 ⑤农村文化工程	《河南省改善农村人居环境五年行动计划(2016—2020年)》
21	青海	田园美、村庄美、生活美	①村庄建设工程 ②环境综合整治工程 ③土地整治工程 ④兴业富民工程 ⑤管理创新工程	《2015年全省推进高原美丽乡村建设工作实施方案》
22	湖北	群众为本、产业为要、生态为基、文化为魂	①加强基础设施建设 ②改善农村人居环境 ③打造特色宜居村庄 ④促进农村经济发展 ⑤加强公共服务体系建设	《关于统筹整合相关项目资金开展美丽宜居乡村建设试点工作的指导意见(2016年)》
23	内蒙古	—	"十个全覆盖"工程	《内蒙古自治区2016—2020年乡村规划工作方案》
24	西藏	生态环境良好、基础设施完善、产业基础扎实、人居环境优良、管理机制健全、经济社会发展协调	①强化规划统领 ②强化产业支撑 ③积极扶持本土企业 ④完善城镇功能 ⑤突出绿色生态 ⑥深化关键领域改革	《西藏特色小城镇示范点建设工作实施方案》

(续)

序号	省份	主题目标	工程建设	相关文件
25	宁夏	田园美、村庄美、生活美、风尚美	①规划引领工程 ②农房改造工程 ③收入倍增工程 ④基础配套工程 ⑤环境整治工程 ⑥生态建设工程 ⑦服务提升工程 ⑧文明创建工程	《宁夏美丽乡村建设实施方案（2014年）》
26	新疆	村庄美、村民富、村风好	①"去极端化"宣传教育 ②加强民族团结工作 ③开展文明村镇创建活动 ④开展星级文明户创建活动 ⑤开展身边好人评选活动 ⑥开展未成年人思想道德建设 ⑦丰富农牧民群众文化生活 ⑧改善人居环境	《关于以美丽乡村为主题进一步提升农村精神文明建设水平的指导意见》

综上所述，美丽乡村，其"美丽"包含了生态环境优美、生活条件优质、文化特色鲜明和产业持续发展，是集自然、生活、文化、产业于一体的复合生态系统，代表了中国未来乡村的发展形态，其建设的内涵可扩展为以下方面：①保护优美生态景观，因地制宜地展开科学合理的规划布局，对村庄环境进行绿化净化，发展使用清洁能源，提高村民环保意识，健全农村环境污染治理体系；②构建舒适充裕生活，完善村庄基础设施，改善农村人居环境，提升农村管理水平，满足现代生活的舒适、公益、均等、便利的功能，推进精神文明建设，提高生态文明水平；③营造浓厚文化气息，深入了解乡村的特色地域文化和社会发展脉络，宣传提倡保护和传承文化，为加强保护效果制定和实施一系列法律法规和政策措施，加大对乡村文化保护的经费投入；④推进产业绿色发展，调整产业结构，推进农业现代化及"一村一品""接二连三"的"六次产业"发展，融合一二三产业，形成绿色循环产业链，促进农民经济增收。

9.4.3 乡村复合生态系统理论基础

1984年，马世骏和王如松首次提出了复合生态系统的观点，认为它由社会、经济和自然三个系统组成，并且三个系统间具有互为因果的制约与互补的关系。迄今为止，研究大多以城市、森林、农田、水域、农林等为单元构建了相应的复合生态系统并得到广泛应用，以农村为单位的研究尚少。

基于城市复合生态系统理论，结合农村特征，重新对乡村复合生态系统进行分析。但城市与乡村特征具有明显差异（表9-2），两者因人口分布、景观绿化、土地利用特征、文化生活等环境背景因素的不同而引起城乡发展差异。乡村在特定区域的自然条件下形成，是相对独立、完整的空间，其内部存在相互联系且多样的文化，各文化间

表 9-2 农村、城市特征对比

特征	地区	
	农村	城市
景观环境	自然	人工
绿化面积	植被覆盖率高	绿色植物较少
生物多样性	复杂稳定	简单脆弱
生活节奏	较慢	较快
工作节奏	随农时变化	规律性强
就业率	较低	较高
人际交往	重邻里关系、乡缘	重业缘
基础设施	简陋、缺乏	发达、完备
人口分布	分散	密集
乡土观念	安土重迁	时常迁居
宗教观念	宗族观念强	宗族观念弱
风俗习惯	传统化、约束力强	变化快、约束力差
文化生活	简单、传统、地域特色鲜明	多元化、易受外来文化冲击影响
文化程度	较低	较高
土地利用	以农用地为主	以城市建设用地为主
产业布局	以第一产业为主	以二、三产业为主

在交流后不断吐故纳新,进行新陈代谢,形成不同的文化群落、文化圈、文化链,这一动态的文化网络被定义为"文化生态系统"。因此,农村复合生态系统不能直接套用城市复合生态系统理论。

目前,针对复合生态系统的研究,部分学者认为文化子系统应归于社会子系统中,而有些学者则认为应当将文化作为一个独立的子系统。本小节在借鉴相关研究的基础上,认为应将城市复合生态系统理论中归属于社会子系统的文化因素剥离出来,创建独立的文化子系统(图 9-2)。同时,重新梳理适宜美丽乡村建设的生态优先复合系统理论,与"城市"概念相对应,将乡村作为一个集自然子系统、生活子系统、文化子系统、生产子系统相结合的复合生态系统来考虑,在生态文明视域下实现四者的高度统一。

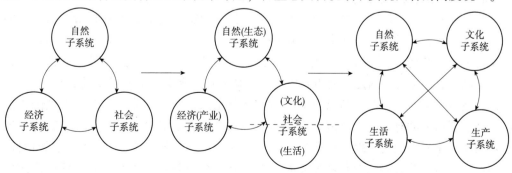

图 9-2 文化子系统剥离独立过程

9.4.4 乡村复合生态系统的结构和功能

由生态、生活、文化与生产 4 个子系统共同构成"四位一体"的美丽乡村的理论体系(图 9-3)包括以下几个子系统：自然子系统、文化子系统、生活子系统、生产子系统。

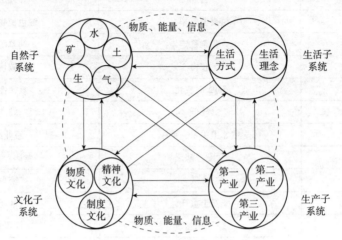

图 9-3　美丽乡村复合生态系统框架图

(1) 自然子系统

在城市复合生态系统理论中，用水、土、气、生、矿及其相互关系来描述人类生存的自然生态系统，同时，农村自然环境也由这五大元素构成，但结合农村环境特征须重新调整各元素的影响因子。第一是水资源，包括地下水和地表水，是提供村民生活、生产和灌溉用水的重要来源；第二是土地资源，包括耕地、林地、草地、湿地和建设用地共 5 类，提供村民生存空间、活动场所和生产基地；第三是气候资源，包括光能、水分、风能和热量，可为村民的物质财富生产过程提供原材料和能源；第四是生物资源，包括动物、植物及微生物，具有科研价值和经济价值，能有效带动相关技术发展和拓宽多种产业渠道；第五是矿产资源，包括能源矿产、金属矿产、非金属矿产，是产业发展所需资料的重要来源。因此，须正确调理水、土、气、生、矿等自然因子及其之间复杂的相互关系，让各影响因子保持恰当的数量比例，才能保障农村自然环境可持续生存与发展，使作为整个复合系统基础的自然子系统处于稳定状态。

(2) 文化子系统

农村是中国各民族传统文化的发源地。因此，美丽乡村建设要注重挖掘、保护和传承传统乡村文化，留住乡村底蕴。所谓文化就是包括了物质、人群和精神三方面的一个有机整体，马林诺夫斯基将人群组织单位进一步解释为制度，将该理论结合农村，其文化子系统结构可分为物质文化、制度文化、精神文化 3 个层面。其中，物质文化是为了满足农民生存和村庄发展需要所创造的物质产品及其所表现的文化，包括饮食、服饰、建筑、交通、生产生活器具等；制度文化是人们为适应生存、社会发展的需要而主动创制出来的有组织的规范体系，如经济制度、政治制度、法律制度、教育制度等；精神文化是人们的心理及其观念形态，包括语言、文字、文学、艺术、宗教信仰、风俗习惯、传统节日等心理和精神方面。因文化子系统是自然子系统和生活子系统的中介，具有创造、输送、保存和处理信息的作用，各阶段和各子系统的协调配合有赖于文化的调适。因此,文化子系统在美丽乡村复合系统中起着协调整合作用,以维持该系统的秩序和稳定。

(3) 生活子系统

结合相关研究发现,农村与城市的生活差异主要来自生活方式及理念的不同,因此,生活子系统着重生活方式和理念两方面。其中,生活方式包括人们的衣、食、住、行、劳动工作、娱乐社交等物质方面需满足的生活模式,生活理念则是人们对自然、生活、文化、产业关系的系统认识和看法,简言之就是引导形成正确的绿色生活习惯和价值观念。这两种因素是影响生活子系统的最终动力和决定农民生活充裕的重要条件。整个农村复合系统中,所有物质和能量的循环转化都由农民控制,以农民为中心并为其服务。因此,农民的行为和决策对系统有决定性影响,该复合系统的形成、维护和改变都依赖于农民的活动,而农民生活舒适充裕也是整个复合系统的最终目标。

(4) 生产子系统

农村的发展离不开产业的带动,可持续的生产子系统,是生活和文化子系统的经济支撑,是联系自然与文化的纽带。生产子系统由第一产业、第二产业、第三产业组成。首先,第一产业主要是农业,包括种植业、林业、畜牧业、水产养殖业等,是保证农民基本食物来源的生存条件。其次,第二产业主要是工业,包括制造业、采掘业、建筑业等,为各部门提供先进的技术装备、能源和原材料。最后,第三产业主要是服务业,包括商业、旅游业、餐饮业、交通运输业、通讯业等,是满足农村社会生活需要的服务事业,促进各地间经济及文化的交流。

9.4.5 乡村复合生态系统的特征

(1) 复杂开放性

乡村随着自然、生活、文化、产业的发展而发展,其发展的结果是各因素综合作用的结果。四大子系统诸方面影响因素对乡村的作用在不同的时期和不同的地域里是不平衡的,并循着一定的趋向变化。因此,美丽乡村复合生态系统的结构和功能复杂,作用范围广泛,该复合系统维持稳态的阈值,受到多种因素相互的作用,因而具有复合性和复杂性。复合生态系统是子系统耦合而成复合系统,开放是复合生态系统的重要特点。复合生态系统会与外界不断进行物质、能量和信息的交换,如自然资源、投入资金、多元文化、产业技术等,其子系统之间相互制约、相互影响,构成远离平衡态的非线性关系的耗散结构,当影响条件达到一定阈值时,就可能促使系统从无序状态转变为有序状态。

(2) 协同共生性

协同学与共生学结合而成的协同共生理论是指远离平衡态的开放系统在与外界有物质或能量交换的情况下,通过内部子系统相互影响、相互促进的协同共生作用,自发地出现时间、空间和功能上的有序结构。自然、生活、文化、产业四个子系统的性质不同,拥有各自独立的结构、功能、存在条件和发展规律,但它们各自的发展又受到其他子系统结构和功能的影响。因此,将这4个系统视为一个有机整体——美丽乡村复合生态系统,其复合系统内部的自然、生活、文化、产业子系统间的协同作用决定了系统由无序转变为有序的趋势,并成为发展的必要前提。该复合系统整体性功能的强弱就由协同作用的大小决定,若子系统间协同作用强,并基于各系统规律运行,则整体性功能就强,使整个系统趋于协调稳定态;反之,则复合系统整体性功能就弱,出现恶性循环。如人们生活水平提高的同时,对周围环境条件要求也随之升高,人们就会主动保护及改造环境,使生活质量和自然环境两者共同发展提升、协同进化。因此,追求美丽乡村的可持续发展,就需要自然、生活、文化、生产四者的高度协调,技术与自然的充分融合。

(3) 自反馈性

复合系统的自反馈性是内部子系统相互传送信息后将其作用结果返送,并对信息的再输出发生影响,对影响因素起到控制作用。美丽乡村复合系统会通过内部的反馈机制来实行有效的自我调控,子系统的发展会受到其他子系统的影响,若为负反馈作用则使系统达到和保持平衡或稳态,反之正反馈作用往往是使系统远离稳态,发展停滞。因此,复合生态系统需要反馈特征实现自我调节以适应外界条件变化,并了解导致子系统间产生正反馈与负反馈的因素及反馈强度,利用负反馈因素,保持美丽乡村复合生态系统的稳定性,从而推动区域的可持续发展。如乡村旅游业过度开发对湖泊水环境等自然资源破坏严重,导致饮用水源受到污染,危及当地民众的健康生活,最终阻碍农业的生产发展。可见,四大子系统环环相扣,每个子系统的变动都会反馈传递给其他子系统,最终循环作用回原子系统。

(4) 能动性与受动性

人的能动性与受动性是指人可以能动地认识世界和改造世界,同时人类的行为活动也会受到外界条件的制约,人类活动及创造的文化是影响美丽乡村复合生态系统结构及功能的重要因素。一方面,部分人类活动有利于复合生态系统功能的稳定与提高,如云南的哈尼梯田,村民为生产生活因地制宜在山地中开垦农田,从而形成了梯田奇观;另一方面,人类活动更多地会导致一系列危及自身生存与发展的环境危机与灾难,受人类干扰较大则导致环境恶化和脆弱性显著,使整个系统的自我调整能力变弱,反过来制约人类社会的生存与发展。如过度开垦和农药化肥的过量使用等,导致土壤肥力下降,降低农业生产力。同时,污染物中的有害物质随食物链进入人体,危及人身健康。因此,随人类活动强度、效率和范围的扩展,应正确发挥人的主观能动性,尊重复合生态系统的自我调节特征和循环机制,合理控制开发,在自然承载力范围内进行生产活动,努力实现人与自然的协调发展,进而推动复合系统的可持续发展。

(5) 自组织运行与可持续发展

美丽乡村复合生态系统自组织的有序演化取决于自然、生活、文化、产业子系统间的相互作用能达到动态平衡。复合生态系统的可持续发展就是实现负熵与克服熵增的过程,若总熵值增大,无序性增强,则会导致系统的不可持续性。在美丽乡村复合生态系统运行中,系统的熵值一直会不断变动,需要运用经济、法律、行政等各种手段维持系统的可持续发展,使系统的总熵值降低或维持稳定(图9-4)。只有深入了解熵值上升的原因才能提出相应的解决对策,根据实际情况建立确实可行的评价指标体系,研究该系统的发展趋势,使系统发展、环境保护、经济提升、生活改善、文化传承等有机地协调起来,协同发展,使美丽乡村复合生态系统永续地向更高层次发展,实现可持续发展的目标。

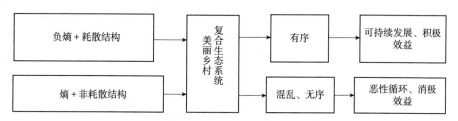

图 9-4 美丽乡村复合生态系统结构和外熵作用对系统自组织演化的影响

思 考 题

1. 农业农村的点源污染和面源污染相比，有哪些不同点？
2. 与城市生态环境污染相比，农村面源污染的特点是什么？农村和农业面源污染主要由哪几方面组成？
3. 我国生态农业的发展经历了哪几个阶段？
4. 乡村复合生态系统与城市复合生态系统的异同点有哪些？

推荐阅读

1. 农村生态环境保护与综合治理. 席北斗, 魏自民, 夏训峰. 新时代出版社, 2008.
2. 农村生态环境保护. 陶雪娟. 上海科学技术出版社, 2013.
3. 农业生态环境保护及其技术体系. 方静. 中国农业科学技术出版社, 2012.
4. 云南省农村环境污染与特征分布. 刘云根, 王妍. 科学出版社, 2018.

参考文献

姜凤岐，2002. 科尔沁沙地生态系统退化与恢复[M]. 北京：中国林业出版社.

黎祖交，2016. "两山理论"蕴涵绿色新观念[J]. 生态文化(2)：4-7.

彭少麟，1996. 南亚热带森林群落动态学[M]. 北京：科学出版社.

任海，彭少麟，陆宏芳，2001. 退化生态系统恢复与恢复生态学[J]. 中国基础科学，24(3)：1756-1764.

王波，王夏晖，张笑千，2018. "山水林田湖草生命共同体"的内涵、特征与实践路径——以承德市为例[J]. 环境保护，46(7)：60-63.

习近平，2013. 关于《中共中央关于全面深化改革若干重大问题的决定》的说明[J]. 党建，34(12)：23-29.

章家恩，徐琪，1999. 恢复生态学研究的一些基本问题探讨[J]. 应用生态学报，10(1)：109-113.

Bradshaw A D, 1983. The reconstruction of ecosystems[J]. Economics of Nature & the Environment, 20(1)：188-193.

CairnsJ Jr, 2010. Protecting the delivery of ecosystem services[J]. Ecosystem Health, 3(3)：185-194.

Dobson A P, Bradshaw A D, Baker A J M, 1997. Hopes for the future: restoration ecology and conservation biology[J]. Science, 277(5325)：515-522.